絵でわかる
An Illustrated Guide to Earth and Space Sciences
宇宙地球科学

寺田健太郎 著
Kentaro Terada

講談社

[ブックデザイン]
安田あたる

[カバーイラスト・本文イラスト]
中村知史＋山本 悠

はじめに

我々はどこから来たのか？	*Where Do We Come From?*
我々は何者か？	*What Are We?*
我々はどこへ行くのか？	*Where Are We Going?*

これは、フランスの画家ポール・ゴーギャンの有名な絵画のタイトルです。これまで、多くの人たちが、哲学的、あるいは文学的、芸術的にこの「問い」について考えてきました。皆さんも一度は疑問に思ったことがあるのではないでしょうか？

この「人類の根源的な問い」について、実験・観測・分析・理論の最新の知見を基に科学的に考える学問分野が、本書で紹介する宇宙地球科学です。この本では特に、広く希薄な宇宙において「青い地球」はありふれた星なのかという観点から、宇宙の物質進化の必然性や偶然性にフォーカスしました。138億年にわたるダイナミックな物質進化の本質を理解することで、地球の未来が見えてくることでしょう。

この本は、筆者のこれまでの一般向け講演会や、大学生・大学院生向けの講義の中から、宇宙地球科学のハイライトを選りすぐり、15章にまとめたものです。多くの方に、最先端研究の臨場感を楽しんでいただきたく、まだ定説とはなっていないNature誌やScience誌の最新の知見を随所にちりばめました。さらに興味を持ってくださった読者が独自に理解を深められるよう、原著論文のリストを巻末に載せています。ご活用いただければ幸いです。

さあそれでは「我々はどこから来て、どこへ行くのか？」の答えを、一緒に探しに行きましょう。

2018年10月
「はやぶさ2」から送られてくる小惑星リュウグウの未曾有の写真にワクワクしながら

寺田健太郎

絵でわかる宇宙地球科学　目次

第1章 現代の宇宙像

私たちが住んでいる宇宙とはどんな世界なのでしょうか? まず最初に宇宙の全体像について見ていきましょう。

1.1 我々の体を作る元素

私たちの体の筋肉や脂肪や骨は、炭素（C）、水素（H）、酸素（O）、窒素（N）、カルシウム（Ca）、リン（P）などの元素からできています。ところが、宇宙全体を見渡すと、存在する元素のほとんどは水素（H）とヘリウム（He）で、それ以外の元素はたかだか1%程度しかありません。しかも、我々の住む宇宙は非常に希薄で、平均すると$1cm^3$に水素原子が1個存在する程度、炭素や酸素にいたっては10cm×10cm×10cmの体積にせいぜい原子が1個くらいしかありません。ですから、宇宙の中の人間はとても異質な存在で、広く希薄な宇宙空間において人間を作ろうと思うと、かなり効率的に炭素や酸素を集めなくてはいけません。

どれくらい大変なことなのか、ちょっと概算してみましょう。体重70 kgのヒトの場合、炭素の重さは12.6kgくらい。炭素原子の質量は$12 \times 1.6 \times 10^{-27}$ kgですから、およそ10^{27}個の炭素原子が必要ということになります。一方、宇宙空間では10cm立方（$1{,}000cm^3$）に炭素原子が1個程度しかありませんから、ヒト1人作るのに10万km立方（地球の約1,000個分の体積に相当!）のガスを集め、そこから主成分の水素やヘリウムを選択的に取り除かなくてはいけません。しかし、実際に我々は存在するわけですから、このような……とてつもないことが過去に実際に起こったというわけです（**図1.1**）。

図 1.1　70kg のヒトをつくるには？

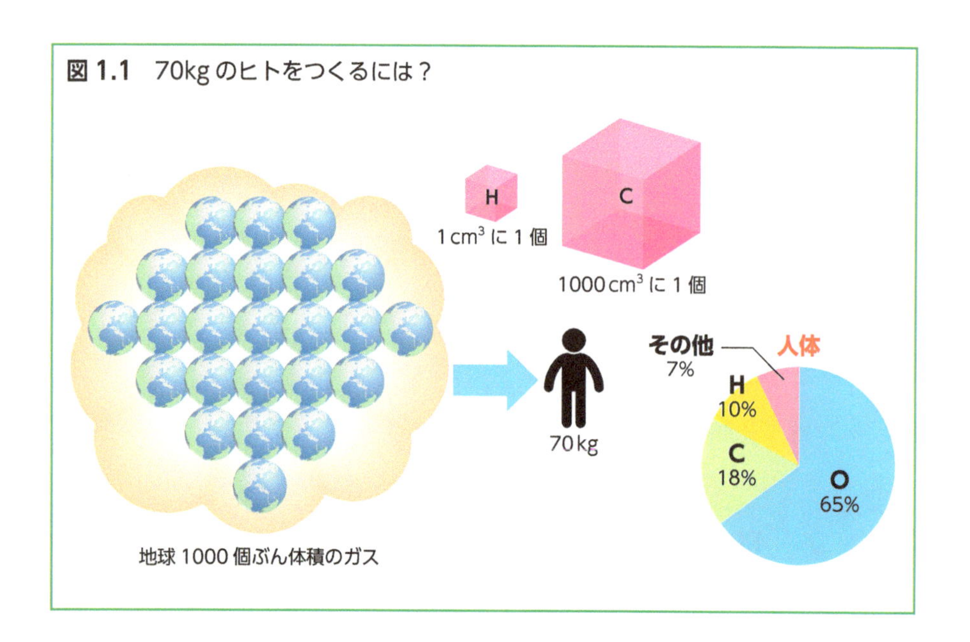

図 1.2　太陽系、地殻、海水、人体を構成する元素

約 90 種類の元素があるにもかかわらず、
「海水」と「人体」のトップ 11 元素はよく似ている。

	太陽系	地殻	海水	人体
1	H	O	O	O
2	He	Si	H	C
3	O	Al	Cl	H
4	C	Fe	Na	N
5	N	Ca	Mg	Ca
6	Ne	Na	S	P
7	Si	K	Ca	K
8	Mg	Mg	K	S
9	Fe	Ti	Br	Na
10	Si	H	C	Cl
11	Al	P	Sr	Mg

NHK BOOKS「生元素とは何か」を改編

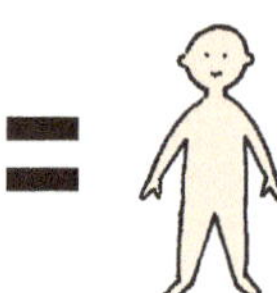

次に、別の角度からヒトを構成する元素を眺めてみましょう。**図1.2**は、宇宙、地殻、海、ヒトを構成する元素のトップ11を多い順に並べたものです。面白いことに、ヒトの体を構成している元素の組み合わせは、海の元素と非常に似通っています。一般に液体の「水」は、高い流動性をもち、化学反応確率を上げる溶媒として生命に必要不可欠と考えられています。生物と海の化学組成が酷似していることは、地球の初期生命の材料物質や誕生現場が「海」と関係があったのだろうと連想させます。では、このような「海」をたたえた地球の誕生は、宇宙における普遍的なプロセスなのでしょうか?「水」惑星の形成がもし普遍的な出来事であれば、宇宙において「地球」のような星はありふれた存在で、知的生命体(いわゆる、宇宙人)もたくさん存在することになるでしょう。逆に、地球の誕生がミラクルな出来事であれば、宇宙には我々しか存在しないことになります。本書では、「現在の地球環境の形成は偶然なのか? 必然なのか?」を潜在的なテーマに、138億年にわたる元素の挙動(銀河の**物質進化**)について解説していこうと思います。

1.2 宇宙の階層構造

我々の住む世界の大きさをざっと見ていきましょう。細かい数字は百科事典にゆずることにして、大まかなスケールを把握しておくことは大切です。桁が大きく異なる数字を扱うときは、「ベキ乗」で考えると便利です。例えば、世界で一番高い山はエベレストで約8,800m(≒10km=10,000m)。逆に世界で一番深い谷はマリアナ海溝で深さ約10,000m。どちらも「0」が4個つくので、数学的には10^4mと表せます。同様にして、直径12,800kmの地球は**約10^7m**、太陽系最大の惑星である木星(=143,00lkm)は**10^8m**、太陽(=1,392,000km)は**10^9m**、太陽と地球の距離(=1億5千万km)は**10^{11}m**と表すことができます。このようにベキ乗で表すと、それぞれの大きさが、地球の10倍、100倍、10000倍(太陽の直径の約100倍)であることが直感できます(**図1.3**)。

太陽系内の距離を表す場合には、太陽と地球の距離を基準にとると便利です。そこで、「太陽と地球の距離=1天文単位」と定義して、太陽と

図 1.3　太陽系の大きさの比較

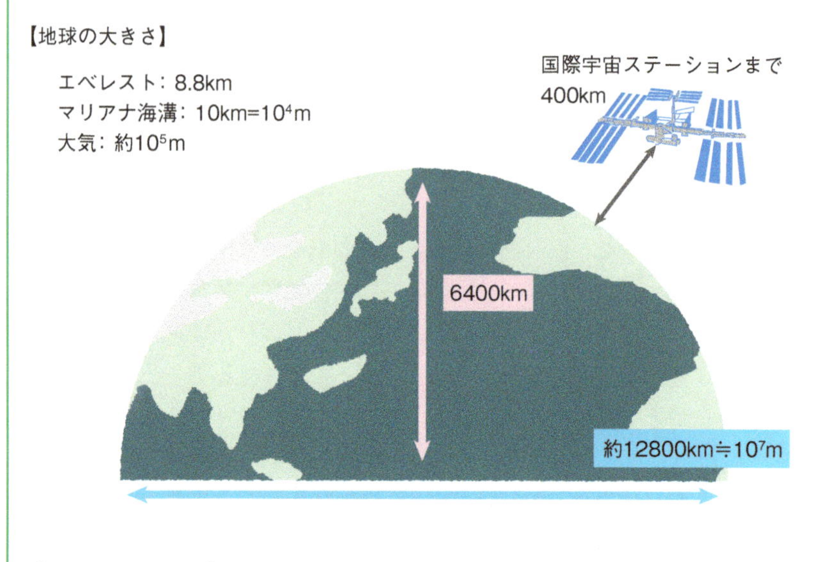

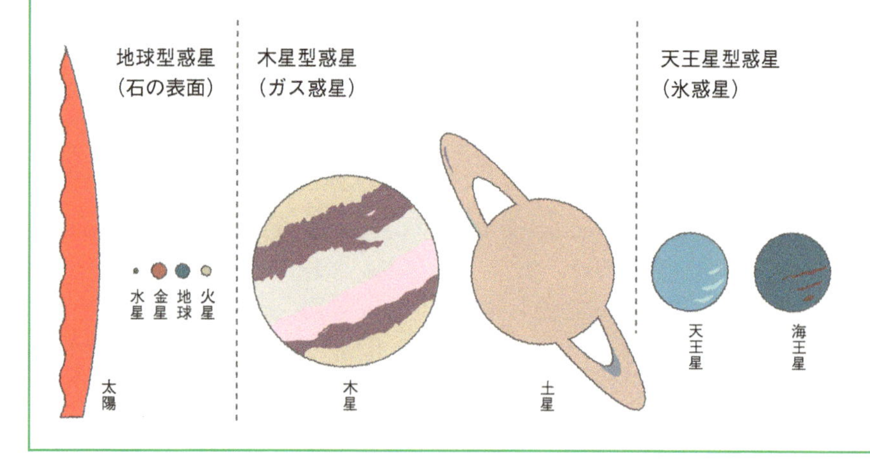

金星の距離は0.7天文単位、太陽と木星の距離は5.2天文単位などと表します。準惑星である冥王星軌道の直径は約80天文単位なので、「従来考えられていた太陽系の大きさ」は、太陽—地球間距離の約100倍で10^{13}mと表すことできます。「太陽系の果てはどこか」は定義が難しいですが、太陽磁気圏と銀河宇宙線が釣り合うところまでの領域（ヘリオポーズ：

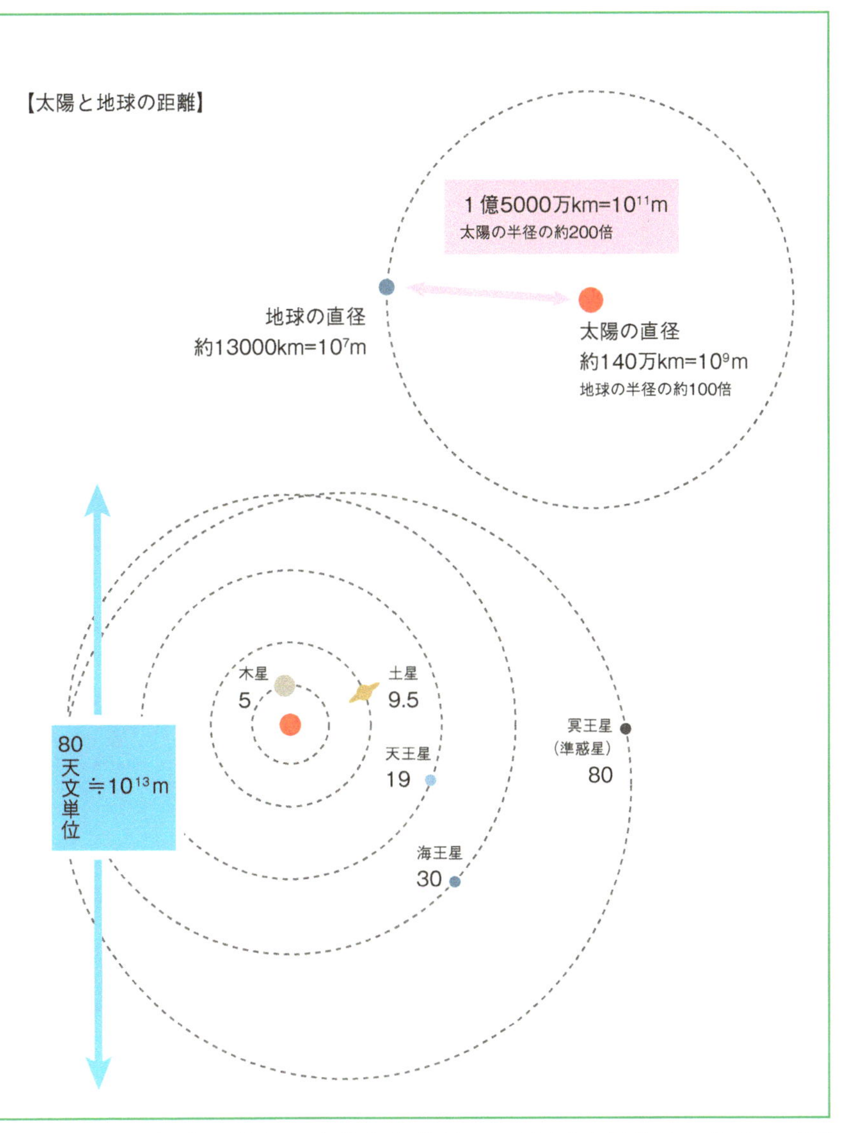

Heliopause）とすると、太陽から約120～160天文単位になります（**図1.4**）。2012年NASAは、1977年に打ち上げられたボイジャー1号が人工物として初めて、ヘリオポーズに到達したと発表しました（Krimigis et al. (2013)）。直線距離に換算すると、時速約6万kmで約35年かかったことになります。

図 1.4　太陽磁気圏とボイジャー1号、2号の位置

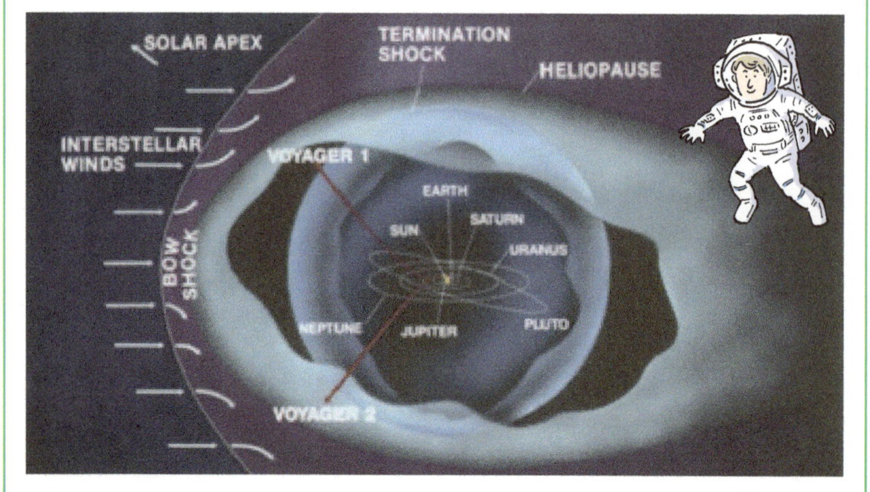

提供：NASA

図 1.5　銀河系の姿

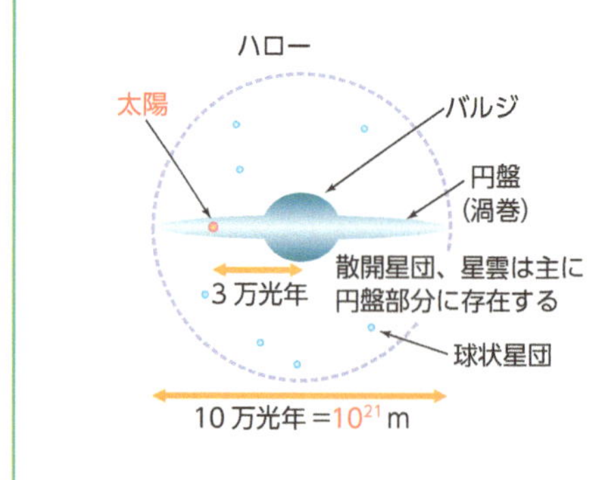

提供：NASA/JPL

太陽系の外側の天体までの距離を表す場合は、光が1年間に進む距離**光年**を単位にするのが便利です（1光年＝約9.5兆キロメートル ＝ 10^{16}m）。太陽系から最も近い恒星はケンタウルス座α星の3重連星で、4.2～4.4光年（＝4×10^{16}m＝26.5万天文単位）の距離にあります。最近、この3重連星で最も小さい星プロキシマケンタウリに地球半径の1.3倍の地球型惑星が発見され、水が存在しうる環境にあることが明らかになり、注目を集めています（Anglada-Escudé et al. 2016）。

次に、我々が住む銀河系について見てみましょう。我々の銀河系は、恒星10^{11}個からなる棒渦巻き銀河（棒状の構造を銀河円盤内にもち、渦状の腕がこの棒構造の両端から伸びている形態の銀河）で、さしわたし10万光年（＝10^{21}m）の大きさがあります（**図1.5**：太陽系の大きさが10^{13}mなので、10^{8}倍＝1億倍！）。銀河系を真横から見ると中央部が膨らみ（バルジ)、その周辺は円盤状になっています。円盤の上下方向には星がないわけではなく、ハローと呼ばれる領域に約160個の球状星団が存在しています（http://spider.seds.org/spider/MWGC/mwgc.html)。恒星たちの回転速度の分布から、実際の恒星の質量の約10倍のダークマターが存在していると考えられています。

私たちの住む太陽系は、銀河中心から3万光年のところを秒速約220kmで移動しています。銀河中心の周りを約2億年かけて一周することから、単純計算で、太陽系誕生後20回転以上していることになります。

銀河系周辺の約800万光年（10^{23}m）の範囲には、局部銀河群と呼ばれる大小およそ50個ほどの銀河が確認されています。局部銀河群の中で最も大きい銀河はアンドロメダ銀河（M31）で、その大きさは、我々の銀河系の約2倍（直径22～26万光年)、1兆個の恒星からなっています。現在は、我々の銀河から約250万光年の距離にありますが、我々の銀河に秒速110kmで近づいており、40億年後には衝突すると予想されています（Cowen 2012)。

このような銀河は、宇宙空間に満遍なく分布しているわけではありません。アングロ・オーストラリアン天文台が行った2平方度銀河赤方偏移サーベイ（2dFGRS）によると、銀河はフィラメント状やシート状に連なった構造で分布しており、銀河がほぼ無い領域（ボイド）もあるようです。**図1.6**は差し渡し60億光年の銀河の分布で、一点一点が、数千億個の恒星からなる銀河を示しています。

現在知られている太陽系から最も遠い銀河は、ハッブル宇宙望遠鏡が2016年に観測したGN-z11で、距離134億光年にあります（Oesch et al. 2016)。宇宙年齢が138億年ですから、宇宙誕生の少なくとも4億年後には銀河が誕生していたことになります。宇宙全体（100億光年＝10^{26}m）には、10^{11}個の恒星からなる銀河が約2×10^{11}個（Conselice et al. 2016）も

図 1.6　宇宙の大規模構造

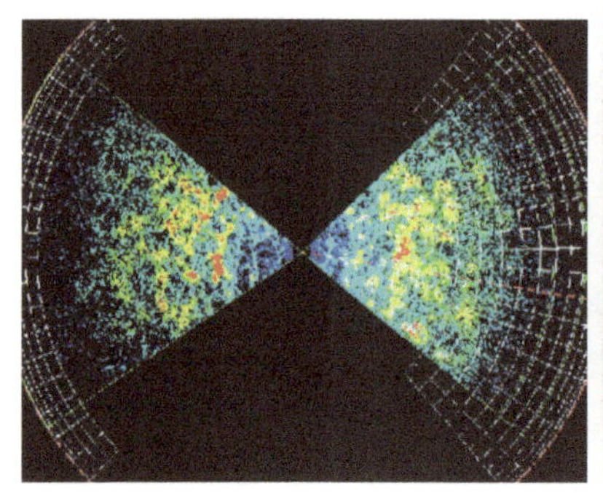

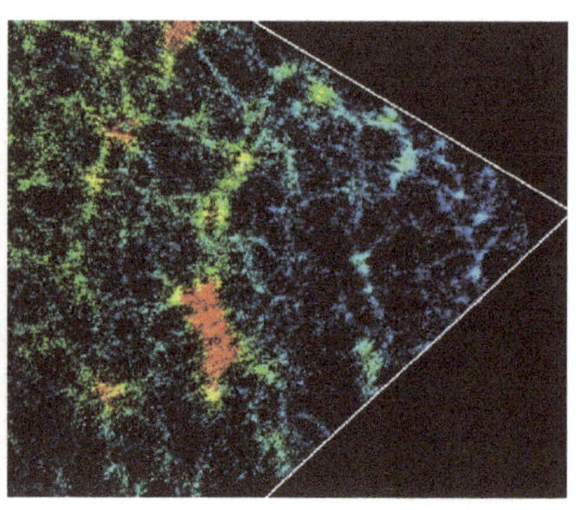

提供：理科年表 HP

図 1.7　遠くの星を見る＝昔の宇宙をみる

局所銀河群で最大の銀河
アンドロメダ銀河 (M31)

約 250万年前

太陽系に最も近い恒星
プロキシマ・ケンタウリ

約 4.2年前

太陽

約 8分前

おおぐま座の方向の
遠方銀河 GN-711

約 134億年前

存在することから、太陽のような恒星が10^{22}個存在していることがわかります。ただし、現在見えている数十億光年の距離にある銀河は、今から数十億年前の姿であって、現在はもう存在していない恒星たちもあります。

ビッグバン当初、宇宙には水素とヘリウムとごく微量のリチウム（Li）

しかなく、その後の恒星進化に伴ってリチウム以降の元素が増加してきました。実際に大型望遠鏡で遠方銀河のスペクトルの吸収線を観測すると、遠方の銀河ほど（すなわち、宇宙誕生初期の銀河ほど）、酸素の量比が少ないことがわかります。過去に遡るタイムマシンはありませんが、我々は大型望遠鏡で遠方の銀河を観測することで、宇宙の過去を垣間見ることができるのです（**図1.7**）。

1.3 宇宙の膨張

もう1つ忘れてはならない宇宙の面白い特徴に、宇宙膨張があります。20 世紀の初頭、エドウィン・ハッブル博士は、遠方の銀河が我々から遠ざかっており、遠方の銀河ほど遠ざかる速度が速いことを発見しました(Hubble 1929)。これは、宇宙が膨張していることを意味します。さらに驚くことに、宇宙の膨張の速さは、宇宙年齢の約102億年頃に減速から加速膨張に転じていることが明らかになりました（**図1.8**：Riess et al.（1998）；Perlmutter et al.（1999））。この宇宙を加速膨張させている斥力は、暗黒エネルギーと名付けられています。この宇宙加速を発見をしたサウル・パールムッター教授、ブライアン・シュミット教授、アダム・リース教授に

図 1.8 宇宙の膨張

提供：NASA

は、2011年のノーベル物理学賞が授与されました。

またこれとは別に、「銀河の回転曲線」や銀河団の高温ガスの分布などから、明確には見えない質量、つまり「暗黒物質（ダークマター）」が、宇宙には相当量、存在していることもわかっています。最新の観測と理論によると、宇宙は暗黒エネルギー（68%）と暗黒物質（27%）という正体不明の物質で満たされており、我々が観測できる世界は宇宙の5%に過ぎないようです（http://sci.esa.int/planck/51557-planck-new-cosmic-recipe/）。この宇宙の95%を占める暗黒エネルギーと暗黒物質の正体を明らかにすることは現代科学の重要なテーマですが、これらの解説は別の本にゆずることにして、本書では「私たちの世界」、すなわち約5%の元素の世界についてお話ししていきます。

第2章 太陽系を構成する天体1 〜太陽・惑星・準惑星〜

この章では、太陽系の主要メンバーである太陽、惑星、準惑星について解説しましょう。

2.1 太陽

太陽は、核融合反応のエネルギーによって自ら輝く、太陽系唯一の**恒星**です（**図2.1**）。質量は太陽系の99.9%を占めていることから、ほぼ「太陽

図 2.1　太陽の内部構造と温度

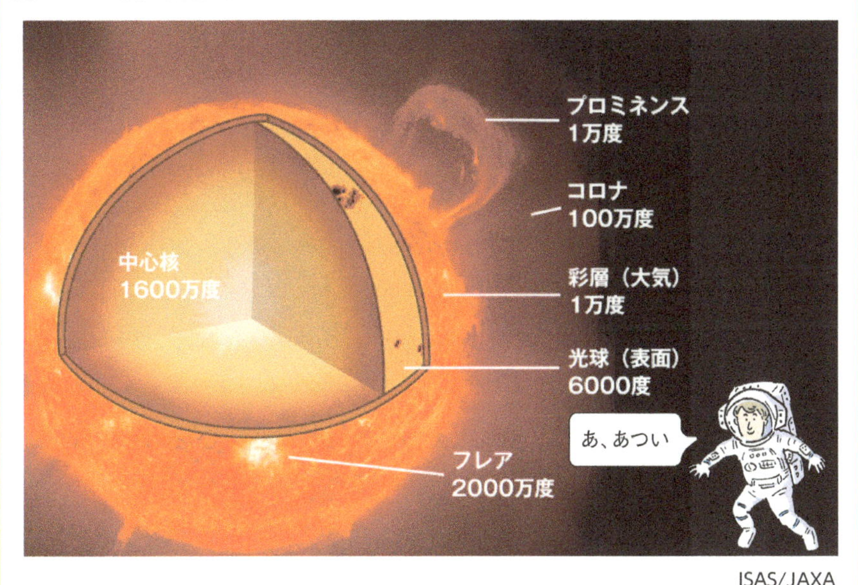

系の組成＝太陽の組成」と言えます。主成分は水素（H）が約90%、ヘリウム（He）が約9%で、それ以外の元素を合計しても全体の1～2%しかありません。

太陽の直径は地球の約100倍の140万km、質量は地球の33万倍の1.99×10^{30} kg（$=1M_{\odot}$）、表面温度は5,800Kで、恒星の中では軽い星に分類されます（8.4節参照）。中心部は1,600万度にも及ぶので、4つの水素原子から1つのヘリウムが合成される核融合反応がおこっています（$4\,{}^{1}\mathrm{H} \rightarrow {}^{4}\mathrm{He}$）。この時に生じる質量差$\Delta m = 4m_{水素} - m_{ヘリウム}$にあたる$\Delta E = \Delta m \cdot c^2$がエネルギーとして生成され、結果的に太陽は$3.85 \times 10^{26}$ワット（$= 3.85 \times 10^{33}$ erg/sec）で輝いています（ここで、mは原子の質量、cは光速3.0×10^{8}m/secを表します）。いわゆる星や電球の「明るさ（単位:ワット）」とは、物理学的には、単位時間あたりに放出するエネルギー（仕事率ともいう）を意味します。

どのくらいの燃料を、どのくらいの割合で消費するかから、星の寿命を計算することができます。ここで、太陽の質量の約10%の水素が燃焼するまでの時間を見積もってみましょう。太陽がすべて水素でできているとすると、太陽の質量の**約10%**の水素原子の数は、$0.1M_{\odot}/m_{水素} = 0.1 \times (2 \times 10^{30}\,\mathrm{kg}/1.6 \times 10^{-27}\mathrm{kg})$と表せます。$\Delta E = (4m_{水素} - m_{ヘリウム}) \cdot c^2$は、水素原子4個分から発生するエネルギーなので、水素原子1個が燃焼する時に発生するエネルギーは、ΔEを4で割る必要があります。太陽は、毎秒3.9×10^{33} ergで宇宙空間に放出しているので、太陽の質量の約10%の水素原子を消費する時間は、次式によりおよそ100億年と簡単に見積もることができます。

$$
\begin{aligned}
寿命 &= E_{10\%}/L = (0.1M_{\odot}/m_{水素}) \times (\Delta E/4) \div L \propto M/L \\
&= 0.1 \times (2 \times 10^{30}\mathrm{kg}/1.6 \times 10^{-27}\mathrm{kg}) \times \\
&\quad (4 \times 10^{-5}\mathrm{erg}/4) \div (3.9 \times 10^{33}\mathrm{erg/sec}) \\
&= 100億年 \qquad (2.1)
\end{aligned}
$$

この時間が、いわゆる「太陽の寿命」と呼ばれるものになります。ではなぜ、100%の水素燃焼ではなく10%の燃焼とするのでしょうか? 実は、この「水素の約10%」が燃焼すると、太陽中心部の水素が枯渇してしまい、水素の燃焼する場所が星の「中心部」からヘリウム核の周辺の「殻」へと移行するのです。星の中心部で水素燃焼をしている恒星を主系列星と呼びますが、水素燃焼の場所が「中心」部から「殻」部に移動することで星のバランスが崩れ、主系列星と呼ばれる段階から赤色巨星へと移行していきます。

赤色巨星としての寿命も式（**2.1**）と同様に、「星の寿命∝燃料M/光度L」で計算できます。しかし赤色巨星の光度Lは主系列星の100〜1000倍も明るいのに対し、燃料Mは、主系列星時に水素燃焼に費やした$0.1M_{\odot}$よりも少ないので、赤色巨星以降の寿命は主系列星として過ごす年数よりも圧倒的に短くなります。このようなことから、「星の寿命≒主系列星として過ごす年代」とみなせるわけです。

一方、隕石の年代分析から現在の太陽系は、誕生して既に46億年たっていることがわかっています（11.3節）。すなわち太陽は、主系列星としての寿命のおよそ半分が終わっていることになります。天文学的な考察から、今から約50億年後に赤色巨星になると、太陽の表面がほぼ地球軌道まで膨張すると予想されています。その頃の太陽の表面温度は約6,000度から3,000度くらいまでに下がりますが、岩石が気化するには十分高く、地球は蒸発する可能性が高いと考えられています。

太陽は、地球の生命を育むことから、太陽系の「母なる星」とも呼ばれていますが、電波から可視光、紫外線、X線にわたる多波長観測により、非常にダイナミックな活動をしていることがわかっています。その活動は、黒点の数とともに11年周期を示し、活動期にはフレアと呼ばれる現象を頻繁に起こし、秒速400〜800kmの荷電粒子のプラズマ流（太陽風）を宇宙空間に放出します。特に大きい放出現象はコロナ質量放出（CME：coronal mass ejection）と呼ばれ、遠く離れた地球にも到達し、オーロラや磁気嵐（地球の電離圏の擾乱）を引き起こします。1989年3月13日に起きた磁気嵐は、カナダの電力会社のネットワークを破壊するなど深刻な被害をもたらしました。電子機器が発達した現代社会に大きな磁気嵐が起こると、社会の様々なインフラストラクチャーが影響を受け大惨事となることは間違いありません。大きなフレアを電磁波で観測した2，3日後にプラズマ流が地球磁気圏に到達することを利用し、最近では、太陽活動を監視し地球磁気圏への影響を予報する**宇宙天気予報**が盛んに行われています。

2.2 惑　星

2006年、国際天文学連合は**惑星**を、「太陽の周りを回り」、「十分大きな質量をもつため重力平衡形状（ほぼ球状）をもち」、「その軌道近くから他の天体を排除した」天体と定義しました。その結果、現在の太陽系には8つの惑星が存在します（古くは惑星に分類されていた冥王星は、2006年以降は準惑星になりました。2.3節参照）。

以前はその大きさと位置から地球型惑星と木星型惑星の2つのグループに分けられていましたが、最近では、

地球型惑星（岩石惑星）　：水星、金星、地球、火星
木星型惑星（巨大ガス惑星）：木星、土星
天王星型惑星（巨大氷惑星）：天王星、海王星

の3つのグループに分類するのが一般的です。

水　星

太陽に最も近い水星は、大きさが地球の約3分の1しかない太陽系で最も小さい惑星です。そのため重力的に大気を保持することができませんが、微量ながら水素（H）、ヘリウム（He）に加え、ナトリウム（Na）、カリウム（K）、酸素（O）などが観測されています。水素やヘリウムは太

図 2.2　太陽系の惑星たち（岩石惑星、巨大ガス惑星、巨大氷惑星）

陽風の粒子を水星磁場が捕捉したものと考えられています。一方、ナトリウムやカリウムは揮発性の高い岩石の成分であることから、太陽からの放射や微隕石の衝突で水星表面の岩石から気化した成分だろうと考えられています。

このように水星は大気をもたないことから、隕石や小天体（メテオロイド）が大気で減速することなく水星表面に衝突するため、水星はクレーターだらけです。また、日向と日陰の温度差を大気循環で軽減することもできないため、昼と夜の温度差が600度もあります。これらの特徴は、大気のない地球の衛星「月」と共通しています。

2011年、NASAのメッセンジャー探査機は、世界で初めて水星の周回軌道に入り、水星表面環境の観測を行いました。これにより、以前から知られていた南極と北極に磁極を持つ双極子磁場の他に、表面地形に由来する地殻磁場が存在することがわかりました。一般に、地球のような固有磁場をもつには、惑星内部に温度差があり、物質が対流する必要があります。しかし、水星のように小さい惑星の内部はすでに冷たく固化しており、磁場は作られないはずと考えられてきました。なので、なぜ水星が固有磁場をもっているのか、いまだその原因はよくわかっていません。

日本宇宙航空研究開発機構（Japan Aerospace eXploration Agency（JAXA））は、欧州宇宙機関（European Space Agency（ESA））と共同で水星探査ミッション**BepiColombo（ベピコロンボ）**を計画し、2018年秋の打ち上げを予定しています。水星の磁気圏、表層、内部を多角的・総合的に観測することで、水星の磁気圏がもつ性質や起源が明らかになると期待されています。

金　星

太陽系第2惑星の金星は、0.7天文単位の軌道を周回している地球型惑星です。地球よりも内側を回ることから、地球から太陽を望んだ時、太陽を見込む角の±45度の範囲内に金星は存在します。そのため、日没直後の一番星（**宵の明星**）や、夜明け前の**明けの明星**としても親しまれています（**図2.3**）。

金星は「地球の双子惑星」と呼ばれるくらい、大きさ、質量、密度が地球と似ています。しかし、金星表面の環境はとても過酷で、地球とは似て

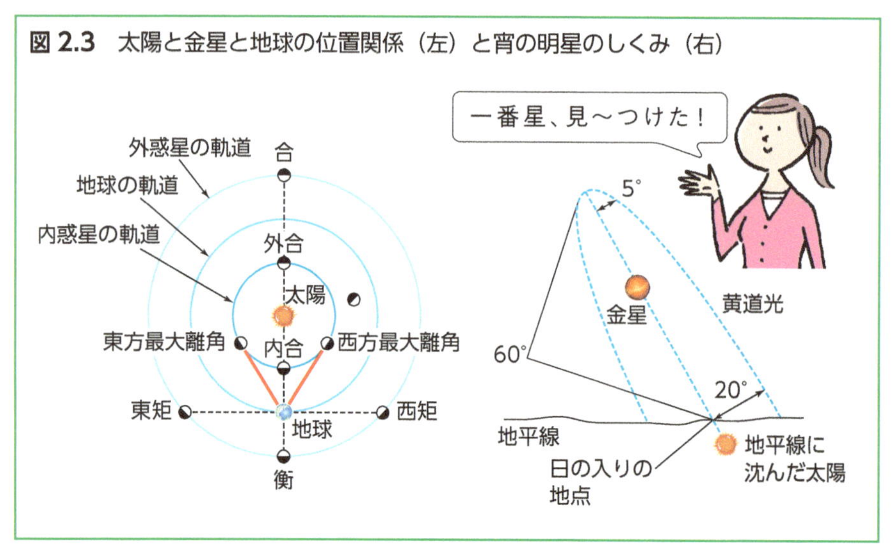

図 2.3　太陽と金星と地球の位置関係（左）と宵の明星のしくみ（右）

も似つきません。金星の大気の主成分は二酸化炭素で、わずかに窒素を含みます。大気圧は非常に高く地表で約90気圧もあります（地球での水深900mに相当）。そのため温室効果が激しく、金星の表面温度は最大500℃に達します。地球のように活発な火山活動やプレートテクトニクスは確認されていませんが、約5億年前以前にできたと考えられるクレーターが見当たらないことから、金星表面が一掃されるような大規模な火山活動が約5億年前に起きたとみられています（Nimmo and McKenzie（1998））。2006年には、ESAの金星探査機「ビーナス・エクスプレス」が250万年前にも火山活動が起きていたことを明らかにしました（Smrekar et al.（2010））。さらに、現在も815℃のホットスポットが存在していることも明らかになっています（Shalygin et al.（2015））。

金星の最も顕著な特徴は、**スーパーローテーション**と呼ばれる、秒速100mの猛烈な風でしょう。これは、金星の自転の60倍以上の速さもあります。なぜ金星の大気が自転よりも早く加速されるのか、その原因はまだよくわかっていません。

2016年4月、JAXAの探査機「あかつき」が、金星の周回軌道に入り、金星の本格観測を始めました。「あかつき」は観測波長の異なる5台のカメラをもっており、高度の異なる大気の動きを観測することができます。金星大気の3次元的な動きを明らかになれば、スーパーローテーションのような従来の気象学では説明ができない金星の大気現象のメカニズムが理解できることでしょう。本書を執筆している2017年10月現在、金星の中・下層雲域の赤道ジェットの存在や、定常的な金星大気の三日月状構造の発見など、次々と新しい知見が得られています（Horinouchi et al.（2017）；Fukuhara et al.（2017））。

地　球

太陽系第3惑星は、私たちの住む地球です。表面の約70%が液体の海で覆われており、大気の主成分は窒素と酸素、地殻は**大陸地殻**（花崗岩質）と**海洋地殻**（玄武岩質）に分類されるなど、他の惑星と比べ多くのユニークな特徴があります。これらの特徴は、液体の「水」の存在と大きく関係しています。液体の「水」は、大気中の二酸化炭素を始め、多くの溶質を溶かし活発な化学反応の媒質となります。また、岩石が水分を含むと岩石の融点がさがり、岩石の流動性を引きおこすからです。地球が「水」惑星と呼ばれる所以（ゆえん）です。

しかし、「海洋」の平均水深は3～4kmしかなく、質量的には地球全体の約0.023%しかありません。マントルと呼ばれる岩石部分に含まれる水をすべてかき集めても約0.1%しかなく（**図2.4**）、「水」惑星どころか、

図 2.4　地球の水と空気の総量

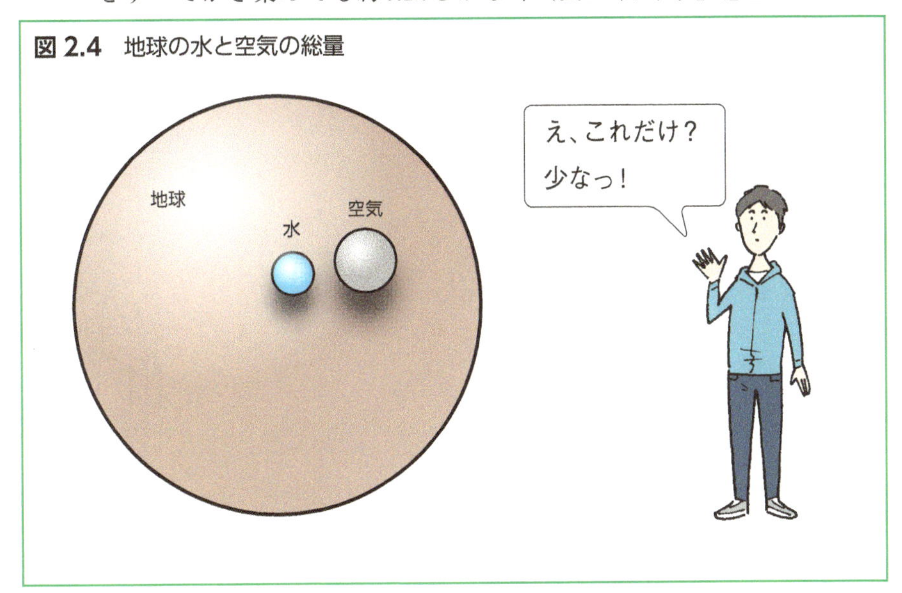

「湿った泥団子」よりも乾いているのには驚きです。惑星科学的に見ると、地球の水の量は絶妙だったことがわかっています。水は二酸化炭素よりも保温効果の高い**温室効果ガス**なので、地球の水が多いとすべての海洋が蒸発するまで温度が上昇する**暴走温室効果**が起こってしまうと考えられています。また少なすぎると、金星のように生命活動には過酷な環境になったことでしょう。

では、この絶妙な量の「水」を、地球はいつどのようにして獲得したのでしょう。地球の材料物質である微惑星自身が水を含んでいたという説もあれば、地球がほぼ形成された後に彗星のような氷を含んだ天体が衝突したという説も提案されています。この謎を紐解くヒントとして、水（H_2O）を構成する水素（H）と重水素（D：Deuterium）の比が注目されています。地球の水素同位体比（D/H比）は、オールト雲起源の彗星よりは小惑星物質に近いようです（**図2.5**）。木星族の彗星は、D/H比が地球の値と似ており、地球の水の起源の候補の1つだったのですが、2015年にESAが観測した木星族彗星・チュルモフゲラシメンコ彗星のD/H比は地球の値とは異なっており、どうやら木星族彗星にもいろいろな種類があること

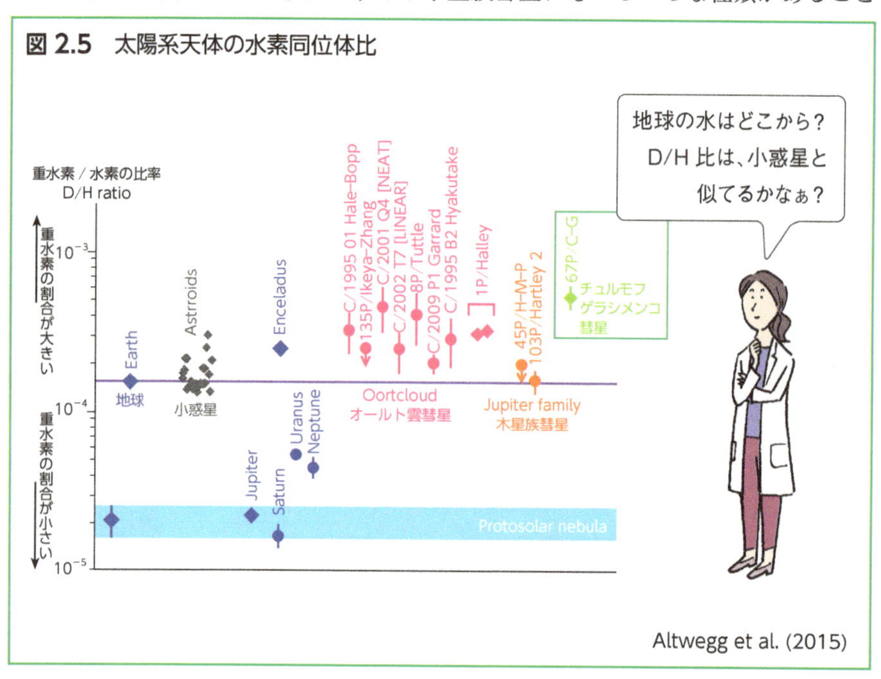

図 2.5　太陽系天体の水素同位体比

Altwegg et al. (2015)

がわかってきました（Altwegg et al.（2015））。このように、地球の特徴を決定づけた地球の「水」の起源の解明は、惑星科学の最重要課題となっています。

火　星

太陽系第4惑星の火星は、地球の半径の約半分、質量は地球の10分の1の地球型惑星です。大気の組成は金星と同様、二酸化炭素と窒素ですが、表面圧力が0.01気圧と低いのが特徴です。このような低圧では、水は液体の状態を取ることができず、氷の状態から直接気体に**昇華**します。しかし、1990年代以降の数々の火星探査機の観測により、火星表面で水の流れによってできるレキ岩や大規模な堆積岩が見つかり、大量の水が存在していたことが明らかになってきました（**図2.6**）。このことから、火星の過去の気候は温暖湿潤であったと考えられています。

Ojha et al.（2015）は、火星周回からのリモート観測から、暖かい季節になると火星の急斜面に水が流れた痕跡が現れることを発見しました。地表下に帯水層や氷が存在し、隕石の衝突や温度変動により地表に滲み出てきたと考えています。実際Dundas et al.（2018）は、火星表面の急斜面を

図 2.6　火星探査車 Opportunity が撮影した Endurance Crater の崖

提供：NASA

大規模なしましま構造。
ここは、かつて、海か湖の底だったんだね。

観測し、地下数mのところに厚み数十mの氷の層が存在することを発見しています。今のところ、液体の水が直接観測されたわけではありませんが、現在の火星環境でも一時的には液体の水が存在しうること、また表面近くに膨大な量の氷が存在することから、「火星は荒涼とした砂漠」という従来の固定観念は覆されつつあります。かつて、大量の液体の水が存在していた火星が、いつどのようにして現在の姿になったのかを明らかにすることが、火星の研究の最大の課題になっています。地球がこれからも温暖湿潤でいられるのどうかのヒントが、火星の過去の歴史から得られるかもしれません。

木　星

第5惑星の木星は太陽系最大の惑星で、水素とヘリウムを主成分とする**巨大ガス惑星（木星型惑星）**です。地球型惑星とは異なり、木星の内部構造ははっきりと分かっていませんが、モデル計算から、中心に岩石を主体とする高密度の中心核があり、そのまわりを液状の金属水素と若干のヘリウム混合体が覆い、その外部を分子状の水素層が取り囲んでいるものと考えられています（Fortney (2004)）。

木星のトレードマークとなっている大赤斑は、大気中で起こる高気圧の渦です。かつてその幅は4万kmを超え、地球がすっぽり3つおさまるほど巨大でしたが、年々小さくなっており2014年には1万6,500kmにまで縮小しました。太陽から遠い木星は、平均気温マイナス120℃の低温の世界ですが、最近、大赤斑の上空800kmのエリアは、1,300℃にも達していることが明らかになりました（O'Donoghue et al. (2016)）。激しい嵐によって発生した音波が上空に伝わり、大気を加熱しているのではないかと推測されています。

木星は、地球磁場の約10倍の強い磁場をもっており、木星の極には常時オーロラが生じています。木星大気の主成分である水素分子（H_2）に、荷電粒子が流入・衝突し、生成されるH_3^+イオンがオーロラ発光を起こしています。木星には、この**帯状**のオーロラ現象とは別に、衛星起源の**点状**のオーロラも発生することが知られています（**図2.7**）。活火山をもつ衛星イオが噴出したガスが、木星の磁場に沿って木星表面へと移動し、オーロラの発生源となっています。

図 2.7　木星のオーロラ写真（左）と発生原理

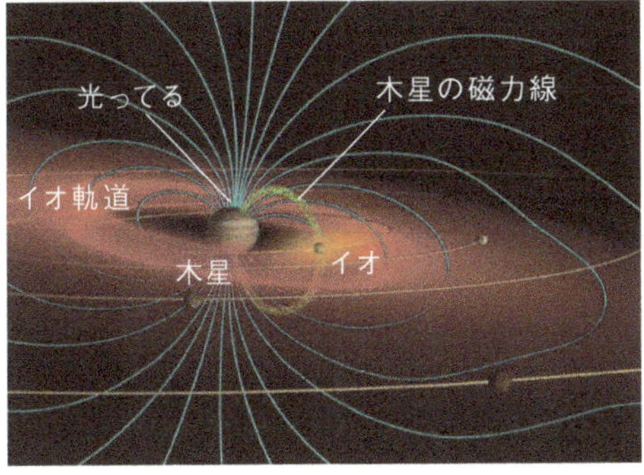

提供：NASA

土　星

木星に次いで2番目に大きな**巨大ガス惑星（木星型惑星）**が土星です。顕著なリング構造と、縞模様の大気をもっています。ガス惑星の中でも密度が特に低く（$< 1 g/cm^3$）、水よりも小さいのが特徴です。自転周期は10.7時間で赤道付近自転速度は約10,000m/秒に達しており、赤道域がわずかに膨らんでいます。外層の大気は約96%が水素分子、約3%がヘリウムで、太陽や木星、天王星型惑星のヘリウムの割合（約10%）と比べると低い値になっています。これは土星大気の下層へヘリウムが沈降していることを示唆しています。標準惑星モデルでは、土星の中心部は木星と同じく小さな岩石質の核が存在していると考えられており、Fortney (2004) は中心核の質量は地球の9～22倍と見積もっています。

土星の最も顕著な構造であるリング（環）は、cm～mサイズの氷粒子や岩でできており、100mの厚みがあります。かつては、インパクトによって衛星がカタストロフィックに壊れたものと考えられていましたが、木星探査衛星カッシーニの観測により、その描像が少し変わってきています。これについては、4.5節で詳しく述べます。

天王星

天王星は木星・土星に次ぎ、3番目に大きい惑星です。大気には水素が約83%、ヘリウム約15%のほかに、メタンが約2%含まれいるのが特徴です。上層大気に含まれるメタンが赤色光を吸収するため、天王星は青緑色に見えます。かつては、天王星や海王星はその大きさと位置から木星型惑星に分類されていましたが、最近では、氷の水やメタン等が豊富でガス成分が比較的少ない**巨大氷惑星（天王星型惑星）**として区分されるようになりました。

天王星の顕著な特徴の1つは、黄道面（地球の公転面とほぼ等しい）に対し自転軸がほぼ横倒しに倒れていることです。天王星の形成後に巨大天体の衝突により横倒しになったのでしょう。天王星は、他のガス惑星と比べると雲がほとんど見られず、のっぺりとした外観をもっているのも特徴です。これは横倒しの自転軸の影響で、昼夜の気温変化がほとんどないためと考えられています。実際、2007年に冥王星が春分点を通過時し自転軸の真横から太陽光があたった時には、17時間周期で昼と夜の寒暖差ができたため、天王星にも雲が発生しました。

海王星

海王星は太陽から最も遠い30天文単位にある惑星です。以前は木星型惑星に分類されていましたが、最近では、天王星と同様に**巨大氷惑星（天王星型惑星）**に分類されています。内部構造は天王星に似て、水やメタン、アンモニアの氷に覆われた岩石質の中心核をもっていると考えられています。天王星同様に大気中にメタンを含むため、青みがかって見えます。1781年の天王星の発見以来、その軌道が天体力学の計算に合わないため、未知の天体の存在が予言されていたところ、1846年に予測された位置に海王星が発見されたという経緯があります。公転周期は165年なので、発見されてから太陽の周りをまだ一周しかしていません。

海王星は太陽からの距離の割には表面の温度が72Kと比較的高く、太陽から受けている熱量の約2倍の熱量を自ら供給していることがわかっています。これは惑星内部の重力収縮、もしくは放射性元素の壊変熱によるものと考えられています。

2.3 準惑星

2006年、国際天文学連合が**惑星**を再定義した際に、新たに**準惑星**というカテゴリーを作りました。準惑星の定義は、(1) 太陽の周囲を公転し、(2) 十分大きく自己重力でほぼ球形をし、(3) 自分の軌道から他の天体を掃きだすことができなかった、というもので、条件 (3) が惑星との違いになっています。本書執筆時点 (2018年1月) では、ケレス (Ceres)、冥王星、エリス (136199 Eris)、マケマケ (136472 Makemake)、ハウメア (136108 Haumea) の5つの天体が準惑星に分類されています。2016年5月、「2007 OR10」が、準惑星マケマケよりも大きいことが明らかになりました (直径1,535km)。本書執筆時点ではまだ準惑星には分類されていませんが、いずれ準惑星に分類されることでしょう。

ケレス (もしくはセレス) は、1801年に小惑星として初めて発見された天体で、小惑星番号1番をもちます (正式名称は、1 Ceres)。冥王星は、

図 2.8 準惑星セレス (左) と冥王星 (右)

提供：NASA

図 2.9　クレーターの表面重力と直径の関係

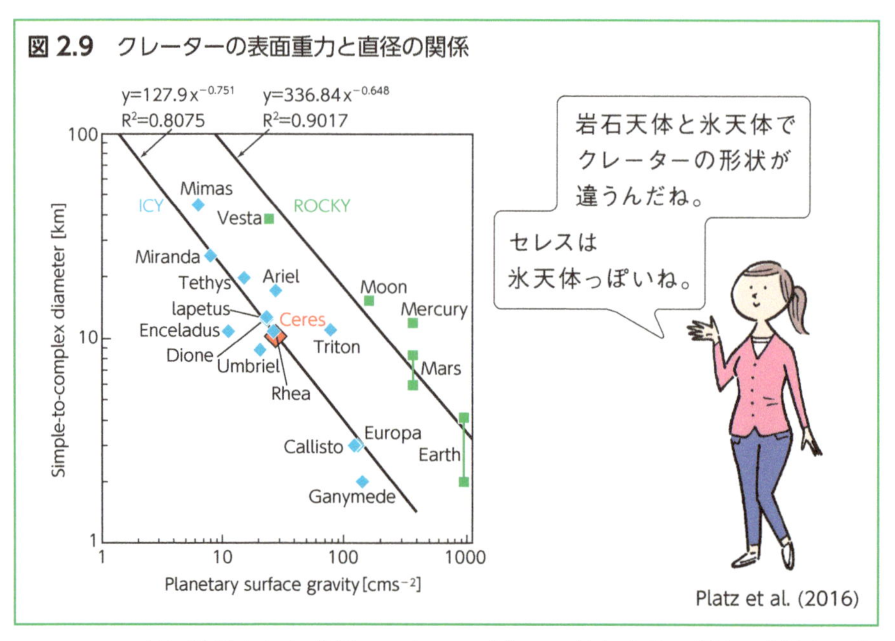

Platz et al. (2016)

1930年に発見された直径2,370kmの天体で、長らく第9番目の惑星という位置付けでしたが、2005年に冥王星と同サイズの太陽系外縁天体・エリス、マケマケ、ハウメアの発見が報告されたことがきっかけになり、準惑星に分類されました。準惑星の中でも、冥王星、エリス、マケマケ、ハウメアなどの太陽系外縁天体を**冥王星型天体**と呼ぶこともあります。

NASAの探査機ドーンは2015年にケレスの周回軌道にはいり、数々の知見を我々にもたらしました（**図2.8左**）。ケレスは発見以来2006年まで、小惑星帯最大の小惑星として認識されてきましたが、探査機ドーンの観測により、クレーターの形状は小惑星ベスタや月・水星・火星・地球などの岩石天体とは異なり、むしろ氷天体の特徴をもっていることが明らかになりました（**図2.9**：Platz et al. (2016)）。平均密度も2g/cm^{3}と小さいことから、地殻の下には氷の層があると考えられています。実際、非常に明るい白いスポットがいくつか見つかっており、クレーターができたときの衝撃で地下から塩水が噴出し、その後、水分だけが蒸発して残った塩化アンモニウムの層状珪酸塩と解釈されています（De Sanctis et al. (2015, 2016)）。

一方、冥王星は2016年にNASAのニューホライズンズが最接近し、流動する窒素の氷河や、氷の山脈、赤道付近をとりまく褐色領域など、これまで未知であった**氷天体**の姿を明らかにしました（図2.8右：Nimmo et al. (2016)）。冥王星の表面の構造は、1億年以内に形成されたもののようで、冥王星では今でも地質学的な活動が起こっている可能性を示唆します。Sekine et al. (2017) は、ジャイアントインパクトによりカロンが形成し、その際に熱変性を受けた有機物が冥王星表面の褐色のクジラ模様を形成するシナリオを提唱し、国内外から注目されています。

ニューホライズンズはその後も順調に飛行を続け、2018年末にはエッジワース・カイパーベルト天体である2014 MU69をフライバイ観測する予定です。これまで未知であった**太陽系第3ゾーン**の姿を我々に明らかにしてくれることでしょう。

第3章 太陽系を構成する天体2 ～小惑星・彗星・外縁天体～

前章では、太陽系の大きな天体である太陽、惑星、準惑星について概観しました。本章では、太陽系の小天体である、小惑星、彗星、そしてその故郷である太陽系外縁天体にスポットをあてていきましょう。

3.1 小惑星

小惑星はこれまで、名前がついている天体だけで約2万個、仮符号が付いている天体を含めるとなんと約75万個（！）が同定されています(https://ssd.jpl.nasa.gov/?body_count)。これらの小惑星は軌道要素から、メインベルト小惑星、トロヤ群小惑星、地球近傍小惑星などに分類されています。

メインベルト（小惑星帯）の小惑星

火星（1.5天文単位）と木星（5.2天文単位）の間に小惑星が帯状に存在しています。これまでに発見されている小惑星の9割以上はこの小惑星帯に存在することから、**メインベルト小惑星**と呼ばれています。**図3.1**下のように、地球が太陽を公転する面（黄道面と呼びます）を真横からみると、ほぼ円盤状に分布していることがわかります。**図3.2**は、観測された小惑星の数の分布で、横軸は小惑星の大きさ、縦軸は「ある大きさ」以上の小惑星の数を累積した値になっています（累積頻度分布）。一般に小さい小惑星は数え落としている可能性があります（観測バイアス）。しかし、この累積分布図を用いると、大きい小惑星のサイズ分布の傾向を延長（拡張）することで、小さい小惑星の数を予想することができます。このこと

図 3.1 小惑星の空間分布

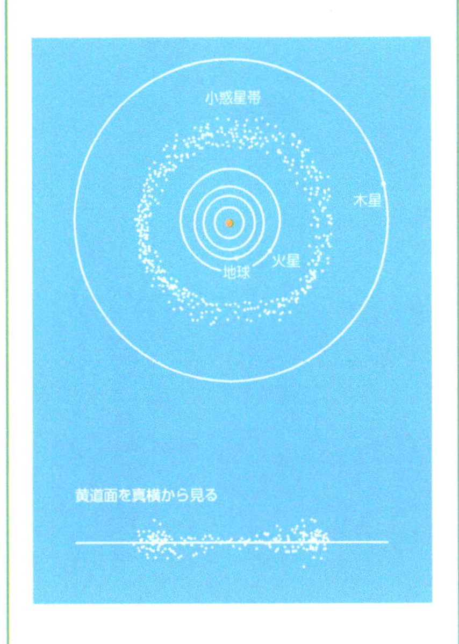

An Introduction to the Solar System
(Cambridge 出版)

図 3.2 小惑星のサイズ分布

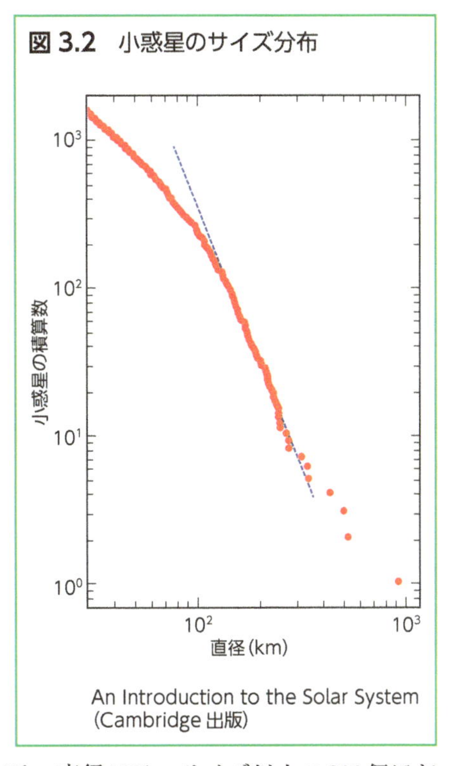

An Introduction to the Solar System
(Cambridge 出版)

から、小惑星帯の質量のほとんどは、直径100kmサイズ以上の200個ほどの小惑星が担っていることがわかります。よく「小惑星は惑星になりきれなかった微惑星の残骸」と言われますが、小惑星帯の総質量は地球の2,000分の1程度しかありません。地球の衛星「月」ですら、地球の質量の約1/81ありますから、小惑星帯の小惑星をかき集めても惑星は作れません。ただしこの見積もりは、現在も存在している小惑星の質量の総計であることに注意が必要です。太陽系誕生時には、もっとたくさんの微惑星(小惑星の元になるもの)が存在していて、その何割かは木星の重力により、太陽に落下したり太陽系外へ飛ばされた可能性もあります。

小惑星は、反射スペクトルの傾きや、吸収線の深さ、絶対値(明暗)などからサブグループに分類されます(**図3.3**)。宇宙から地球に飛来する隕石(10章)との比較から、例えばC型は炭素質で有機物の多い小惑星、S型は石質の小惑星、M型はメタル質の小惑星、などと予想されています。日本の「はやぶさ」1号機はS型小惑星イトカワからサンプルを持ち帰り、

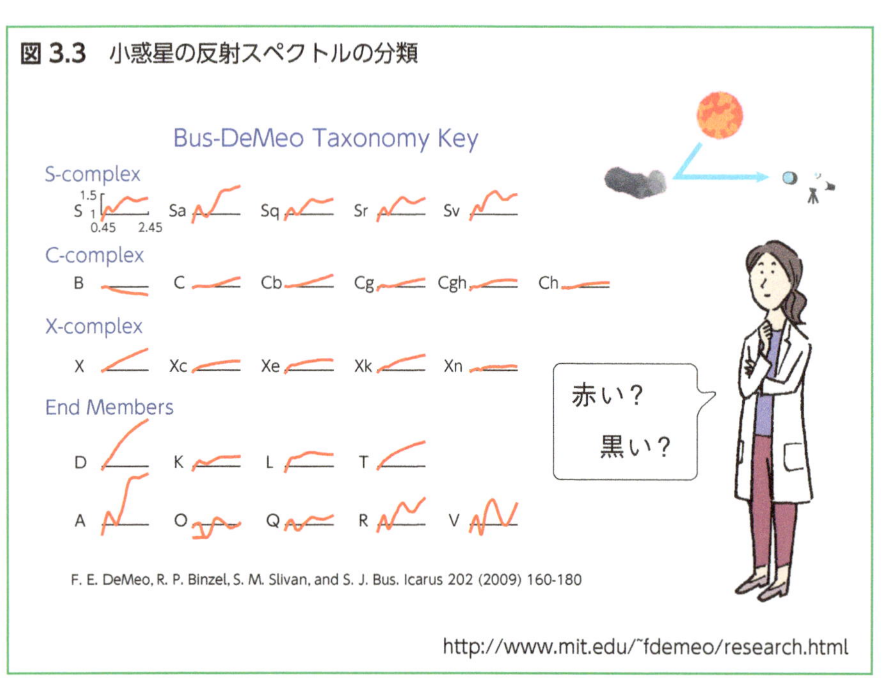

図 3.3 小惑星の反射スペクトルの分類

実際に石質であることを確かめました。2018年1月現在、「はやぶさ」2号機はC型小惑星リュウグウに向かっており、またNASAは2020年台前半にM型小惑星「プシケ」への探査を計画しています。近い将来、小惑星の反射スペクトルと、実際の小惑星を構成する物質の関係がもっと明らかになることでしょう。

さて、このように反射スペクトルで小惑星を分類すると、小惑星帯の中でグループごとに存在する場所が決まっていることがわかってきました（**図3.4**、DeMeo & Carry (2014)）。例えば、小惑星帯の内側（<2.5天文単位）では火成的なS型小惑星が多く、小惑星帯中央部の3天文単位付近にはC型小惑星、小惑星帯の外側（>4天文単位）では不透明物質の多い始原的なタイプ（P型小惑星、D型小惑星）が多いことがわかります。このことは、小惑星の材料物質が、太陽からの距離によって異なっていたことを意味しています。

図3.4をよく見ると、小惑星の分布の少ないいくつかの軌道半径があります。たとえば、軌道長半径が2.5天文単位の付近には小惑星がほとんどありません。この場所の小惑星の公転周期は約4年で、木星の公転周期

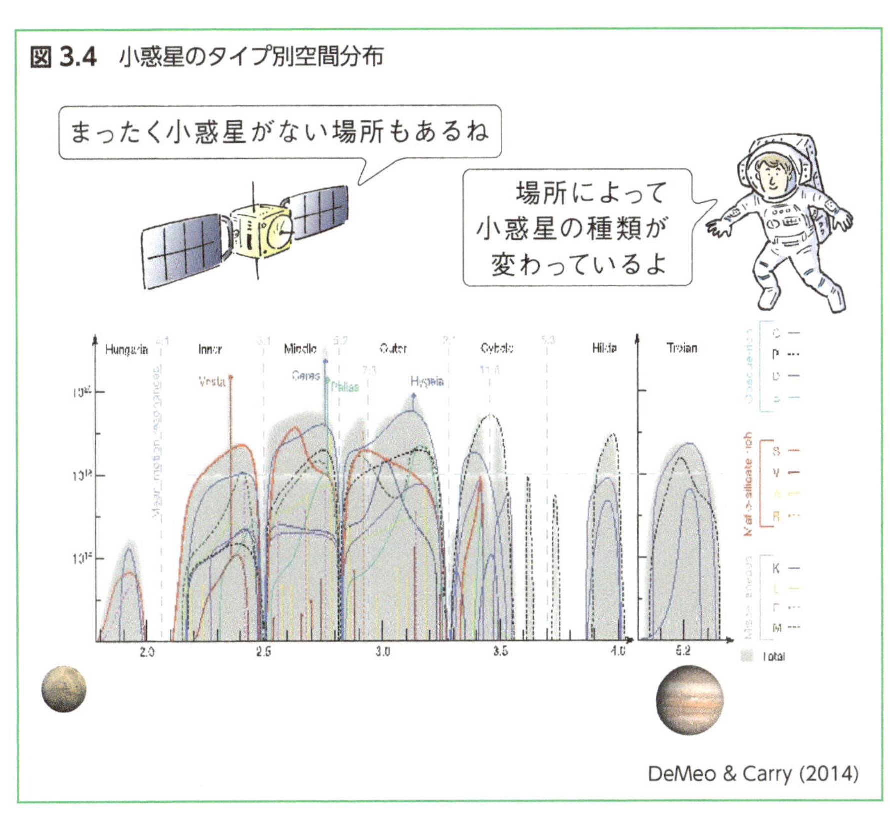

図 3.4 小惑星のタイプ別空間分布

DeMeo & Carry (2014)

（約12年）とちょうど1：3の関係になっています。このように木星の公転周期と整数比になる「共鳴軌道」には、小惑星が長時間安定に存在できないことが知られています。ダニエル・カークウッドが1857年に初めて注目したことから、**カークウッドの隙間**と呼ばれています。

図3.5は、小惑星の軌道長半径、離心率、軌道傾斜角などの軌道要素で、その運動の特徴を分類した図です。例えば、縦軸に軌道傾斜角をとったグラフ（図3.5左）を見ると、ところどころ、小惑星が集団となっているところがあります。これらの小惑星たちは反射スペクトルもよく似ていることから、もともとは1つの小惑星だったものが、小惑星同士の**衝突**で砕けてバラバラになった集団（**族**または**ファミリー**と呼ばれる）と考えられています。いくつかの小惑星族については、個々の小惑星の運動を逆算することで、いつバラバラになったか（衝突破砕した年代）がわかっています（Jedicke et al.（2004））。例えば、ゲフィオン族は、約4億7千万年に

図 3.5　小惑星の族

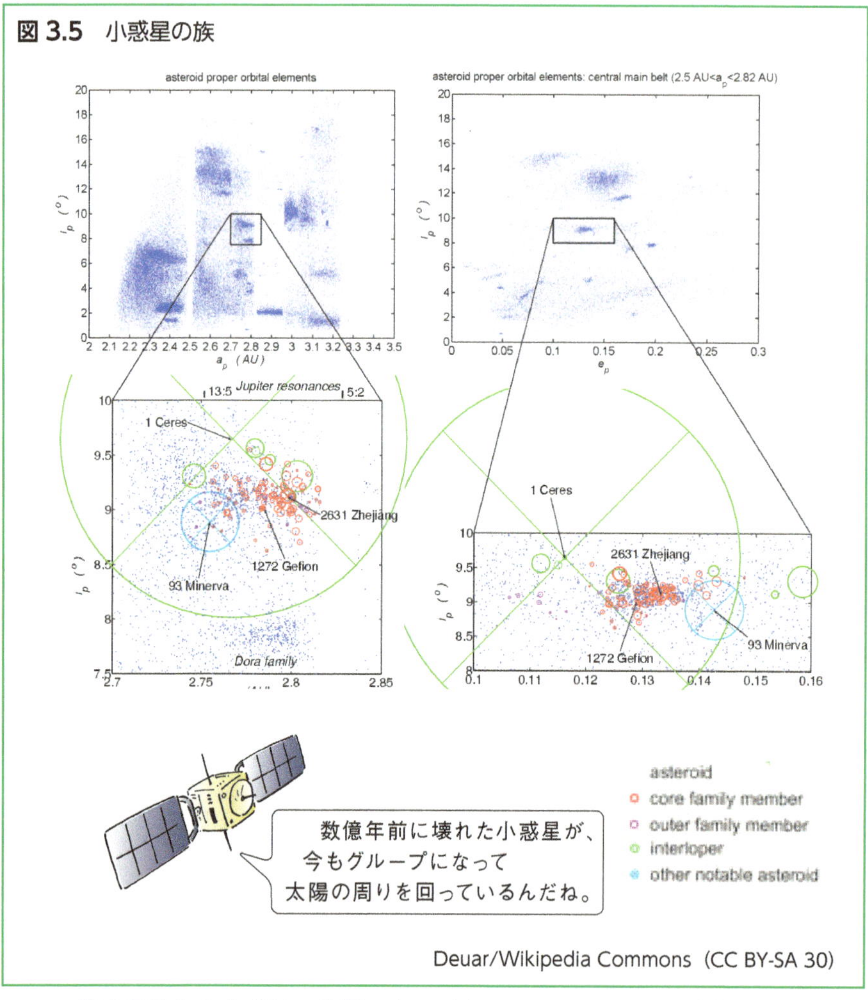

衝突粉砕した小惑星の集団です。丁度、スウェーデンや中国のその頃の地層にたくさんの隕石が見つかっていることから、ゲフィオン族の母天体が衝突破砕した破片が地球に隕石シャワーとして降ってきたものと考えられています（Heck et al.（2004）; Nesvorný, et al.（2009））。

トロヤ群小惑星

図3.1を注意深く見ると、木星と太陽と正三角形をなす位置に小惑星が密集していることがわかります。これは、図3.4の5.2天文単位付近のピー

クに対応しています。この集団のことを**トロヤ群小惑星**と呼び、2017年10月現在、6,704個が確認されています（木星から見て、前方に4,271個、後方に2,433個）。ラグランジュのL4・L5ポイントと呼ばれるこの場所では、太陽の重力と木星の重力、そして物体にかかる遠心力の3つの力が釣り合います。このため、一旦この場所に、小惑星が「重力的」に捕らわれると、数十億年にわたって安定に存在し続けることができます。

図3.4に示すように、トロヤ群小惑星はC、P、D型小惑星に分類されます。トロヤ群小惑星の起源はよくわかっておらず、(1) 太陽系誕生時に木星とほぼ同時に形成された説、(2) ニースモデルと呼ばれる惑星移動時に太陽系内の天体がシャッフルされ小惑星帯の天体が捕まえられた説や、(3) 同じく惑星移動時にカイパーベルト天体が重力的に捕まえられた説、などが提唱されています。これらの起源を探るため、NASAは、木星トロヤ群小惑星を探査する「ルーシー」を2021年に打ち上げる計画を発表しました。2027年に木星トロヤ群に到着し、約6年かけて5つのトロヤ群小惑星（L4の小惑星4つ、L5の小惑星1つ）に接近して探査する予定です。一方、JAXAもソーラー電力セイル探査機に**その場分析**が可能な質量分析計を搭載したトロヤ群小惑星探査を検討し始めています。トロヤ群小惑星物質の炭素/窒素/水素などの同位体分析に成功すれば、岩石を主体とする小惑星帯起源か、太陽系外縁天体起源の氷天体なのかに決着をつけることができるでしょう。

地球近傍小惑星

小惑星の中で地球に接近する軌道を持つ小惑星群のことを、**地球近傍小惑星**（NEA：Near Earth Asteroid）と呼びます。国際天文連合のMinor Planet Center（https://www.minorplanetcenter.net/mpc/summary）によれば、約1万個以上のNEAが確認されています（**図3.6**）。その中でも特に、地球軌道との最小交差距離が0.05天文単位（約748万km）以内の比較的明るい（すなわち大きい）小惑星を「潜在的に地球と衝突する可能性をもつ小惑星」(PHA：Potentially Hazardous Asteroid）と呼びます。これまでに1,800個以上が見つかっており、これらの反射スペクトルはS型小惑星に分類されるものが多いことがわかっています。その反射スペクトルは、地球に飛来する隕石で最も多いグループ（**普通コンドライト隕石**）と

図 3.6　地球近傍小惑星の軌道

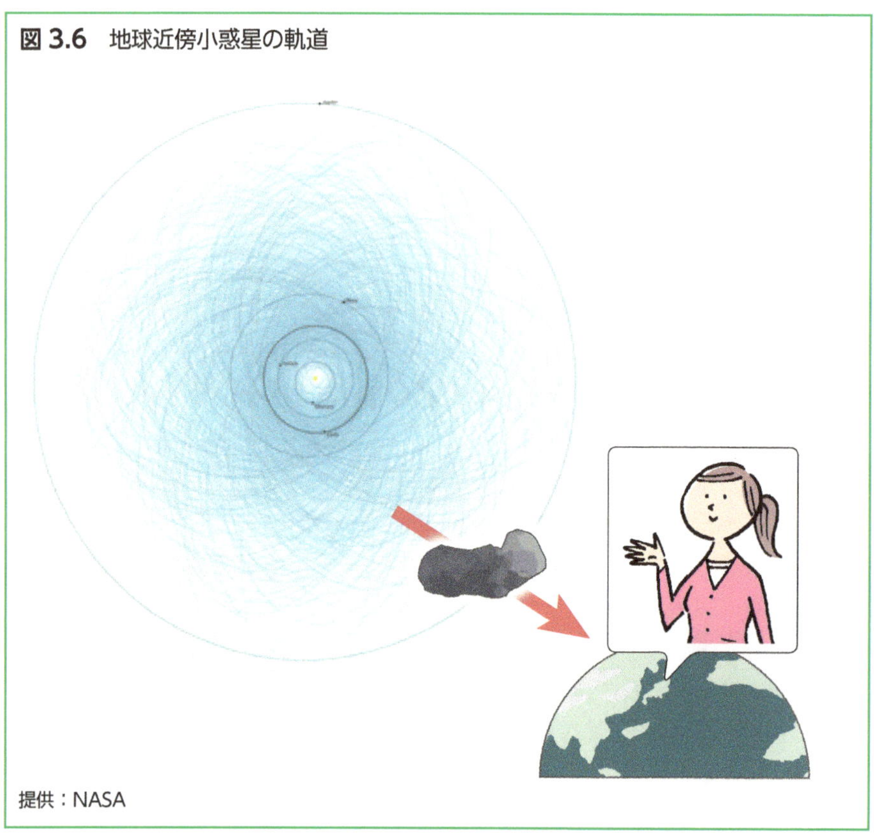

提供：NASA

よく似ていることから、NEAの破片が隕石となって地球に落ちてきていると考えられています。小惑星探査機「はやぶさ」1号機がサンプルを採取したS型小惑星イトカワ（25143 Itokawa）も、NEAの1つでした。

Gladman et al.（2004）は、軌道計算からNEAの10～20%は地球型惑星に衝突、半数以上が太陽への衝突、残りの約15%は太陽系外に放り出されると見積もっています。また、これらのNEAの寿命はせいぜい1千万年程度しかなく、太陽系の年齢と比べてきわめて短いことから、小惑星帯から現在も絶えず、地球近傍軌道に小惑星が供給されていることがわかります。Michel and Yoshikawa（2005）らは、小惑星イトカワも100万年以内に地球に衝突すると報告しています。

3.2 彗　星

物質科学的な特徴

彗星は、本体の大きさが数キロメートルから数十キロメートルの小さな天体で、ケイ酸塩と有機物からなるダストとH_2Oを主体とする氷の混合物です。太陽系の外側の低温領域から内側の高温領域に軌道が変化したため、太陽からの熱や輻射で彗星表面が**蒸発/乖離**し、**プラズマテイル**や、**ダストテイル**が形成されます（**図3.7**）。

2005年、NASAはテンペル第1彗星に向けて重さ約370kgの衝突体を秒速約10kmで発射し、彗星の表面を破壊しその時に飛び散る彗星の内部物質の観測を行いました（ディープインパクト計画）。Lisse et al.（2006）らは、衝突の瞬間をSpitzer赤外線天文衛星により観測し、彗星の塵の成分が非結晶質のアモルファスシリケイト以外に、結晶化した輝石やカンラン石からなること明らかにしました（**図3.8**左上）。またNASAのスターダスト計画では、短周期彗星 81P/Wild 2から彗星塵を地球に持ち帰り、実験室で詳細に調べました。Nakamura et al.（2008）はこれらの塵の酸素同位

図 3.7　彗星のダストテールとガステール

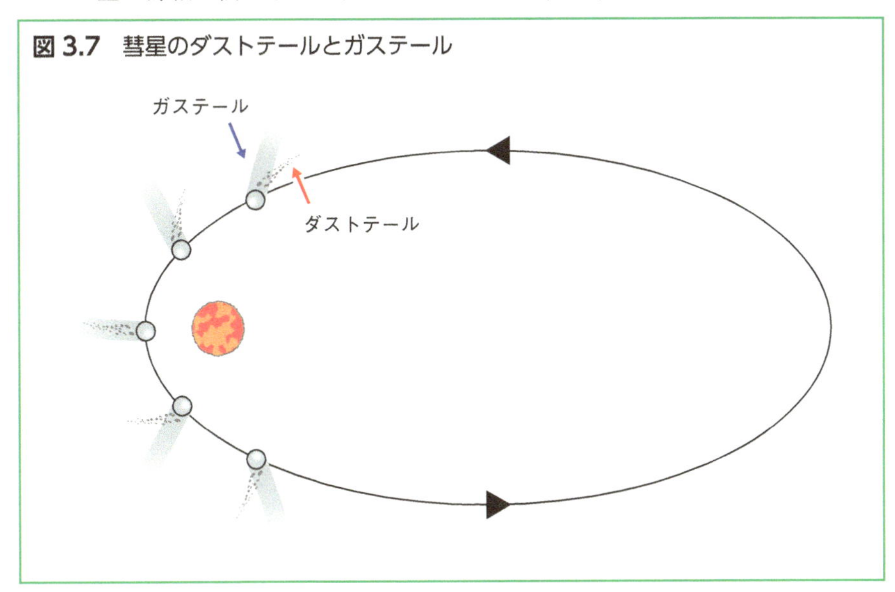

図 3.8 赤外線天文衛星 Spitzer による彗星塵のスペクトル観測（上図）と、スターダスト計画で採取した彗星塵の反射電子像（下図）

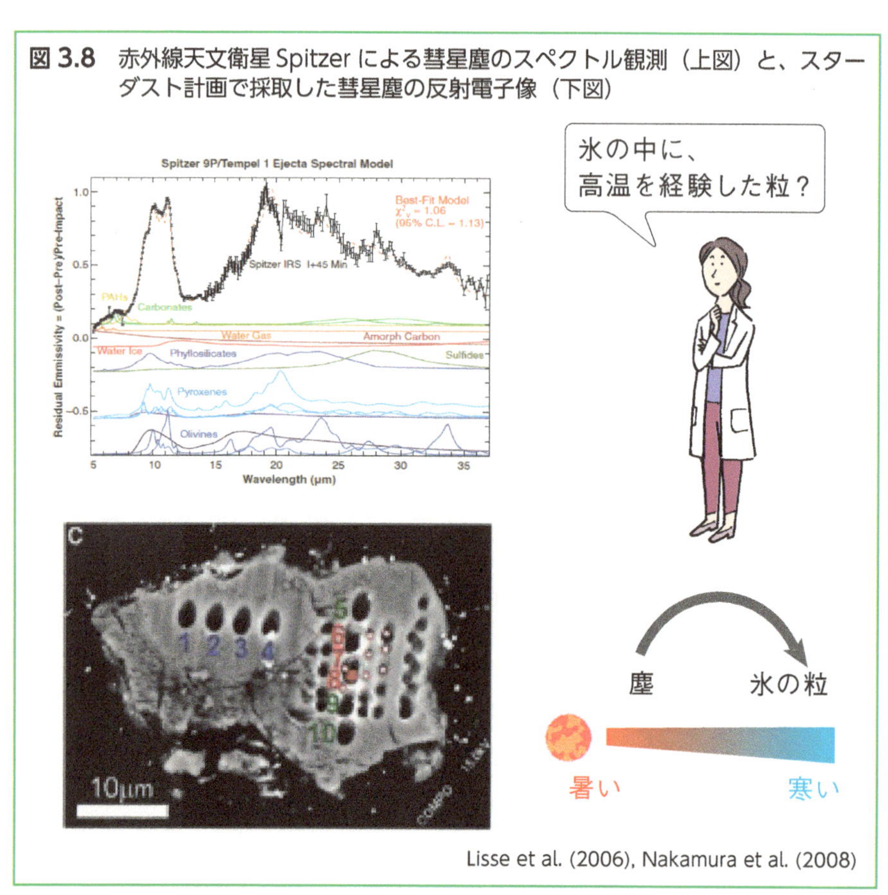

Lisse et al. (2006), Nakamura et al. (2008)

体を詳細に分析し、隕石中のコンドリュールと呼ばれる高温凝縮物とよく似た組織を発見しました（図3.8左下）。これらの結果は、彗星では、低温領域で形成される氷のような揮発性成分と、高温を経験し結晶化した鉱物が共存していることを意味します（まるで、アイスクリームと天ぷらが共存するようなものです）。太陽系が誕生した頃、太陽系全体にわたる大規模な物質循環が起こっていて、太陽に近い高温領域で形成された物質が、数十天文単位以上離れた太陽系の外縁まで運ばれ、そこで氷成分と一緒になって彗星を形成したのだろうと考えられています（図3.8右）。

彗星の軌道の特徴

一般に、惑星や小惑星の公転軌道は、黄道面と呼ばれる平面にほぼ沿っ

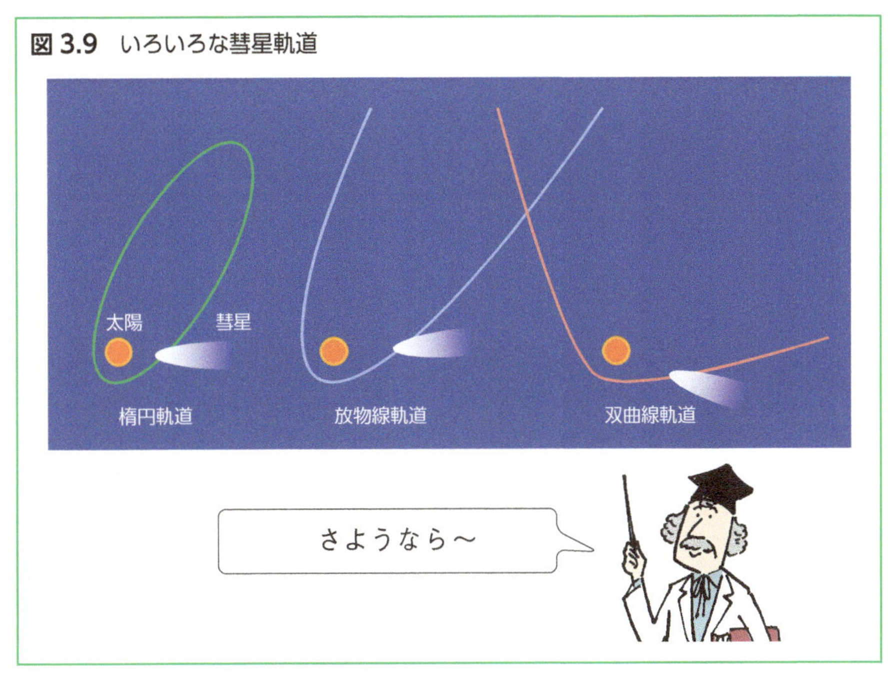

図 3.9 いろいろな彗星軌道

ており、概ね円に近い楕円を描いています。それとは対照的に、彗星の公転軌道は細長い楕円のものが多く、なかには放物線や双曲線軌道を描くものも存在しています。放物線軌道や双曲線軌道の彗星は、太陽に近づくのは一度きりで、二度と戻ってくることはありません。

楕円軌道をもつ彗星は、公転周期が200年より短く軌道半径の小さい**短周期彗星**と、公転周期が200年よりも長く軌道半径の大きい**長周期彗星**に分けられます。短周期彗星の大部分は、軌道傾斜角が小さく、太陽のまわりを惑星と同じ平面に沿って、惑星と同じ向きに公転します。それに対し長周期彗星は、黄道面に対してランダムな方角で、公転の向きにも規則性がありません。これらのことから、短周期彗星の故郷は円盤状に分布する**エッジワース・カイパーベルト**、長周期彗星の起源は、太陽系を大きく取り囲むように分布する**オールトの雲**と考えられています（**図3.10**）。

一般に、楕円軌道を描く彗星は、太陽による蒸発作用をうけるだけでなく、大型惑星や太陽の重力により軌道の擾乱を受けるため、恒常的に周回運動をすることができません。1万年から数十万年の間に、惑星や太陽に衝突したり、太陽系外に放り出されてしまいます。にもかかわらず、太陽

図 3.10 太陽系外縁天体。エッジワース・カイパーベルト天体（上図）とオールトの雲（下図）

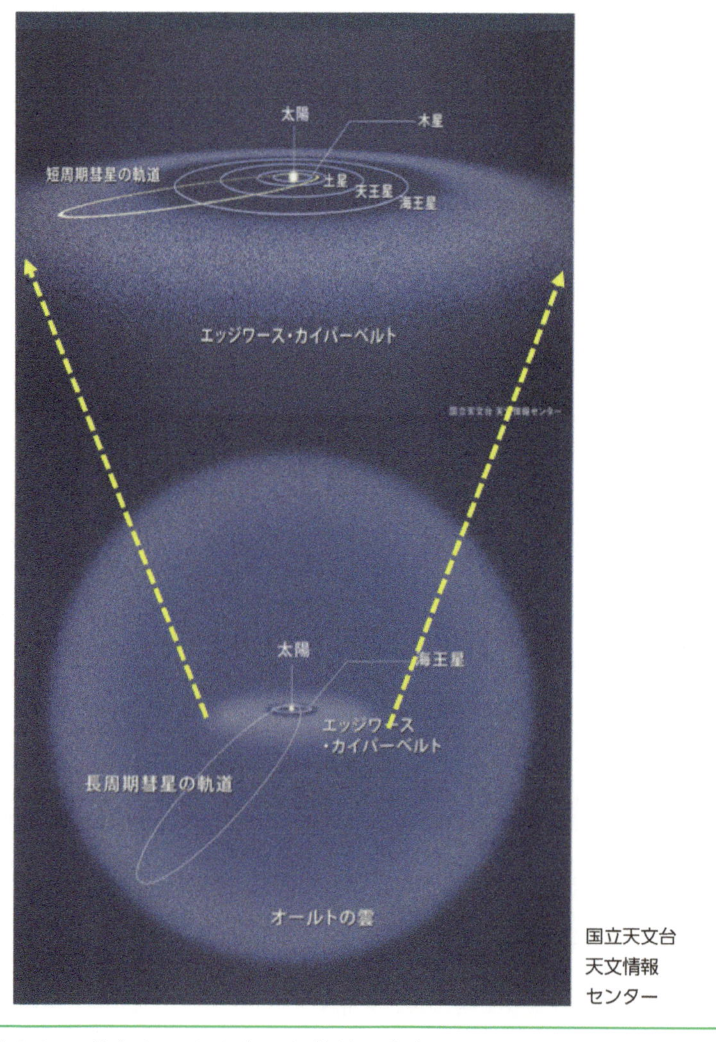

国立天文台
天文情報
センター

系誕生から46億年たった現在でも彗星が存在するということは、エッジワース・カイパーベルトやオールト雲から、今も絶えず、太陽付近を通過する軌道へと彗星が供給されていることを意味します。

第4章 太陽系を構成する天体3 〜衛星とリング〜

第2章では太陽系の8つの惑星の特徴について見てきました。この章では、その惑星の周りを回る衛星とリングの特徴について解説します。近年、探査が進み、太陽系の衛星には、活火山があったり、氷火山や内部海があったりと、惑星以上に多様性があることがわかってきています。

4.1 衛星とリング

図4.1に惑星とその衛星の数をまとめました（国立天文台2017年公表値を一部改訂）。地球型惑星である水星、金星には衛星がなく、地球に1個、火星には2つの衛星があります。一方、巨大ガス惑星では、木星、土星はそれぞれ79（最近12個が新たに発見された！）個、65個、巨大氷惑星の

図4.1　衛星の数

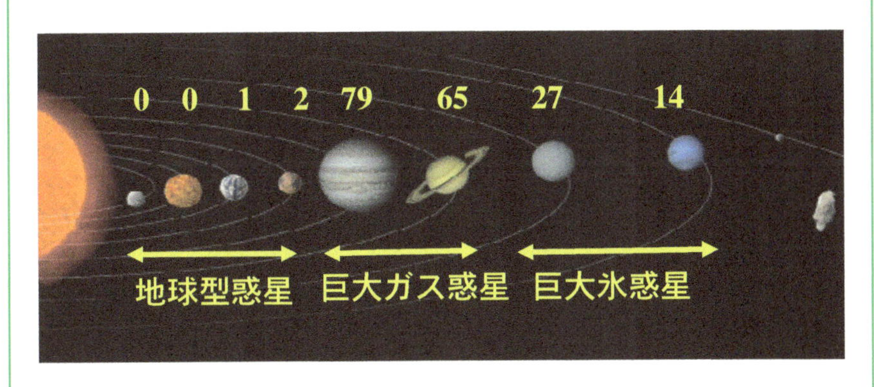

提供 NASA に加筆

図 4.2 典型的な衛星の写真

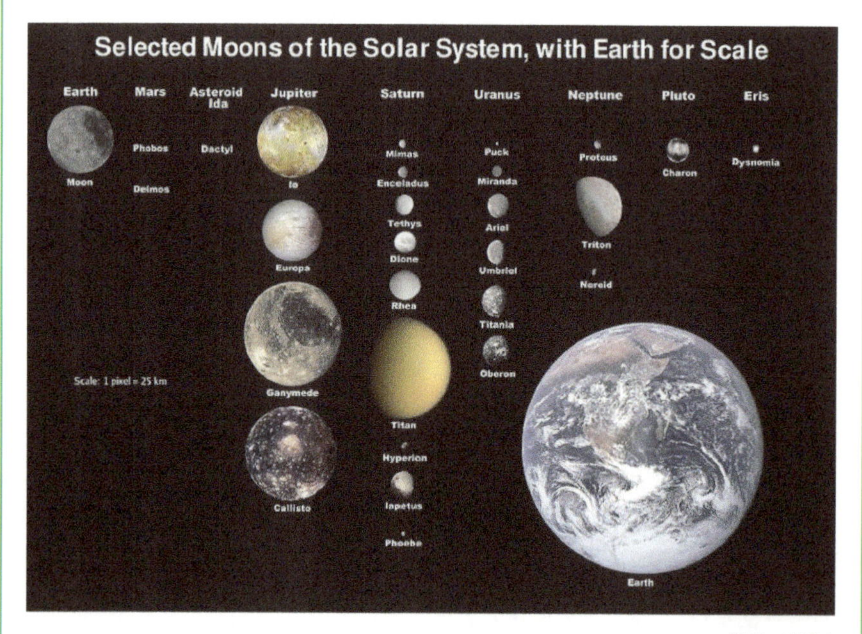

提供：NASA

天王星と海王星には27個、14個と非常に多くの衛星の存在が確認されています。また、地球型惑星にはリング構造がないのに対し、巨大ガス惑星や巨大氷惑星には、いずれもリングの存在が確認されています。このような地球型惑星と巨大惑星では、衛星の数や、リングの有無などが大きく異なっており、太陽系惑星の大きな特徴となっています。これらの違いは、太陽系誕生時の惑星形成の違いに起因すると考えられています（9.3節）。

図4.2に代表的な衛星をまとめました。木星の衛星ガニメデ（直径約5,262 km）や、カリスト（約4,820km）、土星の衛星タイタン（約5,150km）は、惑星である水星（4,879km）よりも大きいのが特徴です。我々の「月」は直径約3,400kmで、木星の衛星イオ（3,643km）よりわずかに小さく、太陽系にある約190個ある衛星たちの中で、5番目の大きさです。我々の月については、第13章で詳しく述べることにします。

4.2 火星の衛星たち

火星には、**フォボス**（直径23km）と**ダイモス**（直径12km）の2つの衛星があります。これらの衛星の火星に対する大きさの比は約270分の1しかなく、他の惑星の「衛星/惑星」比と比べると極めて小さいのが特徴です。フォボスは火星の自転よりも速く公転しているため（共回転半径より内側に位置するため）、潮汐力による減速をうけ1年間に約2cmの割合で火星に近づいており、約3,000万～5,000万年後には火星表面に墜落します（**図4.3**）。一方、ダイモスは共回転半径より外側に位置し、火星の自転よりも遅く公転しているため、火星から加速を受けゆっくりと火星から遠ざかっています。

フォボス、ダイモス両衛星ともに反射スペクトルがD型小惑星（有機化合物の多い珪酸塩・炭素・無水珪酸塩からなる小惑星）と似ていることから（Rivkin et al.（2002））、火星の衛星の起源は、長らく**小惑星捕獲説**が有力でした。しかし捕獲説では、軌道傾斜角が小さい円軌道になるのは力学的に難しいことから、火星の北半球に巨大な天体が衝突し、その破片が再集積して衛星を形成したとする**巨大衝突説**も提唱されています（Rosenblatt et al.（2016））。

2016年、JAXAは火星衛星探査計画（MMX：Martian Moons eXploration）を発表しました。2020年代前半に探査機を打上げ、火星の衛星の周回軌道に入り、衛星の観測やサンプル採取を行ったのち、地球に

図 4.3　火星の衛星フォボス（左）とダイモス（右）

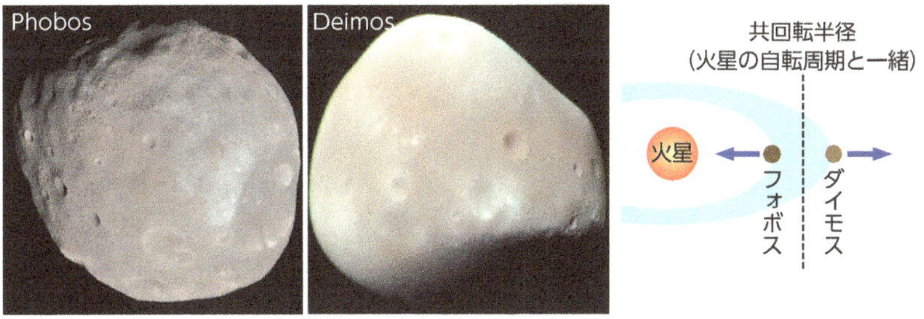

提供：NASA

帰還するという計画です。フォボスやダイモスのサンプルが実際に入手できれば、例えば酸素同位体比などから、衛星の起源が火星由来か（巨大衝突説）、小惑星由来か（捕獲説）に決着がつくことでしょう。

4.3 木星の衛星たち

木星には79個の衛星が報告されています。そのうち、ガリレオ・ガリレイが1600年代初頭に自作の望遠鏡で観測した4つの衛星イオ、エウロパ、ガニメデ、カリストのことを、特に**ガリレオ衛星**と呼びます。

イオ（Io）はガリレオ衛星の中では最も内側の軌道を持ち、地球以外で初めて活火山が発見された天体です。1979年、ボイジャー1号が接近した際には、イオから高度数百kmにまで達する噴煙が観測され、研究者たちを驚かせました。イオとほぼ同じ大きさである「月」では、天体内部は冷え火山活動が停止してしまっているのに対し、イオでは多数の火山が活動中で、あまりに対照的だったからです。これは、イオが木星近くの楕円軌道を描くためと考えられています。月と同じように、イオの自転周期と公転周期は一致しているのですが、楕円軌道を描くためイオ本体からみると木星に引っ張られる力の向きが時事刻々と変化するからです（**図4.4**）。**潮汐作用**と呼ばれるこの現象がイオの内部を加熱し、火山活動を駆動してい

図 4.4　木星の衛星イオ

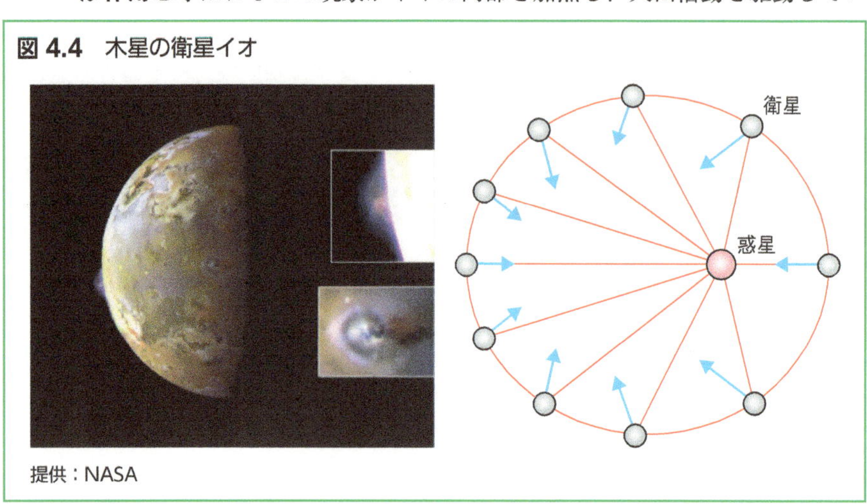

提供：NASA

るというわけです。

エウロパ（Europa）は、ガリレオ衛星の中では内側から2番目の軌道を公転しています。活火山のあるイオとは一変し、エウロパ表面は水（H_2O）からなる氷で覆われており、反射率が高く明るく見えます。顕著な衝突クレーターがないことから、エウロパの表面は最近新しく更新されており、その年代は4,000～9,000万年前と報告されています（Witze（2015））。2016年、Sparks et al.（2016）は、ハッブル宇宙望遠鏡でエウロパ表面から高度100kmで吹き上げる間欠泉を観測したことから、エウロパの氷地殻の下には液体の海（内部海）が存在することが確実視されています（**図4.5**）。ただし、その氷を溶かす熱源については、木星の潮汐加熱で氷マントルの一部が溶融しているとする説と、海底火山によるものという2つのモデルが提案されており決着はついていません。後者の場合は、地球の熱水噴出孔付近に生息するような生物、すなわち、熱水に含まれている水素や硫化水素と二酸化炭素からメタンを作り、熱水をエネルギー源としている微生物「超好熱メタン菌」が存在する可能性があります。

ガニメデ（Ganymede：直径5,262km）は太陽系の衛星の中で最も大きい衛星で、惑星である水星よりも大きいことが知られています。しかし、

図 4.5　木星の衛星エウロパ

提供：NASA

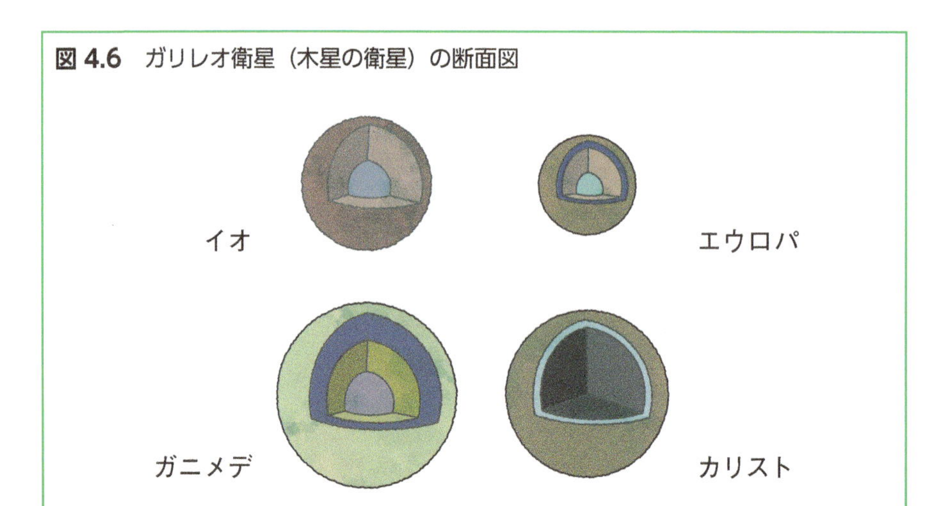

図 4.6 ガリレオ衛星（木星の衛星）の断面図

密度は1.9g/cm^{3}しかなく、岩石（平均は3～8g/cm^3）以外に氷もしくは水のような密度の小さい物質が体積的には多くを占めているようです。一般に、物体の回転の具合を表すパラメーターとして**慣性能率**というものがあります（厳密にいうと、角加速度とトルクの比）。例えば、物質の密度が一様な球の場合は0.4、物質の中心部に質量が集中するほど小さい値になる性質があります。Anderson et al.（1996, 1998）らの観測により、イオ、エウロパ、ガニメデ、カリストの慣性能率は順に、0.378, 0.348, 0.311, 0.358と報告されています。特にガニメデは、慣性能率の値が小さいことから、相対的に高密度の物質からなる中心核を持つことがわかります（**図4.6**）。一方**カリスト（callisto）**は、平均密度はガニメデに近いのですが、慣性能率はガニメデよりも大きいことから、氷成分と岩石成分が**完全には分離していない状態**であると予想されています。またガニメデは固有磁場を持つことから、電気伝導度の高い流体の存在が示唆されています。

4.4 土星の衛星たち

土星には現在65個（うち、3つは未確定）の衛星が確認されています。この中でも特にタイタン（Titan）とエンケラドス（Enceladus）に、科学者たちは注目しています。

直径が約5,150km、土星最大の衛星である**タイタン**は、窒素（98%）とメタン（1.4%）からなる1.5気圧の大気をもっており、地球の大気と似ているのが特徴です。このような窒素大気の起源として、タイタンの材料物質である氷（クラスレートハイドレート:氷の結晶構造の中に閉じ込められた窒素分子）から脱ガスしたとする説と、太陽系星雲からアンモニアガスとしてタイタンへもたらされたとするアンモニア起源説がありました。もし窒素分子がクラスレートハイドレートとして凝縮するのならば、同じ温度圧力条件でアルゴンもクラスレートハイドレートを形成し、タイタンに集積するはずです。2005年の小型探査機ホイヘンス・プローブがタイタン大気の希ガスアルゴンの同位体観測を行ったところ、太陽系星雲の原初同位体アルゴン36とアルゴン38（$^{36, 38}Ar$）を検出できませんでした。このことは、タイタンの窒素大気は、クラスレートハイドレートとしてではなくアンモニアガスの形で凝縮してタイタンに集積したことを示唆しています（Niemann et al. (2005)）

衛星タイタンの最大の特徴は、なんと言っても、地球以外の太陽系天体表面で、初めて液体の存在が確認されたことです。2005年1月、小型探査機ホイヘンス・プローブがパラシュートを使ってタイタン表面へ降下しな

図 4.7　土星の衛星タイタンの上空からの画像（左）と着陸時の写真（右）

提供：NASA

図4.8　土星の衛星エンケラドスのプリュームの写真と質量スペクトル

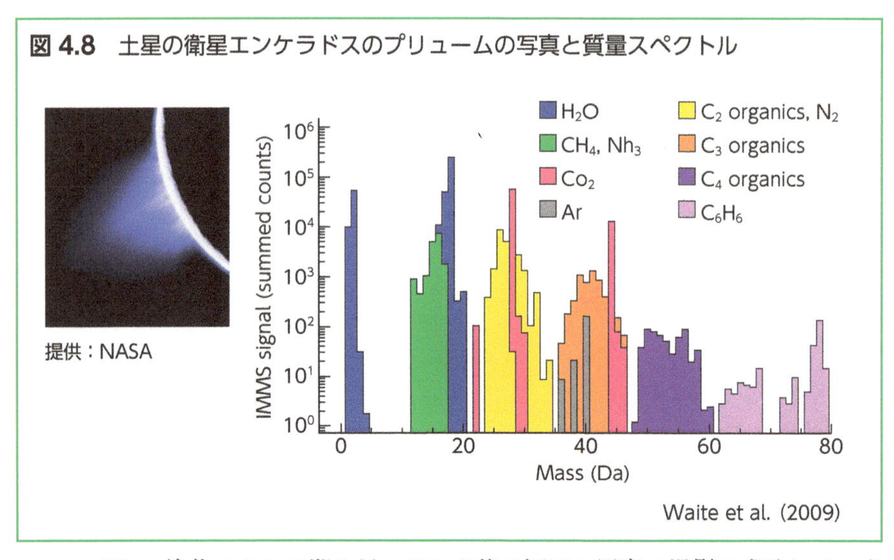

がら、液体メタンの湖や川、デルタ状の河口の写真の撮影に成功しています（**図4.7**）。またこの時、タイタンの大気中にカリウム40（^{40}K）の放射壊変に起因するアルゴン40（^{40}Ar）やメタンガス（CH_4）が発見されました。大気中のメタンは光化学反応で徐々に分解されるため、補給源がなければ1千万年程度で枯渇してしまうはずです。これらのことから、メタンやアルゴン40のような揮発性元素が、タイタン内部から今も断続的に放出されていると考えられます。

科学者が注目している、もう一つの衛星は、直径約500kmの**エンケラドス**です（土星の衛星としては6番目の大きさ）。平均温度はマイナス200度と極寒で、表面は比較的新しい氷で覆われており、反射率が極めて高く、太陽系の中で最も白い天体とされています。2006年、土星探査機カッシーニは南極域に温度がマイナス約90度のホットスポットを発見し、世界中の研究者を驚かせました（Spencer et al. (2006)）。その後、エンケラドス由来のアンモニアや有機物（**図4.8**, Waite et al. (2009)）、塩化ナトリウム（Postberg et al. 2009）、塩水の氷（Postberg et al. (2009)）、二酸化ケイ素からなるナノシリカ粒子（SiO_2）を検出しています（Hsu et al. (2016)）。一般に、ナノシリカ粒子は、高温の海水が岩石と触れ合うことで岩石中のシリカが水に溶け、それが急冷することで析出したと考えられています。Hsu et al. (2016) は、二酸化炭素やアンモニアを含む水溶液と、

図 4.9　エンケラドスの断面図の想像図とシリカの再現実験

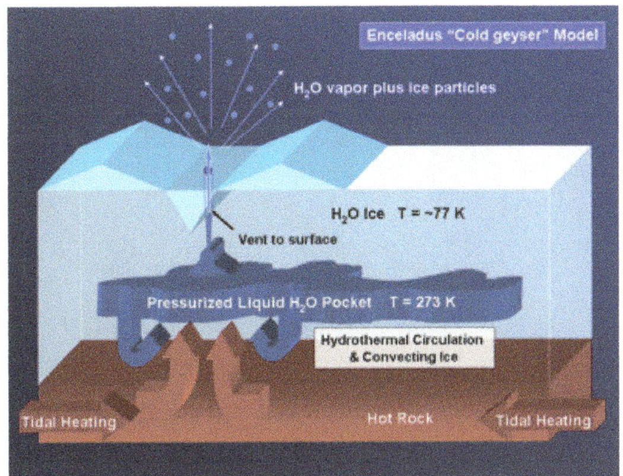

提供：NASA

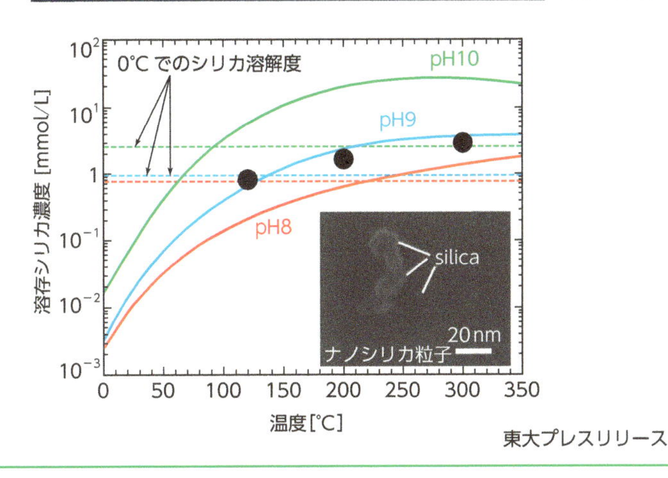

東大プレスリリース

初期の太陽系に普遍的に存在していたかんらん石や輝石の粉末を用いた熱水反応実験を行い、ナノシリカ粒子を再現するには、ペーハー（pH）が8～9のアルカリ性で90℃以上の熱水環境が必要であることを指摘しました（**図4.9**）。このことは、地球の海底で発生しているような熱水活動がエンケラドスでも起きている可能性を強く示唆します。以上のように、エンケラドスには、生命に必要とされる有機物と熱源、そして液体の水の3つの要素が全て揃っていることから、地球外生命の有力な候補地と考えられています。

最後に、このような衛星たちがどれくらいの水を保持しているかをまと

図 4.10　太陽系のオーシャンワールドの比較

NASA/JPL を改訂

めておきましょう（**図4.10**）。2章でも述べたように、「水」惑星と呼ばれる地球でも、「水」は地球質量のせいぜい0.1%程度しかありません。一方、ここで紹介した木星のガリレオ衛星や、土星の衛星タイタン、海王星の衛星トリトン、準惑星である冥王星などは、天体のサイズは小さいのですが、水の総量としては地球よりはるかに多いことがわかります。これらの内部海のいくつかでは、潮汐力や放射性元素の壊変熱を熱源とした熱水環境が**長時間存続する**ことが指摘されています（木村, 遊星人 (2006)）。このように、「海」はもはや地球の専売特許ではなく、むしろ木星より外側では、独立に進化してきた多種多様な**オーシャンワールド（Ocean world）**が広がっていると考えられます。

4.5 衛星とリングの関係

リングといえば土星が有名ですが、木星、天王星、海王星もμm〜mサイズの氷からなるリングをもっています。これらの惑星の、リングと衛星の位置関係を見ると、惑星近傍にリングが存在し、遠方に衛星が存在する傾向があります。一般に、惑星に近いほど粒子相互の重力より潮汐力が大きくなる

図 4.11 彗星などの潮汐破壊とリング形成

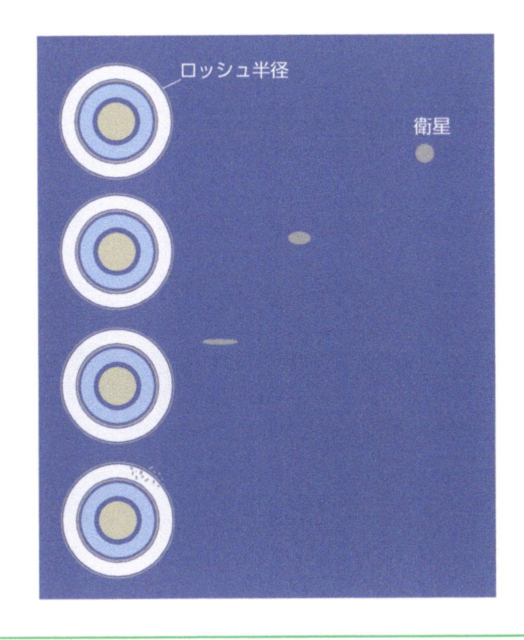

ことが知られており、ロッシュ半径（$= r_{\mathrm{Roche}} \simeq 2.456\, R_{惑星}\left(\dfrac{\rho_{惑星}}{\rho_{衛星}}\right)^{\frac{1}{3}}$）より中心天体に近づくと潮汐破壊が起こるため、衛星は恒常的には存在できません（**図4.11**）。Hyodo et al. (2017) は、コンピューターシミュレーションにより、大きなカイパーベルト天体が、巨大惑星の近傍を通過する際に惑星からの潮汐力を受けて破壊され、リングが形成されることを示しました。

近年、カッシーニ探査機による土星の環の直接観測により、より複雑なリング構造や、リングの形成メカニズムが明らかになってきました。例えば、衛星ダフニス（Daphnis）などは、土星の環の隙間に存在します（**図4.12**上段）。一般にケプラーの第3法則により、軌道の内側ほど天体の周回速度は速い性質があります。そのため衛星ダフニスは、内側のリング物質に追い抜かれながら、外側のリング物質を追い越していきます。その際の衛星による重力的な効果により、リングの縁には「さざなみ構造」が生じています。

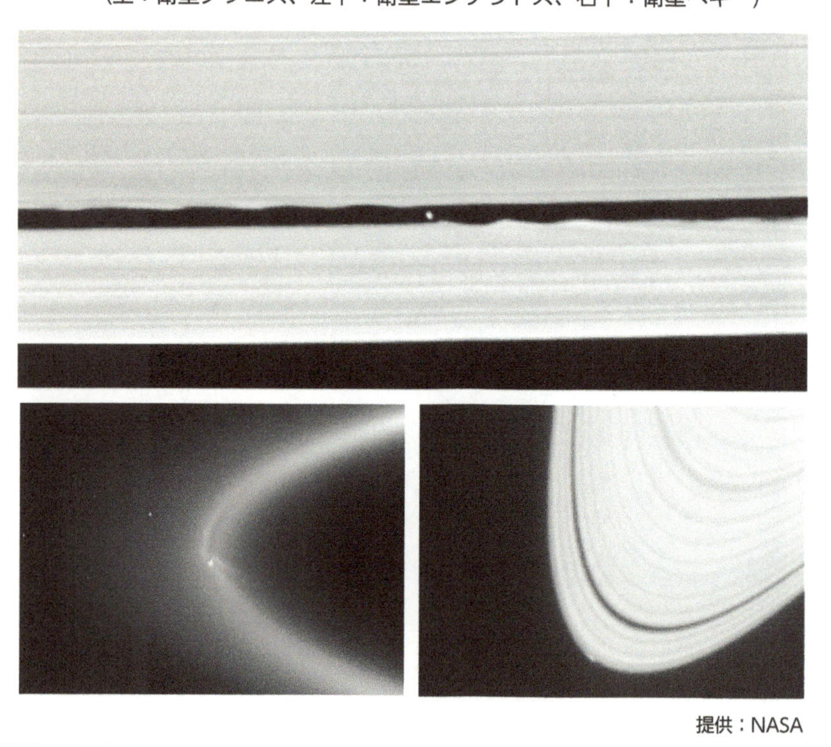

図 4.12　土星の様々なリング構造
（上：衛星ダフニス、左下：衛星エンケラドス、右下：衛星ペギー）

提供：NASA

一方、リングとリングの隙間ではなく、リングそのものの中に衛星が存在することもあります。土星のE環はエンケラドスの間欠泉から噴出した氷の粒でできており、まさに衛星が現在進行形でリング構造を造っていることがわかりました（**図4.13**左下、Mitchell et al. (2015)）。また、A環の外縁では、リングを構成していた氷や岩石の破片が徐々に土星の外方向へ衝突を繰り返しながら拡散し、土星の重力が弱まる場所で現在まさに新しい衛星ペギー（Peggy）が誕生しつつある様子が発見されました（図4.13右下、Murray et al. (2014)）。このように、リングと衛星は相互に影響を及ぼしあいながら、共に進化しているようです。

第5章 惑星の比較 ～比較惑星科学入門～

2章では個々の惑星の特徴について見てきました。この章では、惑星のいろいろな物理量を比較することで見えてくる、太陽系天体の普遍性/特異性について考えてみましょう。

5.1 大きさ、質量、密度の比較

太陽および惑星の物理量を順番に比較してみましょう（**表5.1**）。最小の惑星である水星と、最大の木星や太陽は、大きさで約10～100倍、質量では6,000～1千万倍も異なっています。しかし、密度に着目すると、面白いことに1～5 g/cm^{3}の狭い範囲に収まっていて、せいぜい3～4倍しか違いません。しかも0.7～1.6 g/cm^3（木星型惑星・天王星型惑星）と、

表5.1 太陽と惑星の物理量の比較（理科年表より）

	軌道半径 天文単位	離心率	公転周期 日	有効温度 K	半径 km	質量 ×10^{23}kg	密度 g/cm^3
太　陽				5780	696000	20000000	1.4
水　星	0.39	0.21	88	330	2440	3.3	5.4
金　星	0.72	0.01	225	735	6052	49	5.2
地　球	1	0.02	365	295	6378	60	5.5
火　星	1.5	0.09	687	250	3396	6.4	3.9
木　星	5.2	0.05	4330	124	71492	18981	1.3
土　星	9.6	0.06	10752	95	60268	5683	0.69
天王星	19	0.05	30667	76	25559	868	1.3
海王星	30	0.01	60141	55	24764	1024	1.6
冥王星	39	0.25	90320	50	2370	0.13	1.9

3.9 ~ 5.4 g/cm^3（地球型惑星）に2極化していることがわかります。これは前者の巨大惑星や太陽では、水素（H）やヘリウム（He）などのガスが主成分であるのに対し、地球型惑星や岩石、鉄が主成分であるためです（一般的な岩石の密度は3 g/cm^3、鉄の塊の密度は7 ~ 8 g/cm^{3}で、地球型

図 5.1　太陽系天体のサイズと密度の比較

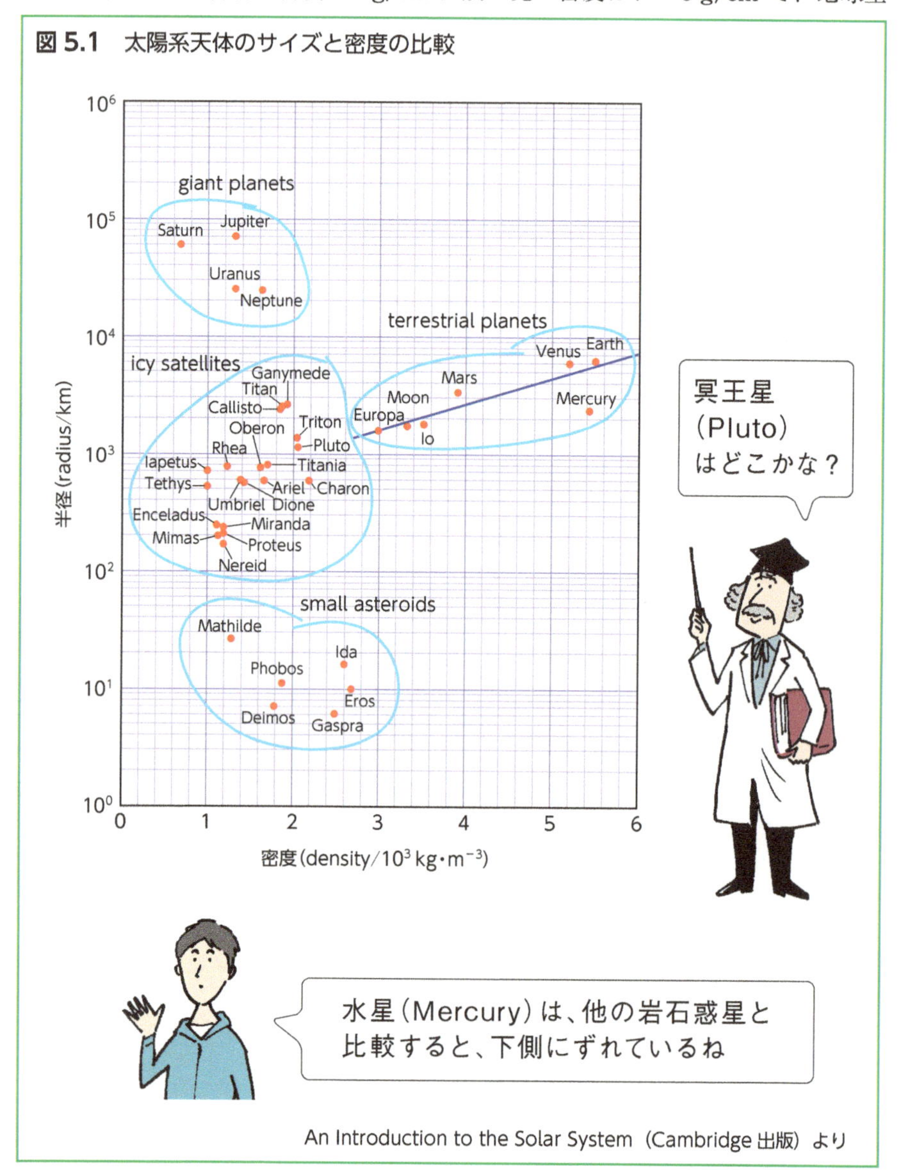

An Introduction to the Solar System（Cambridge 出版）より

惑星の密度はちょうどその中間)。

次に横軸に惑星の密度、縦軸に惑星の大きさをプロットしてみましょう(**図5.1**)。比較のために小惑星や衛星のデータも一緒に描いてみると、太陽系の天体は、巨大惑星、岩石タイプの天体、氷衛星、小惑星の4つのグループに大別できることがわかります。特に岩石タイプのグループに着目すると、地球、金星、火星、月、木星の衛星のイオやエウロパが黒い直線に乗るのに対して、水星が少し下方にずれていることがわかります。つまり水星は、金星・地球・火星などの同じ岩石型惑星に比べ、大きさの割に重いことを意味します。実際、最近の水星探査により、水星は他の岩石天

図 5.2　地球型惑星の内部構造

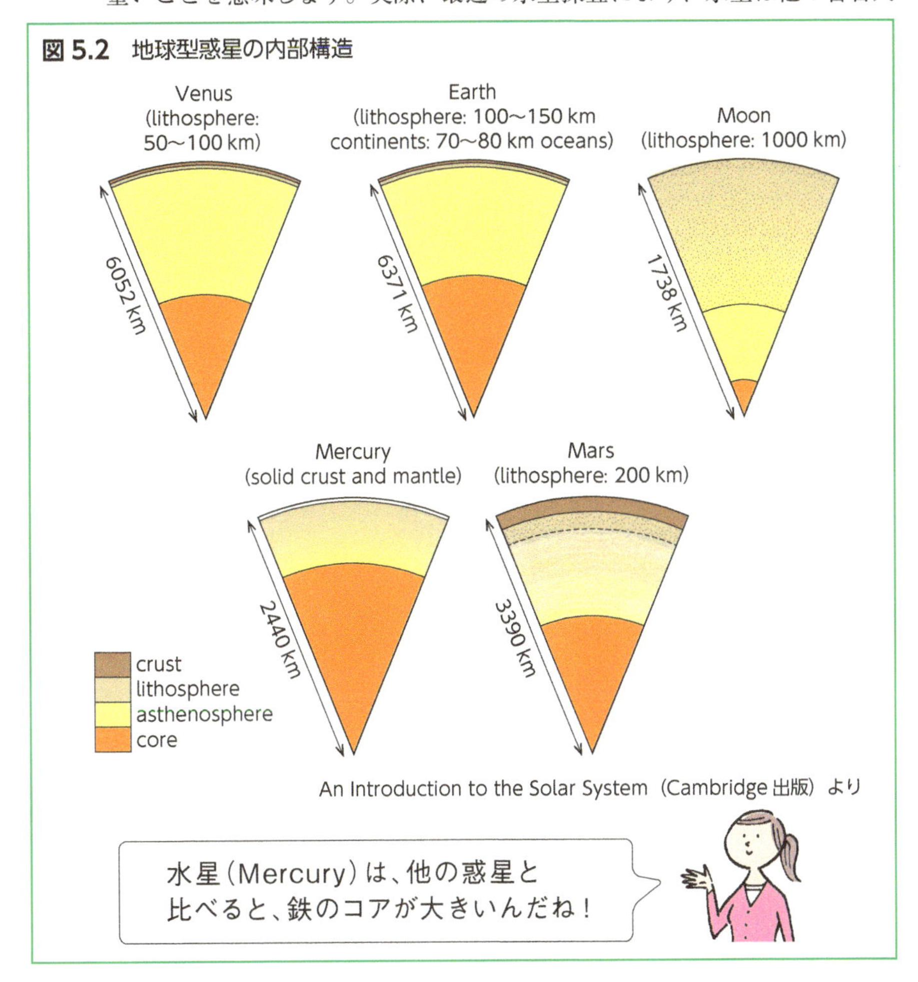

An Introduction to the Solar System（Cambridge 出版）より

体と比べ鉄のコアの比率が大きいことがわかってきました（**図5.2**）。なぜ、水星は大きいな鉄のコアをもつのかは、(1) そもそも太陽に近いために水星の材料物質が異なっていた、(2) ジャイアントインパクトで珪酸塩マントルが剥ぎ取られた、など諸説ありますが、まだよくわかっていません。

5.2 惑星の軌道半径のもつ経験則

次に、惑星の太陽からの距離について見てみましょう。表5.1を見て何か、関係性に気づくでしょうか？　ドイツのヨハン・ダニエル・ティティウス（Johann Daniel Titius）とヨハン・エレルト・ボーデ（Johann Elert Bode）らは、1766年頃、惑星の番号を水星から順番に$-\infty, 0, 1, 2\cdots\cdots$と整数の順番をつけると、太陽と惑星の距離$r$は、$r=0.4+0.3\times2^n$という数式で近似できることを示しました（俗にいう**ティティウス・ボーデの法則**ですが、物理的な理由がよく理解されていないので、「経験則」の方が正しいかもしれません）。この「法則」が提唱された当時は、天王星はまだ見つかっていませんでしたが、1781年に$n=6$の位置に相当する軌道半径19天文単位の天王星が発見されました。また、1801年には、$n=3$に相当する軌道半径約2.8天文単位の場所に、小惑星帯最大の天体セレス（2006年に準惑星に分類）が見つかり、この法則の信憑性が高まりました。最近のN体数値シミュレーションによれば（Kokubo et al. (2006)）、原始太陽系星雲中に満遍なく分布した原始惑星が集積・合体し惑星が形成されると、現在惑星が存在する「それらしい場所」に、「それらしい質量」の天体が形成されることが示されています（**図5.3**下、Kokubo et al. (2006)）。一方で、太陽系外惑星の観測から（14章）、「惑星は形成後に移動するモデル」も提案されています。このようなことから、現在の惑星の位置は数式で表せるほど美しい位置関係にありますが、ティティウス・ボーデの経験則のもつ科学的な意味についてはよくわかっておらず、現在もホットな研究テーマの1つとなっています。

図 5.3　ティティウス・ボーデの法則(上図)と惑星形成のN体シミュレーション(下図)

ティティウス・ボーデの法則（1766年頃）

$$r = 0.4 + 0.3 \times 2^n$$

n =	−∞,	0,	1	2	3	4	5	6	7
計算値	0.4	0.7	1	1.6	2.7	5.2	10	19.6	38.8

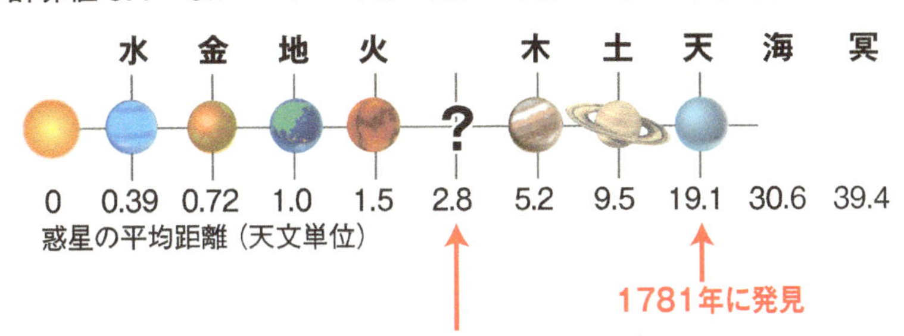

1801年1月1日、ちょうどこの軌道上（2.8天文単位）に
新天体セレスが発見された。

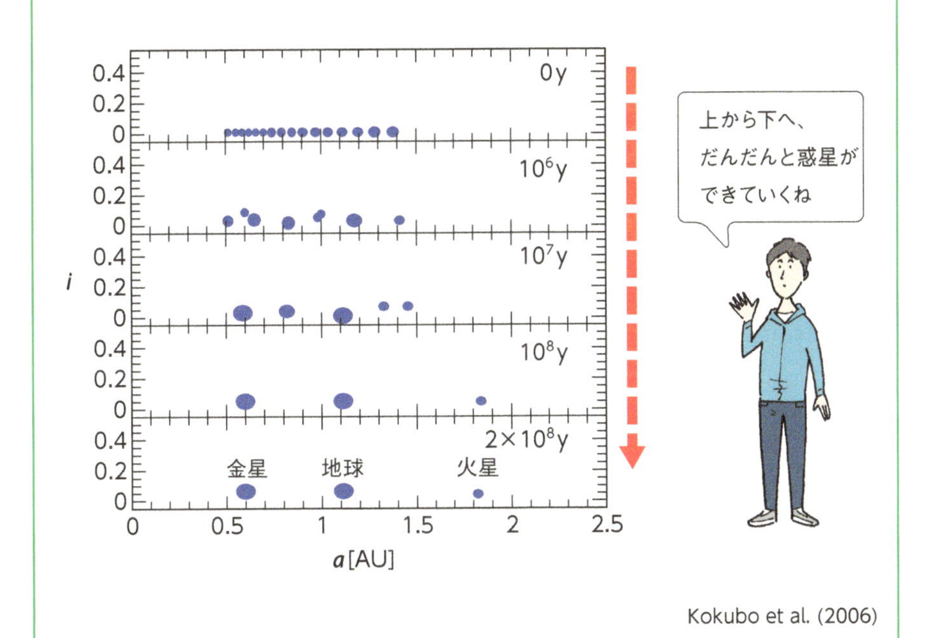

Kokubo et al. (2006)

5.3 公転周期と軌道半径の関係

次に、惑星の軌道周期と軌道半径の相関について見てみましょう。横軸に中心天体からの距離（厳密には楕円軌道の長半径、単位km)、縦軸に公転周期（単位は日）をとると、惑星のデータ（ここでは準惑星の冥王星も一緒に表示）は、傾き3/2の直線にピタッと乗ることがわかります（ただし、縦軸、横軸ともに一目盛りごとに10倍に増える対数で表示していることに注意)。これは、ドイツの天文学者ヨハネス・ケプラーが発見した**ケプラーの第3法則**「惑星の公転周期の2乗は、軌道の長半径の3乗に比例する」を表しています。イギリスの自然科学者アイザック・ニュートンは、著書「プリンキピア」において、自身が発見した万有引力の法則($F = Gm_1m_2/r^2$) から、このケプラーの3法則を導けることを示しました。この法則の美しいところは、**物体（この場合は太陽や惑星）の質量・大きさ・成分には関係なく、2つの物体間の引力によって普遍的に成り立つ法則**ということです。

比較のために、惑星の周りを公転する衛星のデータも描いてみると、惑星ごとに傾き3/2の直線にピタッと載っています。この平行線は上から順

図 5.4 惑星と衛星の軌道半径と公転周期の関係（ケプラーの第3法則）

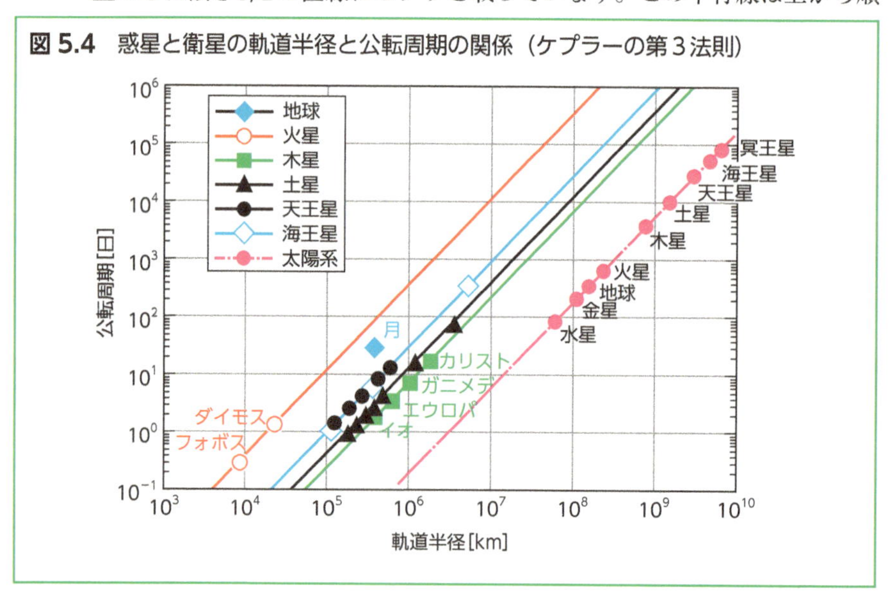

番に、火星、冥王星、海王星、土星、木星、太陽の順番になっていて、中心天体の軽い順に並んでいます。これは、公転している天体の質量が中心天体に比べ非常に小さい場合は、万有引力の法則（$F = Gm_1m_2/r^2$）から求められる公転周期Pは、$P = \sqrt{\frac{4\pi^2}{GM}}r^{\frac{3}{2}}$と表すことができるからです。中心天体の質量$M$が大きいほど、係数$\sqrt{\frac{4\pi^2}{GM}}$が小さくなるため、**図5.4**において、惑星の質量の軽い順に上から傾き3/2の平行線が描けるというわけです。惑星・衛星の公転運動は実に秩序立っていて、美しさを感じられずにいられません。

5.4 平均気温と軌道半径の関係

次に惑星の平均温度について比較してみましょう。表面温度が一番高い金星の約740Kから、一番低い海王星の72Kまで、約10倍の開きがあります。横軸に太陽からの距離、縦軸に惑星の平均気温を対数表示で描いてみると、多少上下にばらつくものの、全体としては傾きマイナス1/2の直線で近似できることがわかります（**図5.5**）。

一般に、太陽が単位時間に放出するエネルギーをL、太陽からr離れた惑星の半径をR、反射率をAとすると、惑星が太陽から受け取るエネルギーは惑星の断面積πR^2に比例し、$L \times \frac{\pi R^2}{4\pi r^2}(1-A)$とかけます。一方、惑星の冷え具合は惑星の表面積$4\pi R^2$に比例し、$\sigma T^4 \times 4\pi R^2$と表すことができます。非常に荒っぽい近似として、これらの惑星の入射エネルギーと放射エネルギーが釣り合うと仮定すると、左辺の惑星断面積のπR^2と右辺の惑星表面積πR^2が相殺されるので、**惑星の平均気温Tは太陽からの距離rの1/2乗に比例**することになります。太陽系全体として、惑星の温度の違いが傾きの1/2分の黒い直線とよくあっているということは、惑星の気温は、惑星の質量や大きさには依らず、太陽からの距離でほぼ支配されていることを意味します。しかしよく見ると、個々の惑星は直線からずれています。これは惑星の反射率の違い（太陽エネルギーの受け取る効率の違い）や、二酸化炭素の厚い大気を持つことによる温室効果（金星）、惑

図 5.5　惑星の軌道半径と平均温度の相関

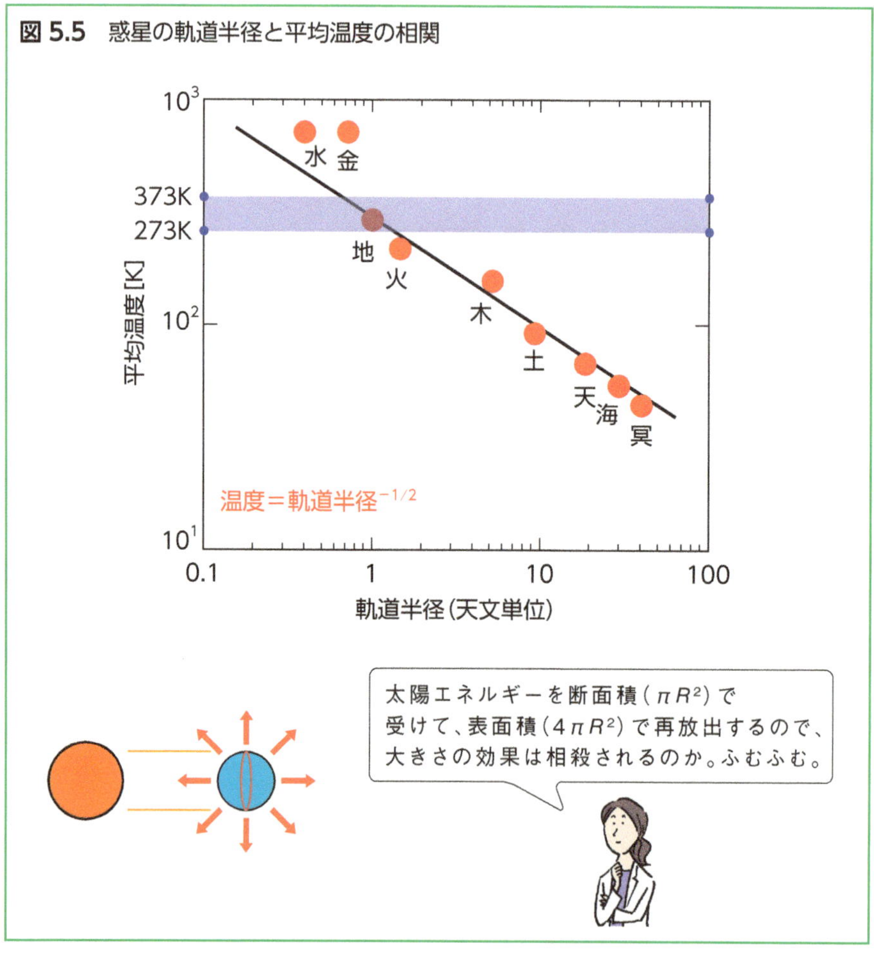

星内部の構造変化による重力エネルギーの解放（木星、海王星）、放射性元素による崩壊熱など、惑星の個性によるためと考えられます。

参考のために、1気圧下で水（H_2O）が液体でいられる温度範囲0～100℃（273～373K）を水色で示しました。金星は太陽に近く暑いためH_2Oは水蒸気に、火星は太陽から遠く寒いため氷になるのに対し、地球は太陽からの距離が絶妙で、水が液体で存在できる温度範囲に位置していることがわかります。すなわち、地球の最大の特徴である「海」の存在は、絶妙な太陽と地球の距離の賜物というわけです。しかし、「月」も太陽からの距離が地球と同じはずなの、月には液体の水が存在しません。次の節で、太陽系天体が液体をもつ条件について、もう少し詳しく考えてみましょう。

5.5 太陽系天体が液体を持つ条件

太陽系広しと言えど、現在、惑星や衛星表面で、液体の存在が確認されているのは、地球の水と、土星の衛星タイタン表面のメタンやエタンの湖だけです（4章）。この差異はどのように理解されるのでしょう。

図5.6は横軸が温度、縦軸が圧力のグラフになっていて、ある温度、ある圧力の時の窒素、エタン、二酸化炭素、水が固体か液体か気体かのどの状態で存在できるかを表しています（Schenk & Nimmo（2016）を改変）。固相、液相、気相の三相が共存する熱力学的平衡状態を三重点と呼び、それより温度も密度も高い領域で液体になる領域を塗りつぶしています（例えば、H_2Oの三重点は、273.16 K、約0.00612 bar）。また図中の**帯状の領**

図 5.6　大気を構成する成分の相図と固体天体の表面環境

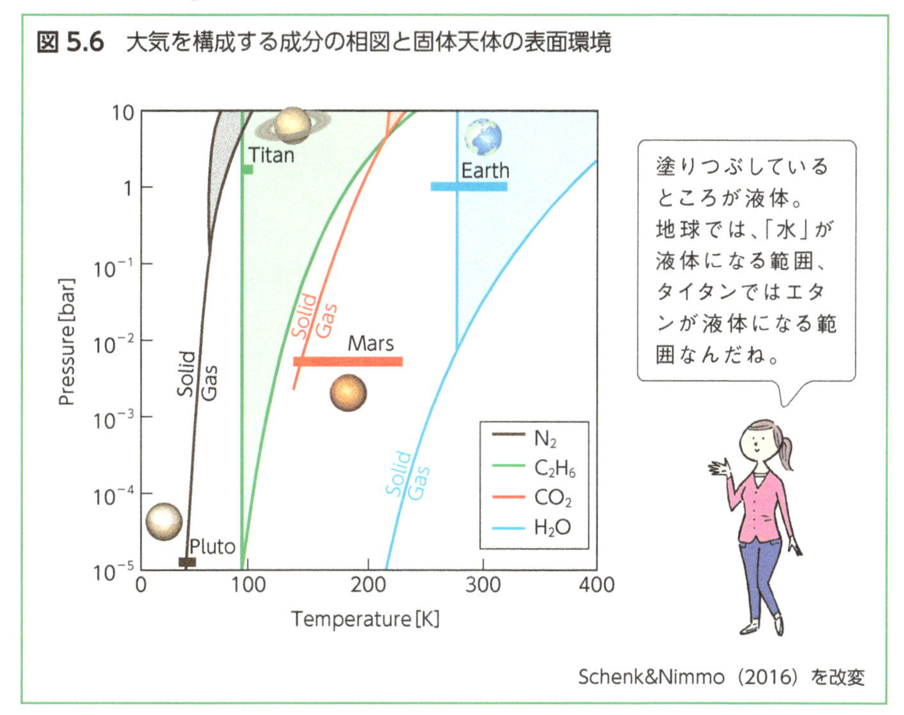

Schenk&Nimmo（2016）を改変

域は、各天体のとりうる温度範囲を表しています。例えば、地球の場合は、1気圧で気温がマイナス30℃～40℃くらいなので（1気圧≒1bar、250～320K)、H_2Oは固体（＝氷）から液体（＝水）の状態で存在することがわかります。また現在の地球の大気圧は、二酸化炭素の三重点の圧力(0.52 MPa）よりも低いため、二酸化炭素は液体の状態では存在できず、固体（ドライアイス）の状態から直接気体に変化することもわかります。太陽からの距離が地球と同じである「月」は、表面圧力が極めて低いため(10^{-12}～10^{-15} Pa)、H_2Oは固体（氷）または気体の状態しかとり得ないことがわかります。

次に火星（Mars）について見てみましょう。現在の火星環境は、二酸化炭素（赤）の固体～気体領域にまたがっており、固体～気体の昇華・凝固反応が起こることを意味します。実際、火星の北極や南極にはドライアイスの「冠」があり、季節によって大きさが変化しているのは、この現象です。また現在の火星の大気圧は水の三重点より低いことから、H_2Oは氷か水蒸気の状態しかとりえないことがわかります。2008年、NASAの火星探査機Phoenixsは、火星に着陸し表土を掘削し、実際にH_2Oの氷が昇華する様子を観測しています。

最近Ojha et al. (2015) らは、NASAの火星探査衛星「Mars Reconnaissance Orbiter (MRO)」に搭載した分光計を使い、火星の表面のクレーターの壁面に、季節的に流水痕が現れると発表しました。これは、現在の火星環境においても、表土下の氷が融解し、短期的には液体の水として存在することを意味します。探査機では流水自体は観測していませんが、流水痕に含まれる含水鉱物の観測から、高濃度の塩がH_2Oに溶け込むことによって、3重点が純水とは異なっているのだろうと解釈されています。

4章で述べたように、土星の衛星タイタン（Titan）では、メタンやエタンの湖が観測されています。図から、現在のタイタン表面の環境（100K, 1.5気圧）が、エタンの固相-液相の境界領域であることがわかります。9章でみるように、固体天体では材料物質から発生した気体（水蒸気、二酸化炭素、窒素、メタン）が大気の材料になります。火星や金星では二酸化炭素が大気の主成分になっていますが、低温のタイタンでは二酸化炭素は氷になってしまい大気になれません。その代わりに、火星や金星の大気成分で2番目に多い窒素がタイタンの大気の主成分となり、メタンやエタンが液体の湖となっているというわけです。

それでは、太陽からもっと遠い冥王星（Pluto）ではどうでしょうか? 2015年、NASAの探査機ニューホライズンズは冥王星に大接近し、窒素の大気と窒素の氷で覆われた天体であることを明らかにしました。冥王星はタイタンよりもさらに低温・低圧であるため、窒素も固化する環境であるため（図5.6の黒い帯）、窒素の大気と氷河が共存しているのです。このように、一見、バラエティーに富んでいる惑星・衛星・準惑星の表層環境も、太陽からの距離と深く関係のある**温度**と、天体のサイズと深く関係のある**圧力**、そしてその関係性で決まる材料物質の**相図**から紐解くと、シンプルな共通のルールに従っていることがわかっていただけたかと思います。自然の摂理は、趣深いですね。

5.6 大気の比較

この章の最後に惑星の大気について比較してみましょう（**表5.2**）。巨大ガス惑星や巨大氷惑星では、大気で一番多いのは水素で約80～96%、次いでヘリウムが3～20%となっています。多少のばらつきはあるものの、概ね太陽の組成とよく似ていることがわかります。一方、地球型惑星の場合は大きく特徴が異なります。火星、金星では、一番多い成分は二酸化炭素（CO_2）で95～96%、ついで窒素（N_2）で3～4%と似通っているのに対し、地球では窒素が78%、酸素21%となっています。また水星には、大気はありません（厳密にいうと、水星には、太陽エネルギーによって水星表面の岩石から発生した揮発性元素であるナトリ

表5.2　太陽と惑星の大気成分の比較

	1（%）		2（%）		3（%）	
太陽	H	90	He	9		
水星						
金星	CO_2	96	N_2	4		
地球	N_2	78	O_2	21	Ar	1
火星	CO_2	95	N_2	3	Ar	2
木星	H_2	90	He	10	CH_4	0.2
土星	H_2	96	He	3	CH_4	0.4
天王星	H_2	85	He	15		
海王星	H_2	81	He	19		

ウム（Na）やカリウム（K）の電離した気体（プラズマ）が存在しますが、非常に希薄で大気と呼べるものではありません）。このような惑星大気のバラエティーの成因は9章で述べることとして、ここでは惑星がどのような大気を持つことができるかについて、定性的に考えてみましょう。

一般に、物体が天体の重力を振りきって宇宙空間に飛び出す速度を、脱出速度と呼びます。この脱出速度は、天体の表面の重力、すなわち天体の質量と大きさのバランスで決まります。地球の場合は、脱出速度は秒速11.2kmになります。重要な性質として、脱出速度は、飛び出す側の物体の質量にはよらず、ボールでも、水素分子（分子量＝2）でも、二酸化炭素（分子量＝44）でも変わらない特徴があります。各惑星の平均気温を横軸に、脱出速度を縦軸にして各惑星を○印であらわすと、**図5.7**のよう

図 5.7　惑星の脱出速度と平均分子速度の関係

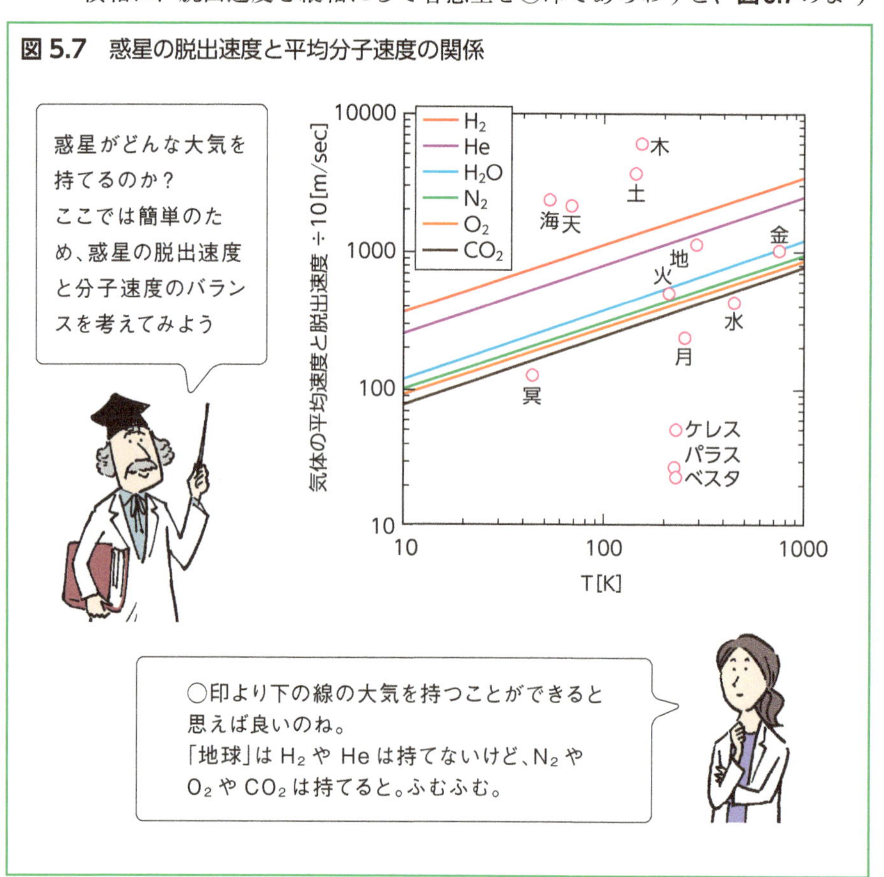

図 5.8　気体分子速度の分布関数（マクスウェル分布）

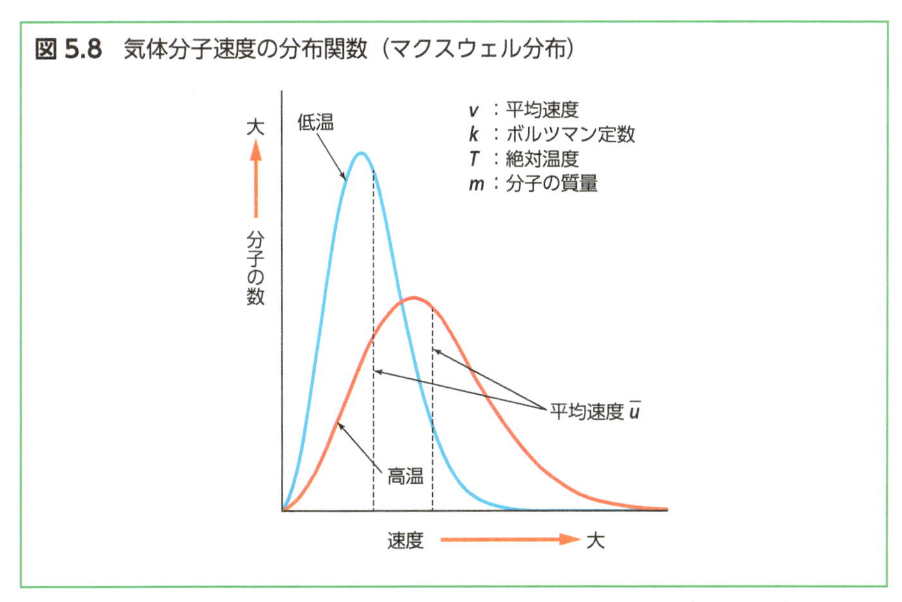

になります。面白いことに、このグラフの縦軸は惑星質量の順番、横軸はほぼ太陽からの順番（ただし、金星は厚い二酸化炭素の温室効果により水星よりも高温であるため逆転）になっています。

一般に、分子の質量をm、平均分子速度をv、kをボルツマン定数、温度をTとすると、単原子分子の運動エネルギーは$\frac{1}{2}mv^2 = \frac{3}{2}kT$と表せます。この式から、同じ温度の場合、質量$m$の小さい分子ほど、平均速度が大きくなることがわかります。惑星の重力圏から大気が流出するかしないかは、分子の平均速度と、惑星の脱出速度の大小関係で、定性的には説明ができます。実際には温度が一定の場合でも、平均速度よりも速い分子もあれば、遅い分子も存在していて、全体としてマクスウェル分布と呼ばれる速度分布を示します（**図5.8**）。そのため、「**平均速度＜脱出速度**」の場合でも、脱出速度より速い速度をもつ分子が数％でも存在すれば、惑星大気は宇宙空間に徐々に散逸していくことになります。図5.7では、惑星大気の組成を定性的に理解するために、横軸温度に対し、縦軸に、各惑星の脱出速度と、平均分子速度の1/10をプロットしています（1/10の値自身には物理的な意味はないことに注意）。木星、土星、天王星、海王星の脱出速度は、H_2やHeの平均分子速度の10倍よりも十分に大きいため保持できます。一方、地球・金星・火星の場合は、分子量の小さいH_2, Heは保持できませんが、重いガス（N_2, O_2, CO_2）は保持できることが理解できます。「水星は天体サイズが小さいため大気を持たない」と述べましたが、実際には分子の平均速度（すなわち温度）との兼ね合いですので、太陽から遠く温度が低い領域であれば、重い大気を持ちうることが図から示唆されます。実際、水星（半径約2,400km）と同サイズの土星の衛星タイタン（半径約2,600km）では、窒素とメタンからなる大気があることは4.4節で述べた通りです。実際の惑星大気の振る舞いや宇宙空間への流出は、惑星高層における対流や、分子原子の光化学反応、太陽風との相互作用など非常に複雑であるため、定量的な扱いは専門書に譲ります。

第6章 星の進化と軽元素合成（鉄以下）

よく「我々の体は、星クズからできている」と言われますが、どういうことでしょうか。この章では、生命の材料物質となる元素がどのようにしてできたかについて見ていきましょう。

6.1 星が誕生する条件

宇宙空間に存在するガスは、元素の中でもっとも多く存在する水素の状態で名前が変わります。例えば、低温領域では水素は分子の状態で存在するので**分子雲ガス**、温度があがり分子が原子の状態になっているガスを**HⅠ（エイチワン）ガス**、水素原子から電子が解離してイオンの状態に

図 6.1 宇宙におけるガスの状態と名称

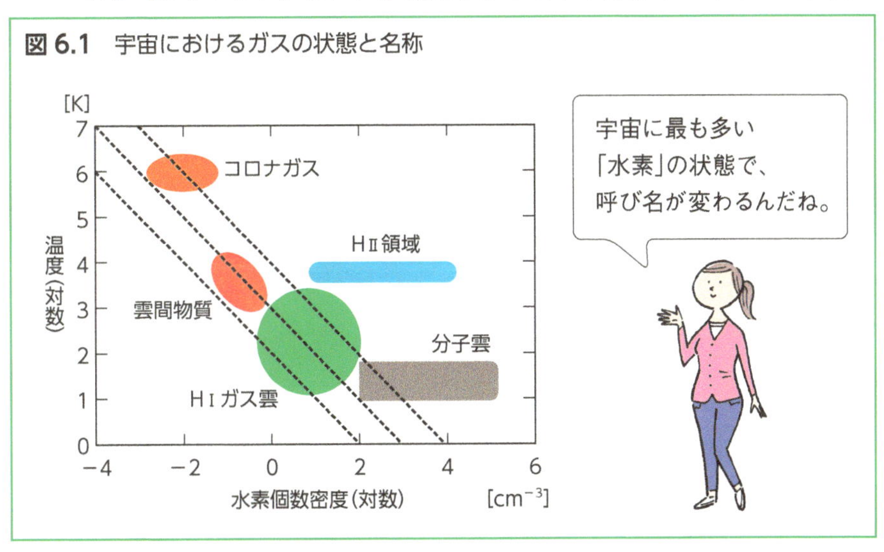

図 6.2　星が誕生する条件

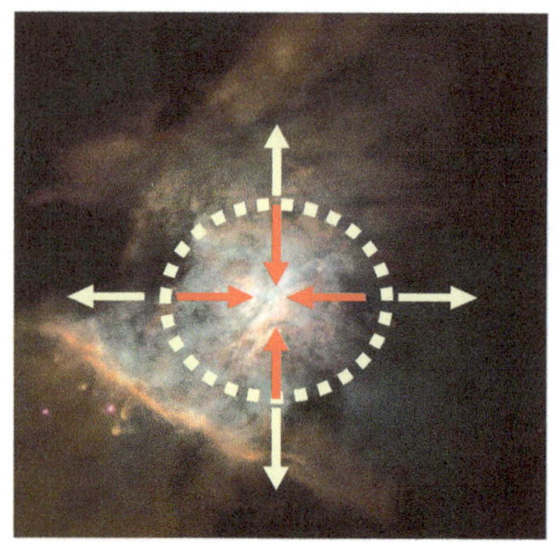

NASA の画像に加筆

なったガスを**HⅡ（エイチツー）ガス**と呼びます。**図6.1**に示すように、星間ガスの温度は、分子雲の10Kからコロナガスの100万度まで10万倍、密度は1立方cmあたり0.001個から10万個まで1億倍も異なっており、幅広いバリエーションがあることがわかります。それでは、星はどんな場所で生まれるのでしょう？　そこでまず、星が誕生する条件について考えてみましょう。

一般に、温度が高くなるとガスは膨張します。これは、分子や原子が熱エネルギーに相当する運動エネルギーをもつためです。一方、質量をもつ物質は重力によってお互いに引きつけあいます（万有引力）。星間ガス中で星が生まれるかどうかは、この熱エネルギーと重力エネルギーのバランスによって決まります（**図6.2**）。

ここで、星間ガスの質量をM、大きさをR、温度をT、水素原子の質量をm_{H}とおくと、星の誕生条件は、定性的に次式のように表せます。

$$\frac{GM^2}{R} > \frac{3}{2}kT\left(\frac{M}{m_{\mathrm{H}}}\right) \tag{6.1}$$

ここで、左辺は星間ガスのもつ重力エネルギー（Gは万有引力定数）、右辺は個々の水素原子がもつ熱エネルギー（≒運動エネルギー）をガス全体で積算したものを表しています。つまり、膨張しようとする運動エネルギー（右辺）よりも、収縮しようとする重力エネルギー（左辺）がまさっ

た時、星が誕生するというわけです。この式を密度 $\rho = M/R^3$ を用いて変形すると、

$$M > \left(\frac{kT}{G} m_{\mathrm{H}}\right)^{\frac{3}{2}} \Big/ \sqrt{\rho} \tag{6.2}$$

という形になります。ここで k, G, m_{H} は定数で、分子雲固有の物理量は M, T, ρ だけです。この式から、ある質量 M の星間ガスを考えた場合、温度 T が低いほど、密度 ρ が大きいほど、この不等式が成り立ちやすいことがわかります。つまり、図6.1の星間ガスの相図において、恒星が誕生しやすい場所は**低温・高密度の分子雲**であることがわかります。分子雲の中でも特に水素密度の高い領域を**分子雲コア**と呼びます。

6.2 星間ガスの収縮の空間スケールと時間スケール

典型的な分子雲コアの水素密度を $n_{\mathrm{H0}} = 10^4$ 個/cm^3、収縮する前の分子雲のガスの大きさを R_0、太陽半径を $R_\odot$、太陽の密度を1.4g/cm^3（すべてが水素原子とすると、数密度は $n_{\mathrm{H}\odot} = 8 \times 10^{23}$ 個/cm^3）とすると、収縮前後の水素原子の数は変わらないので、

$$\frac{4}{3}\pi R_0{}^3 \times n_{\mathrm{H0}} = \frac{4}{3}\pi R_\odot{}^3 \times n_{\mathrm{H}\odot} \tag{6.3}$$

の式が成り立ちます。これより、

$$\frac{R_0}{R_\odot} = \left(\frac{n_{\mathrm{H}\odot}}{n_{\mathrm{H0}}}\right)^{\frac{1}{3}} = \left(\frac{8 \times 10^{23}}{10^4}\right)^{\frac{1}{3}} \sim \text{数百万} \tag{6.4}$$

となり、分子雲から太陽のような星が誕生するには、ざっと数百万分の1に収縮したことが概算できます。

では、この収縮にはどれくらいの時間がかかるのでしょう。ここで、半径 R_0、質量 M の分子雲の収縮の時間として、距離 R_0 から質量 M の質点への自由落下を概算してみましょう（**図6.3**）。このときの自由落下時間 t_{free} は、

$$t_{\mathrm{free}} = \pi\sqrt{\frac{R_0{}^3}{8GM}} \approx \sqrt{\frac{3\pi}{32Gn_{\mathrm{H}}}} \tag{6.5}$$

と表すことができます。面白いことに、右辺は星間ガスの大きさや質量に

図 6.3　分子雲から原始星が誕生するまでのタイムスケール

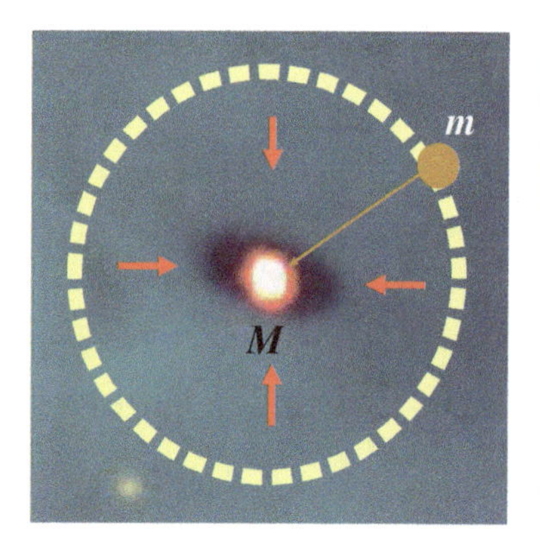

簡単のため、物体がまっすぐ中心に落ちていく運動を考えてみよう

$$-\frac{GmM}{r_0} = \frac{1}{2}m\left(\frac{dr}{dt}\right)^2 - \frac{GmM}{r}$$

$$\left(\frac{dr}{dt}\right) = -\sqrt{2GM\left(\frac{1}{r}-\frac{1}{r_0}\right)}$$

$$t_{free} = \int_{r_0}^{0}\left(\frac{dt}{dr}\right)dr = -\sqrt{\frac{r_0}{2GM}}\int_{r_0}^{0}\sqrt{\frac{r}{r_0-r}}\,dr = \pi\sqrt{\frac{r_0^3}{8GM}}$$

はよらず、水素の数密度n_Hのみで表すことができます。そこで、分子雲コアの典型的な数密度 $n_H = 10^3 \sim 10^4$ 個/cm^3を代入すると、分子雲コアの収縮時間は、数十～数百万年のオーダーであることがわかります。実際には、星間磁場の存在や、分子雲中のガス塊が角運動量をもつため、収縮にブレーキがかかる方向に効きますが、ここで述べた概算値は、隕石中の短寿命核種の痕跡から推定される「最後の元素合成から、固体粒子の形成までのタイムスケール数百万年」という知見とよく一致しています（11.3節）。実際には、分子雲はいくつかの塊に分裂しながら同時に複数の恒星が誕生し、星団や連星系をなすことが知られています。

6.3 星間ガスの収縮に伴う中心温度の上昇

次に重力平衡がなりたっている質量Mのガス球の中心温度を見積もってみましょう。半径Rの星の内部rにおいて重力平衡がなりたち、密度ρが一定である（$M=\frac{4}{3}\pi R^3\rho$）と仮定すると、$P(r)$ をガス球内部の圧力分布として、

$$\frac{dP(r)}{dr} = -\frac{G\times M(r)\times p(r)}{r^2} = -\frac{G\times\frac{4}{3}\pi r^3 p\times p}{r^2} \tag{6.6}$$

とかけるので、積分すると

$$P(r) = -\frac{3GM^2}{8\pi R^6} \times r^2 + \text{積分定数} \tag{6.7}$$

とあらわせます。ここで$r = 0$の時の中心圧力をP_c、$r = R$の時の圧力を$P(R) = 0$とすると、$P_c = \dfrac{3GM^2}{8\pi R^4}$が得られます。

次に、星の中心部で気体の状態方程式（$PV = nR_gT$）が成り立っていると仮定します。ここで、ガス定数をR_g、アボガドロ数をN_A、水素原子の質量をm_Hすると、$V \times \rho = N_A \times n \times m_H$と書けるので、星の中心温度は、

$$T_c = \frac{P_cV}{nR_g} = \frac{N_Am_H}{2R_g} \frac{GM}{R} \tag{6.8}$$

と表すことができます。右辺の第一項（$N_Am_H/2R_g$）は定数なので、重力平衡が成り立っている星の中心温度は、その星がもつ重力ポテンシャル（GM/R：星の質量Mと半径Rの比）で決まっていることがわかります。

また、この式から、星間ガスが質量一定（$= M$）のまま、分子雲コア（10K, 10^4個/cm^3）から太陽のような恒星（$\rho = 1.4$ g/cm^3）まで数百万分の1に収縮すると、ガスの中心温度は数百万倍の10^7Kまで上昇することも定性的に理解できます。実際には恒星内部には物質移動（対流）が起こっており、密度は星の中心ほど高いことから、上記はかなり荒っぽい近似ではありますが、式6.8に太陽質量$M_{\odot} = 2 \times 10^{33}$g、太陽半径$R_{\odot} = 7.0 \times 10^{10}$cmを代入して得られる太陽の中心温度$T_c = 1.2 \times 10^7$Kは、詳細な理論的計算値の$T_c = 1.6 \times 10^7$Kとよく一致しており、定性的には正しい概算と言えます。

6.4 水素燃焼

日常生活では、正電荷をもつH^+イオン同士はクーロン斥力で反発し合うことが知られています。しかし、星の中心温度が10^7Kにまで上昇すると、H^+同士がクーロン斥力に打ち勝ち、水素原子（H）4つからヘリウム原子（He）が融合され始めます。面白いことに、水素の核融合反応、または**水素燃焼**と呼ばれるこの反応の起こる前と起こった後の質量を比べると、反応後の質量は減少しています（$m_{He} < 4m_H$）。星はこの質量欠損に

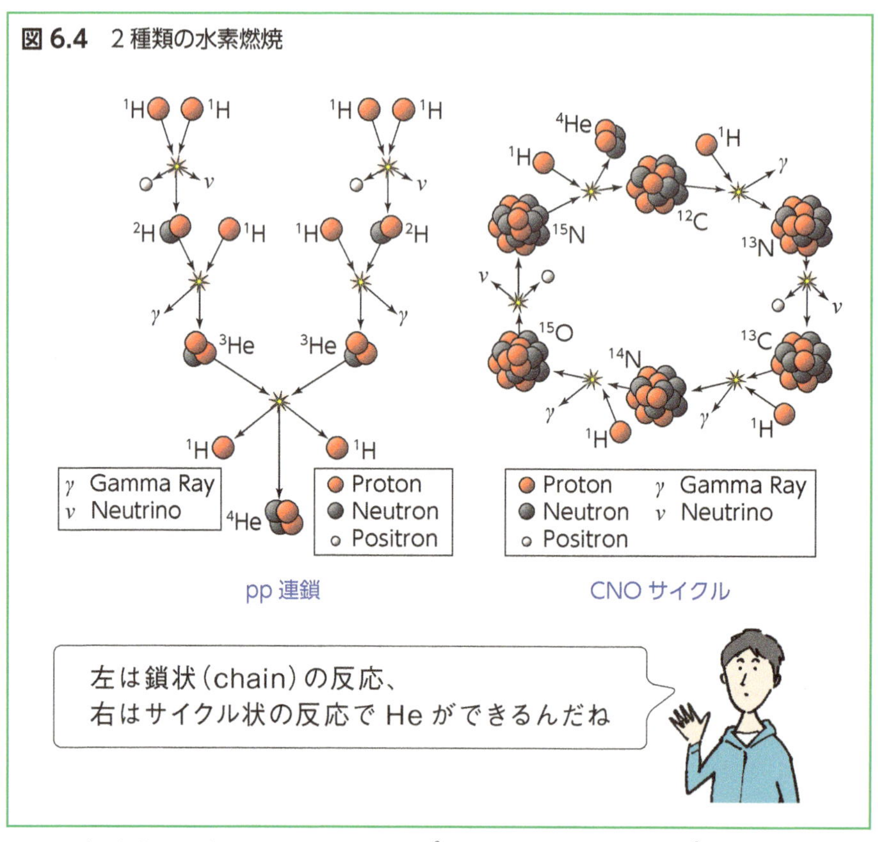

図 6.4 2種類の水素燃焼

相当するエネルギー$\Delta E = \Delta m \cdot c^2 = (4m_{水素} - m_{ヘリウム}) \cdot c^2$で輝いているわけです。アインシュタインが発見したこの関係のことを**質量とエネルギーの等価性**と呼びます。

この4H→Heの水素燃焼には、水素原子が連鎖的に反応する**pp連鎖(ppチェイン)**と呼ばれるものと、炭素(C)、窒素(N)、酸素(O)を媒介とした**CNOサイクル**と呼ばれる2つの反応があります(**図6.4**)。それぞれの反応の、単位時間、単位質量あたりのエネルギー発生率は以下のように表すことができます。

$$\varepsilon_{\mathrm{pp}} = 4.4 \times 10^5 \rho X_{\mathrm{H}}^{2} T_7^{-2/3} \exp(-15.7 T_7^{-1/3}) \quad (\mathrm{erg/g/sec}) \qquad (6.9)$$

$$\varepsilon_{\mathrm{CNO}} = 1.7 \times 10^{27} \rho X_{\mathrm{H}} X_{\mathrm{CNO}} T_7^{-2/3} \exp(-70.5 T_7^{-1/3}) \quad (\mathrm{erg/g/sec}) \qquad (6.10)$$

ここでρはガスの密度、Xは原子の数比、T_7は1千万度で規格化した温度を意味します。pp連鎖のエネルギー効率$\varepsilon_{\mathrm{pp}}$は、HとHの衝突反応である

図 6.5　水素燃焼のエネルギー発生効率の温度依存性（金属量 0.02 の場合）

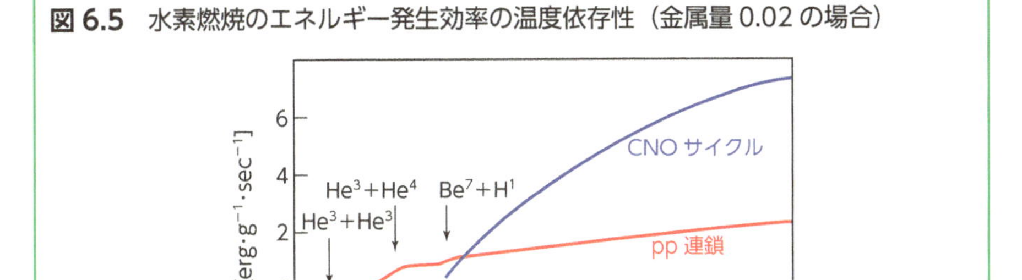

「宇宙物理学」（朝倉現代物理学講座）より

ため$X_H{}^2$の形に比例するのに対し、CNOサイクルはHとCNO元素の衝突反応であるので、エネルギー効率ε_{CNO}は$X_H X_{CNO}$に比例しています。またCNOサイクルはC^{6+}とH^+のように高電離の原子の核融合反応であるため、H^+とH^+の反応よりも高温にならないと効きません。そのため、星の中心温度によってエネルギー発生メカニズムの寄与が変わることになります（**図6.5**）。中心温度1,600万度の太陽の場合は、CNOサイクルの寄与は小さく、pp連鎖が支配的におこっていることがわかります。逆に、中心温度が2千万度を超えるような中高質量の星の内部ではCNOサイクルが支配的となります。ただし、ビッグバン直後に誕生した第一世代の恒星ではCやNやOは存在しないので（$X_{CNO}=0$）、高温においてもCNOサイクルは起こらず、pp連鎖が主な水素燃焼のプロセスだったことがわかります。

6.5 質量と光度の関係と星の寿命

観測的に主系列星段階の恒星は重い星ほど明るく輝いており、質量をM、光度をLとおくと、$\boldsymbol{L \propto M^{3.5}}$という関係が成り立つことが知られています（**図6.6**光度−質量関係）。重い星ほど中心温度が高いので、エネルギー発生率が高く、より明るく輝くというわけです。

図 6.6　星の光度—質量関係

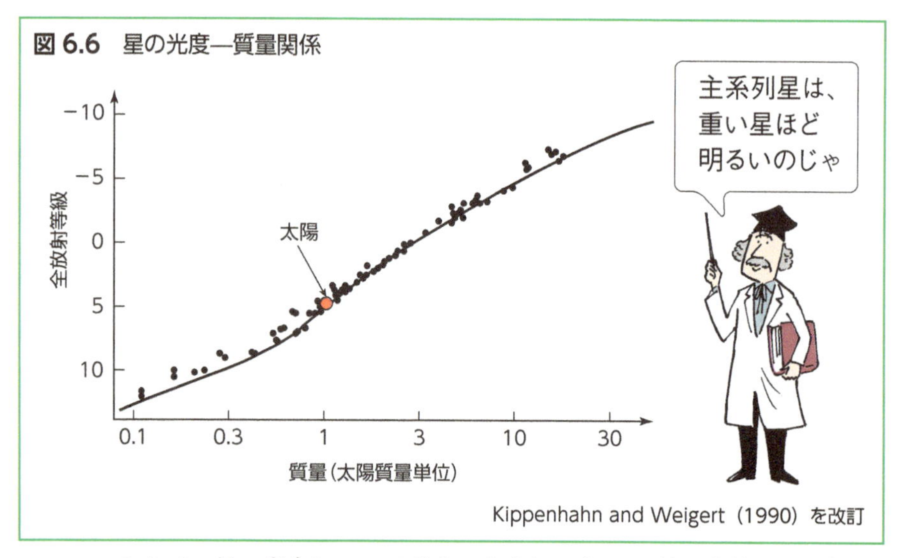

Kippenhahn and Weigert（1990）を改訂

ここで、星の寿命について考えてみましょう。2.1節でも述べたように、水素燃焼をする恒星の寿命は、水素燃料の量（M）に比例し、そのエネルギーの発生率（L）に反比例します。ところが$L \propto M^{3.5}$の関係があることから、結局、星の寿命（$\tau_{寿命}$）は、

$$\tau_{寿命} \propto \frac{M}{L} \propto \frac{M}{M^{3.5}} \propto \frac{1}{M^{2.5}} \tag{6.11}$$

と表すことができます。この式から、質量Mが大きい星ほど寿命が短かくなることがわかります。2.1節で述べたように太陽の寿命は100億年なのですが、式6.11から、星の質量が2倍になるだけで星の寿命は約18億年、実在する太陽質量の40倍の星の寿命は、なんと数百万年しかありません。

6.6 主系列星から赤色巨星へ

なにげなく夜空の星を見上げると、明るい星や暗い星、赤い星や青白い星があることに気づきます。実はこの星の明るさや色は、「星の進化」を考える上で重要な物理量です。明るさは恒星が単位時間に発生するエネルギーを、色は天体の表面温度を表すからです。このような理由から、星の進化を議論する際には、横軸に温度、縦軸に光度をとったヘルツシュプル

ング・ラッセル図（Hertzsprung-Russell図。略してHR図）がよく使われます。HR図上で恒星の分布を見ると、大部分の恒星が図の左上（明るく高温）から右下（暗く低温）に延びる「列」上にならぶことから、これらの星のことを「主系列星」と呼びます。太陽のような、星の中心部で水素の核融合反応が安定に進行している星が、この主系列星になります。先に述べたように主系列星には、光度-質量関係があるので、主系列の左上の明るい星ほど恒星の質量は重く、右下の暗い星ほど軽くなっています。太陽はその真ん中あたりに位置します。

主系列星で水素燃焼が進むと、やがて星の中心部の水素が枯渇し、核融合でできたヘリウムからなる中心核と、それを取り巻く水素の外層という構造に変わります。これにより、水素燃焼が起こる場所が、星の中心部からHeコアの周辺に移っていきます。Heコア自身はコアを支えるエネル

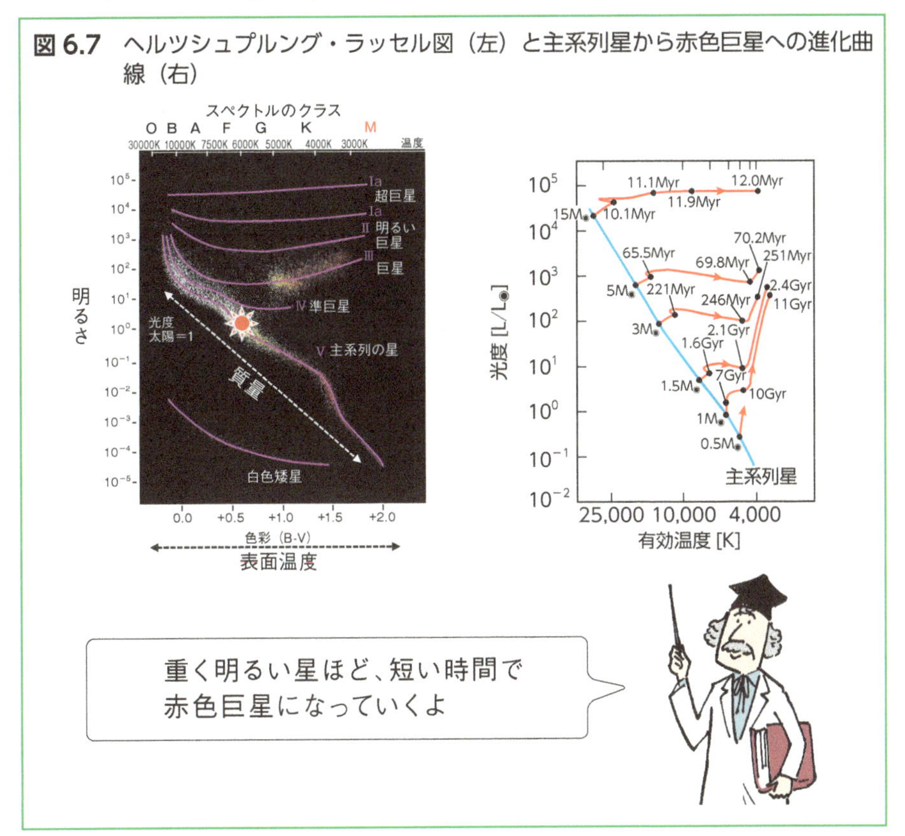

図 6.7 ヘルツシュプルング・ラッセル図（左）と主系列星から赤色巨星への進化曲線（右）

表 6.1　太陽質量の 20 倍の星の核融合反応

元の核種	生成核種	2次的な生成核種	温度T (10^9K)	期間 (yr)	主な反応
H	He	^{14}N	0.037	8.1×10^6	$4H \rightarrow {}^4He$(CNOサイクル)
He	O, C	^{18}O, ^{22}Ne, s-Process	0.19	1.2×10^6	$3{}^4He \rightarrow {}^{12}C$ ${}^{12}C + {}^4He \rightarrow {}^{16}O$
C	Ne, Mg	Na	0.87	9.8×10^2	${}^{12}C + {}^{12}C \rightarrow \cdots$
Ne	O, Mg	Al, P	1.6	0.60	${}^{20}Ne \rightarrow {}^{16}O + {}^4He$ ${}^{20}Ne + {}^4He \rightarrow {}^{24}Mg$
O	Si, S	Cl, Ar, K, Ca	2.0	1.3	${}^{16}O + {}^{16}O \rightarrow \cdots$
Si	Fe	Ti, V, Cr, Mn, Co, Ni	3.3	0.031	${}^{28}Si \rightarrow {}^{24}Mg + {}^4He\cdots$ ${}^{28}Si + {}^4He \rightarrow {}^{24}Mg\cdots$

ギー源がないため重力収縮し重力エネルギーが発生することから、周辺の水素燃焼領域の温度が上昇します。式（6.9）や式（6.10）に示すように、水素燃焼のエネルギー発生率（ε_{pp}, ε_{CNO}）は温度に敏感なので、温度が1.5倍に上がると発生するエネルギーは100～1,000倍となり星の外層は大きく膨張します。この現象が起こると、主系列からHR図の右上の領域（赤色巨星）へと進化していきます。主系列星から赤色巨星へと進化するタイムスケールは重い星ほど早く、例えば太陽質量の15倍（$15M_{\odot}$）の星の場合は1千万年で赤色巨星へと進化していきます（**図6.7**）。

6.7 星の最期と質量放出

恒星内部において、どれくらい重い元素まで合成できるかは、星の生まれた時点での質量で決まります。重い星ほど、星の中心温度が高くなりうり、クーロン斥力の大きい重い原子核の融合反応が起こるからです。一般に、恒星の質量が太陽質量の8倍（$8M_{\odot}$）より軽い場合は、Heコアの中心温度が約2億度に達し$3{}^4He \rightarrow {}^{12}C$（ヘリウム燃焼）、さらには${}^{12}C + {}^4He \rightarrow {}^{16}O$が起こり${}^{12}C$, ${}^{16}O$までは核融合するものの、炭素燃焼に必要な6～9億度には至らず、最終的には炭素コアは、炭素を主成分とする白色矮星となって星の一生を終えます（**図6.8**）。この時、星の外層は宇宙空間へと拡散し、惑星状星雲を形成します。

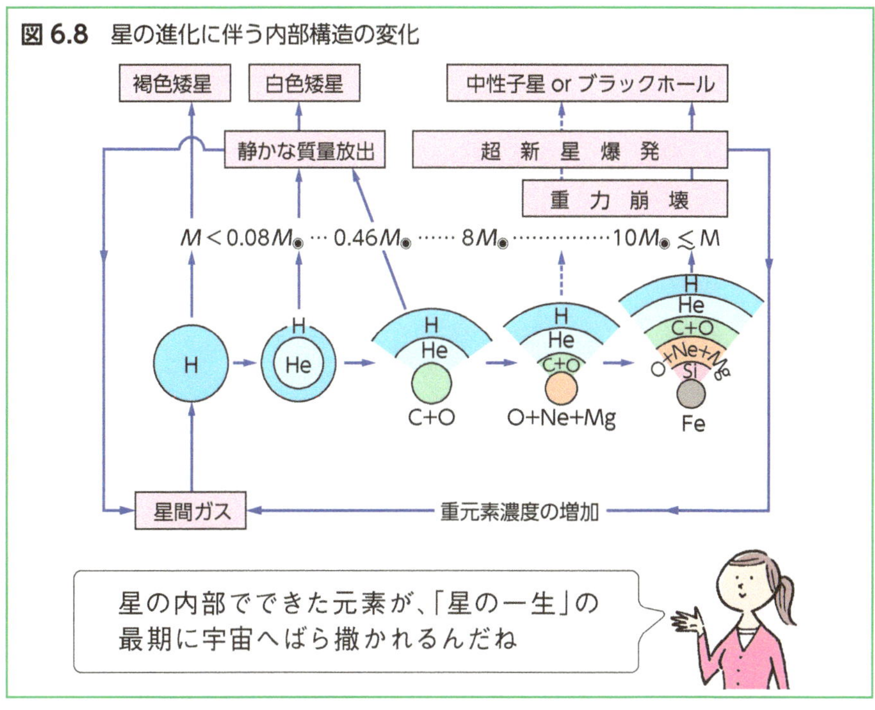

図 6.8 星の進化に伴う内部構造の変化

一方、太陽質量の8倍（$8M_{\odot}$）より重い星の場合は、星の中心温度が6～9億度に達し、$^{12}C+^{12}C$ や $^{16}O+^{16}O$ のような重い元素の核燃焼が起こります。このような核融合反応は、最終的には鉄（Fe）元素まで進むと考えられています（図6.8, 表6.1）。しかし質量数56の鉄よりも重い元素の核融合反応は恒星の内部では起こりません。鉄は最も安定な原子核であるため、水素を始発物質として ^{56}Fe までの元素の合成では**エネルギーを発生する**のに対し（**発熱反応**）、鉄より重い元素を作るには**エネルギーが必要**になるからです（**吸熱反応**）。つまり、^{56}Fe より重い元素を作る核融合反応では、星内部の重量収縮に拮抗するエネルギー源にはならないのです。

やがて、鉄のコアの中心部の温度が40～50億度くらいまで上昇すると以下のような鉄の**光分解反応**が起こりはじめ、最終的には**重力崩壊型の超新星爆発（Ⅱ型超新星）**を起こします。

$$^{56}Fe + \gamma 線 \rightarrow 13\,^{4}He + 4n$$

$$^{4}He + \gamma 線 \rightarrow 2p + 2n$$

$$p + e^{-} \rightarrow n + \nu$$

図 6.9　星の進化の最終形態と星間空間へのガスの還元量（金属量 0.02 の場合）

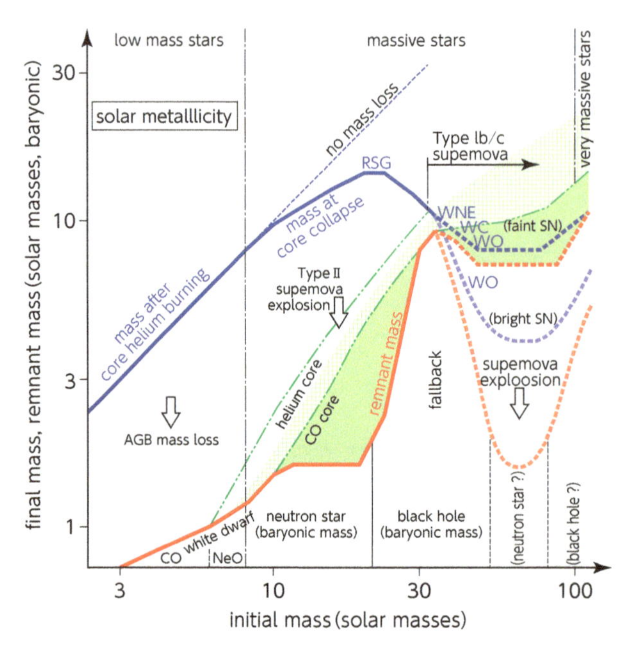

Heger and Wooseley (2002) を改訂

「星の一生」の最期に質量のほとんど（70～90%）は、また宇宙へ戻るんだね

爆発直前、星の内部は鉄を中心とする元素の層構造（玉ねぎ構造）になっていますが、爆発によりFeより外側の層は宇宙空間に撒き散らされ、鉄のコアは中性子星やブラックホールとなって一生を終えます。恒星の最終形態である白色矮星（密度：10^4 ～ 10^7g/cm^3）や中性子星（～ 10^{14}g/cm^3）、ブラックホールなどをまとめて**高密度星**と呼びます。

では、星の進化の最期にどれくらいの質量のガスが再び宇宙空間に戻っていくのでしょう。**図6.9**に、Heger and Woosley（2002）のシミュレーション計算例を示します（天文学では、水素とヘリウム以外の元素を**金属量**と呼びます。このシミュレーションでは、金属量は太陽と同じ2%で計算）。この図では、星が生まれた時の質量を横軸、それぞれの恒星の最終的な状態の質量が縦軸にとってあり、赤線が星の最期の姿である白色矮星や中性子星、ブラックホールの質量を示しています。この図の中の、「no mass loss」と書かれた右上がりの直線はまったく質量放出が起こらなかった場合の線になります。太陽質量の3～8倍の星（3～8 $M_{\odot}$）は最終的には質量1～2 $M_{\odot}$の白色矮星（white dwarf）になるため、最大太陽質量の6倍（6 $M_{\odot}$）のガスが宇宙空間に戻ることがわかります。一方、太陽質量の8～20倍（8～20 $M_{\odot}$）の星は、最終的に1.4～2 $M_{\odot}$の中性子星になることから、最大18 $M_{\odot}$、もともとの星の質量の80～90%が超新星爆発によって再び宇宙空間に戻すことになります。このガス中には核融合反応で合成されたFe, C, O, Ne, Mg, Siなどに加え、超新星爆発時に新たに合成された鉄よりも多い元素が含まれています（詳細は次章で解説）。このように「星間ガス→恒星→高密度星と星間ガス」という大規模な物質循環を繰り返すことで、星間ガス中の炭素よりも重い元素（金属量）が徐々に増えてきたというわけです（**図6.10**）。宇宙の化学組成が時間とともにどのように変化してきたかについては、8章で解説します。

図 6.10　星の一生（輪廻）

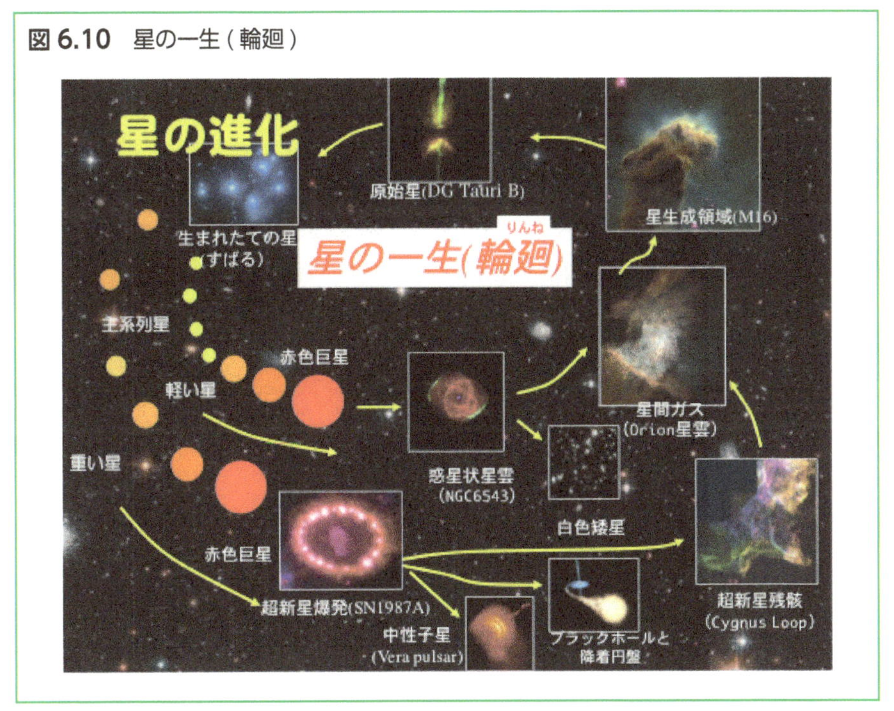

第7章 星の進化と重元素合成（鉄以上）

前章では、ヘリウム（He）から鉄（Fe）までが作られる核融合反応を見てきました。本章では鉄よりも重い元素が作られる過程について解説します。

7.1 原子核の陽子の数と中性子の数のバランスを示す核図

鉄よりも重い元素の合成を考えるのに、横軸に原子核中の中性子数N、縦軸に陽子数Zをとった「核図」がとても便利です。「重い元素が作られる」というのは、核図において左下から右上へと進むプロセスになります。原子の質量が重くなるにつれて、安定に元素が存在できる領域（黒い領域）は45度の右上がりの線よりも右側（すなわち、相対的に中性子が多い側）へずれていきます。例えば軽い元素の場合（^{12}C, ^{16}O, ^{14}Nなど）は、陽子と中性子の数が等しい場合が多いのですが、^{39}Kや^{96}Moなど重い元素になればなるほど、原子核中の中性子の割合が増えていきます。

7.2 中性子捕獲反応

6章で見てきた核融合反応では鉄より重い原子核を作ることできません。鉄よりも重い原子核を核融合反応でつくるには、正イオン同士の斥力に打ち勝ち、原子核同士が近づくような高い温度が必要です。しかし、星の中心部が40億度にくらいになると、高温のため鉄自身が光分解反応を起こして、軽い元素（ヘリウムなど）へと分解してしまうためです。で

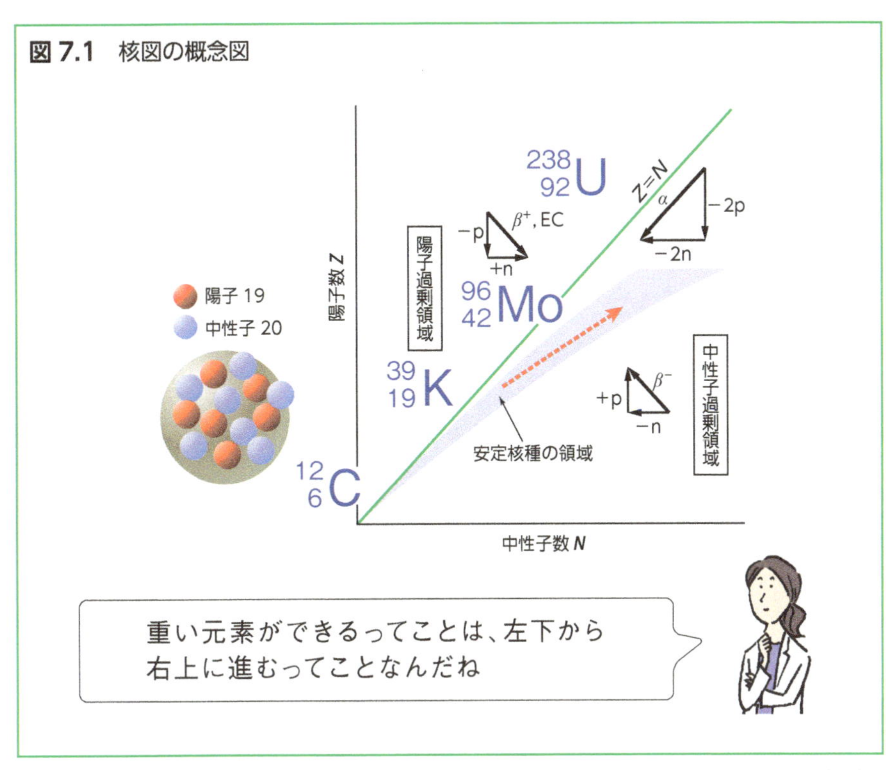

は、どのようにして、鉄よりも重い元素ができるのでしょう。この場合、電気的な反発力が効かない中性子の捕獲反応が重要になってきます。中性子捕獲反応には、**遅い中性子捕獲反応**（**図7.2**上）と、**速い中性子捕獲反応**（図7.2下）の2種類があります。この図において●は安定核種、○は不安定核種を表します。

まず図7.2の上図の安定核種^{90}Zr（原子番号40のジルコニウム）に注目してみましょう。^{90}Zrが中性子を1つ捕獲すると、原子核中の陽子の数は変わらず、中性子の数が1つ増えますから、右に1つ進んで安定核種^{91}Zrになります。さらにもう1つ中性子を捕獲すると、右に1つ進んで安定核種^{92}Zrになります。さて、さらにもう1つ中性子を捕獲するとどうなるでしょう。これまでと同じように、右へ1つ進んで^{93}Zrが生成されるのですが、^{93}Zrは不安定核種のため半減期約160万年でβ（ベータ）崩壊を起こし、左上の原子番号41の安定核種^{93}Nb（ニオブ）へと変化します。これは、中性子が陽子と電子（β線）に崩壊するので、陽子数が1つ増え、中性子の数が

図 7.2 遅い中性子捕獲反応の経路（上図；s プロセス）と速い中性子捕獲反応の経路（下図：r プロセス）

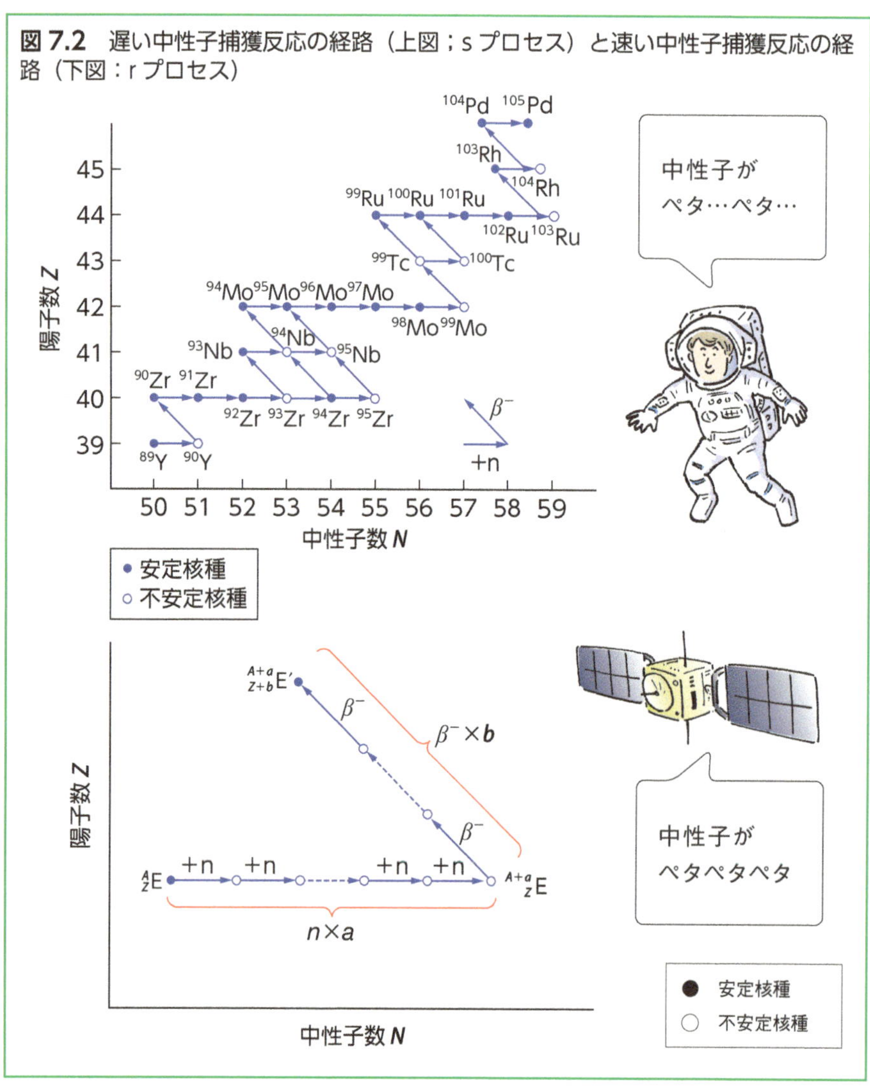

1つ減るからです。さらにこの^{93}Nbが中性子を捕獲すると、不安定核種^{94}Nbができたのち、またβ崩壊を起こして、原子番号がさらに一つ大きい安定核種^{94}Mo（原子番号42のモリブデン）ができます。一方、不安定核種の^{93}Zrが、β崩壊するよりも早く次の中性子を捕獲することができれば、安定核種の^{94}Zrができます。このようにβ崩壊の典型的なタイムスケールが次の中性子を捕獲するまでの時間よりも**遅い**場合は、β崩壊と中

性子捕獲を繰り返し左下から右上とほぼ**階段状**に進みながら重い元素ができていきます。このプロセスを「遅い」を意味するslowのsをとって**sプロセス**と呼びます。

一方、不安定核種がβ崩壊を起こすより**速く**、立て続けに中性子を捕獲した場合は、核図において連続的に右方向へ進み、そこから連続的にβ崩壊を起こして、原子核の安定な領域へ戻ります（図7.2右）。β崩壊のタイムスケールよりも**速く**中性子捕獲が進むことから、rapidのrをとって**rプロセス**と呼びます。

このような中性子捕獲反応が起こるためには、原子核にとらえられていない自由な中性子が必要です。通常、中性子は原子核中では安定なのですが、単体で存在する場合は寿命が約15分しかありません。ですから、中性子捕獲反応で重い元素を効率的に作るためには、中性子が大量に生成される特殊な環境が必要ということになります。

7.3 遅い中性子捕獲反応（sプロセス）が起こる環境

現在、遅い中性子捕獲反応（sプロセス）が起こる場所として、太陽質量の8倍以下の小・中質量星の進化末期のAGB星（Asymptotic Giant Branch Star）が考えられています（Maercker et al.（2012））。AGB星の内部は、縮退したC, Oのコア、その外側にHe層、さらにその外側はHの外層からなっており、通常はH層の底で水素燃焼（$4H \rightarrow {}^{4}He$）が起こりエネルギーを発生しています（**図7.3**の左）。1万年から10万年が経過してヘリウム（He）が十分に蓄えられ臨界値に達すると、He層の底で数年から1～100年程度He燃焼が起こり（$3{}^{4}He \rightarrow {}^{12}C$）、その後再び水素燃焼を主とした状態に戻ります。図7.3右は、AGB星のHe層周辺の時間変化を模式化したものです（Stranier et al.（2014））。ちょうど「ししおどし」のように、水素燃焼でHeが徐々に蓄積していき、やがて臨界値に達するとHe燃焼が短期間だけ起こすというわけです。この現象を**熱パルス**と呼びます。

さて、遅い中性子捕獲反応（sプロセス）の話に戻しましょう。現在、このAGB星の進化過程において2種類のsプロセスが起こっていると考えられています。1つは、**熱パルスの最中**に起こる$\mathbf{{}^{22}Ne + {}^{4}He \rightarrow {}^{25}Mg + n}$反

図 7.3　Asymptotic Giant-Branch 星の He 層付近の時間進化と遅い中性子捕獲反応

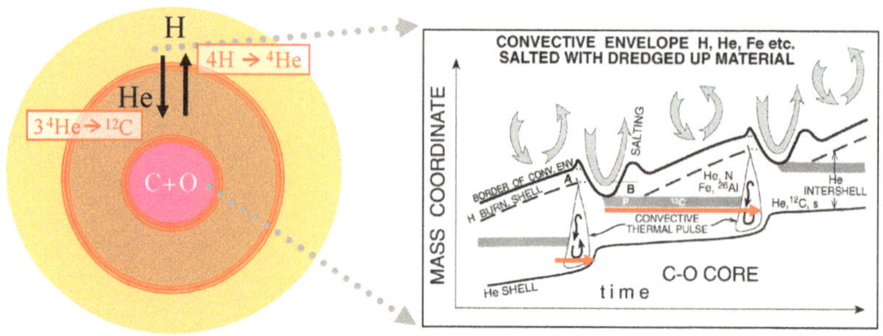

Quoted from Lattanzio and Lugaro (1997)

(1) 熱パルスの最中、He 層の底、^{22}Ne＋^{4}He → ^{25}Mg＋中性子
N_n~$10^{8\text{-}10}$cm^{-3},　T>25keV, ~10^0yr
(2) 熱パルスの間、He 層の上部、^{13}C＋^{4}He → ^{16}O＋中性子
N_n~10^7cm^{-3},　T=8~10keV, ~10^4yr

応から作られる中性子によるsプロセスで、もうひとつは**熱パルスと熱パルスの間**に起こる**^{13}C＋^{4}He→^{16}O＋n**反応から作られる中性子によるsプロセスです。前者は温度も中性子密度も高い状態で短期間だけ起こるのに対し（中性子密度～10^{8-10}cm^{-3}、温度＞2.5億度、継続期間～数年）、後者の中性子捕獲反応は中性子密度10^6～10^7cm^{-3}、温度約1億度の環境で1～10万年ほど継続します。いずれのsプロセスも原子番号83のビスマス（Bi）より重い元素を作ることはできません。これはBiが中性子捕獲をすると放射壊変し、原子番号82の鉛（Pb）まで戻ってしまうためです。

実際にAGB星の分光観測によって、恒星表面でsプロセス元素が見つかっています。半減期21万年の原子番号43のテクネチウム（Tc）や、半減期17.7年の原子番号61のプロメチウム（Pm）も検出されていることから、He層で作られたsプロセス元素が対流で星表面まで運ばれるタイムスケールは、せいぜい100年程度であることがわかります（Merrill（1952）；Cowley et al.（2004））。また、隕石中に見つかる星周塵スターダスト中にもsプロセス核種が見つかっており、その同位体比分析から、太陽系の形成前に存在したAGB星内部の中性子捕獲反応の温度・密度条件を探る研究が盛んに行われています（Savina et al.（2004), Terada et al.（2006））。

7.4 速い中性子捕獲反応(rプロセス)が起こる環境

一方、β崩壊のタイムスケールよりも速く中性子を捕獲する反応（rプロセス）が進むためには、高い中性子密度（＞20^{20}cm^{-3}）が必要です。このような環境は、これまで超新星爆発時に起こると考えられていました。6章で述べたように、大質量星の最終段階では^{56}Feは光分解で大量の中性子を生成するからです。しかし、最近の研究によると超新星爆発時の中性子はすぐに枯渇してしまい、せいぜい原子番号56のバリウム（Ba）までしか作れないことがわかってきました（**図7.4-1**、Wanajo et al.（2013））。一方、中性子星同士が合体する際には、過剰な中性子が生成されるため、原子番号92のウラン（U）まで生成できることが示されています（図7.4-2、Wanajo et al.（2014））。

本書執筆時の2017年秋、世界初の、中性子星連星系（GW170817）の合体（中性子星合体）による重力波観測が発表されました（**図7.5** Bloom &

図 7.4-1 速い中性子捕獲反応で生成される元素パターン。Ⅱ型超新星爆発モデル

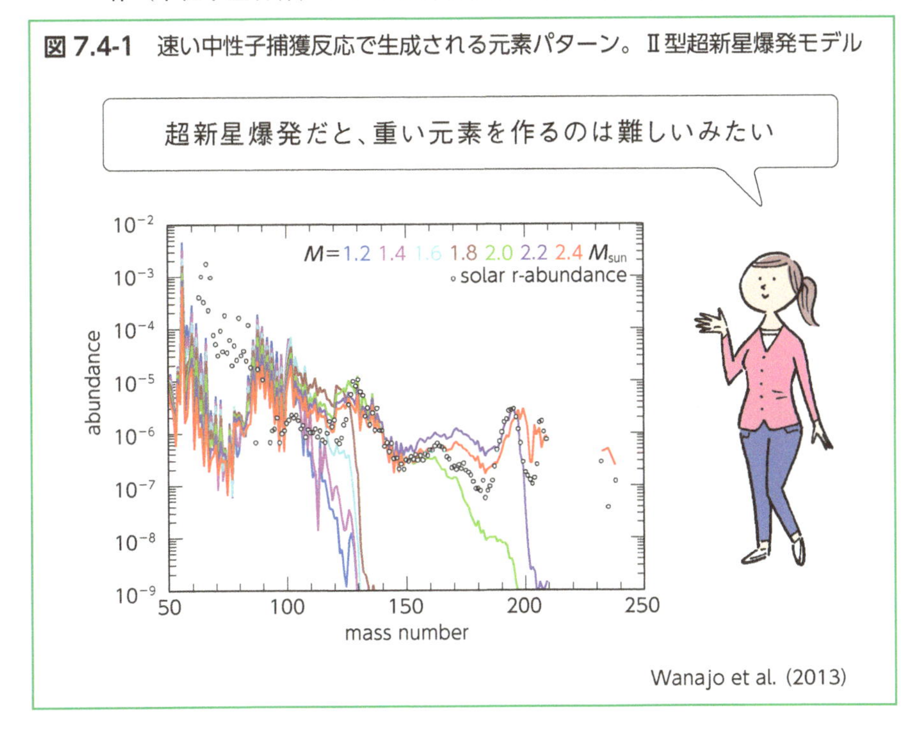

Wanajo et al. (2013)

図 7.4-2　速い中性子捕獲反応で生成される元素パターン。中性子星合体モデル

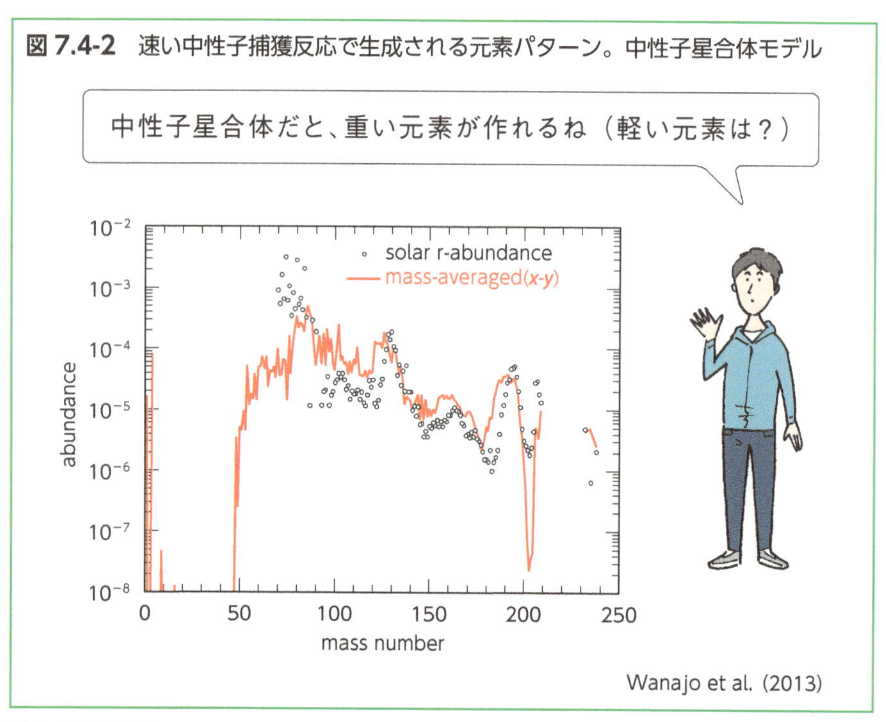

図 7.5　中性子星の合体

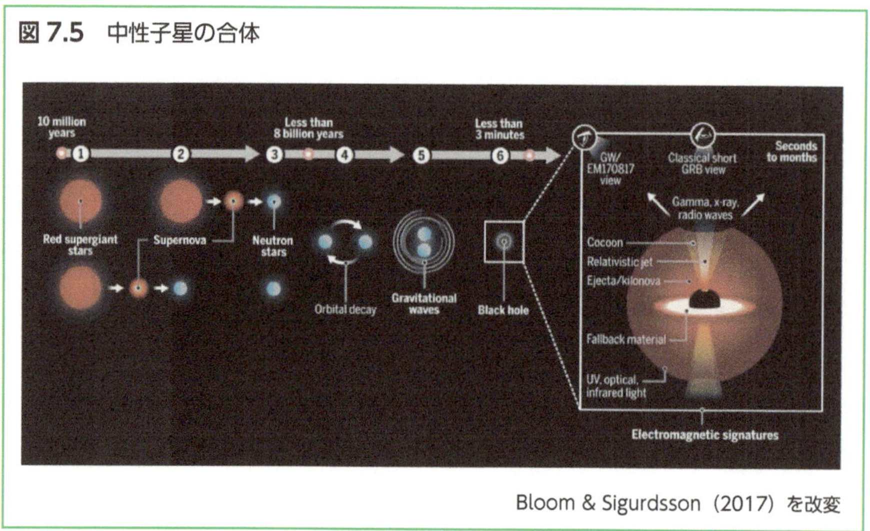

Bloom & Sigurdsson（2017）を改変

Sigurdsson (2017))。その後の多波長観測から、可視光および近赤外線の減光曲線の特徴が重元素合成のモデル計算と一致することが示されています（Pian et al.（2017）；Tanaka et al.（2017））。意外に思われるかもしれませんが、中性子星合体で重い元素が合成されることが実際に観測されたのは、つい最近のことなのです。

7.5 太陽系におけるsプロセス核種とrプロセス核種

ここまで鉄よりも重い元素の主たる生成過程として、軽い星で合成されるsプロセス核種と、重い星で合成されるrプロセス核種があることを述べてきました。では、私たちの太陽系は、sプロセス核種とrプロセス核種が、どのような割合でブレンドされているのでしょうか?

図7.6に、原子番号56のバリウム（Ba）周辺の核図を示します。この図において、sプロセスのルートを黒い太線で、rプロセスのルートを赤線で示しています。面白いのは、^{135}Ba、^{137}Ba、^{138}Baは黒い線と赤い矢印の両方が到達しているのに対し、^{134}Baと^{136}Baは安定核種^{134}Xeと^{136}Xeの影になっており赤い矢印が届いていないことです（Xeは原子番号54のキセノン）。このことから、太陽系の^{135}Ba、^{137}Ba、^{138}Baはsプロセスとrプロセスの混合物であるのに対し、^{134}Baと^{136}Baはsプロセスでしか作られないことがわかります。

このようなsプロセスでしか作られない核種を抜き出して、その原子番号と存在度に反応断面積をかけた図を表したのが図7.6の下図です。このパターンを、AGB星内部の温度と中性子密度をフリーパラメーターにしてフィッティングすると、太陽系のsプロセス核種の平均的な生成環境が、中性子密度（1.1 ± 0.6）$\times 10^8$個/cm^3、温度約2.7億度であるということがわかります（Howard et al.（1986））。

このようにして得られたsプロセス核種の物理環境から、太陽系を構成する**sプロセス核種のすべての原子数（$N_{\mathrm{s核種}}$）**を算出することができます。さらに太陽系全体の化学組成からsプロセス核種を引き算することで、残りのrプロセス核種を算出することもできます（$N_{\mathrm{r核種}} = N_{\mathrm{太陽系全体}} - N_{\mathrm{s核種}}$の式から）。このようにして、太陽系の元素を、sプロセス核種とrプロセス核種に分けて表したのが**図7.7**の上図、構成比率をあらわしたのが図7.7の下図になります。太陽系を構成する元素のうち、多くの希土類元素（Eu, Gd, Tb, Dy, Ho, Er, Tm）や白金族（Re, Os, Ir, Pt, Au）は90%近くがrプロセス核種で、ウラン（U）やトリウム（Th）に至っては100%がrプロセス核種で合成された元素であることがわかります。逆に、Sr, Y, Zr, Ba, La, Ce, Pbのような元素では、その80%近くはsプロセス核種、すなわ

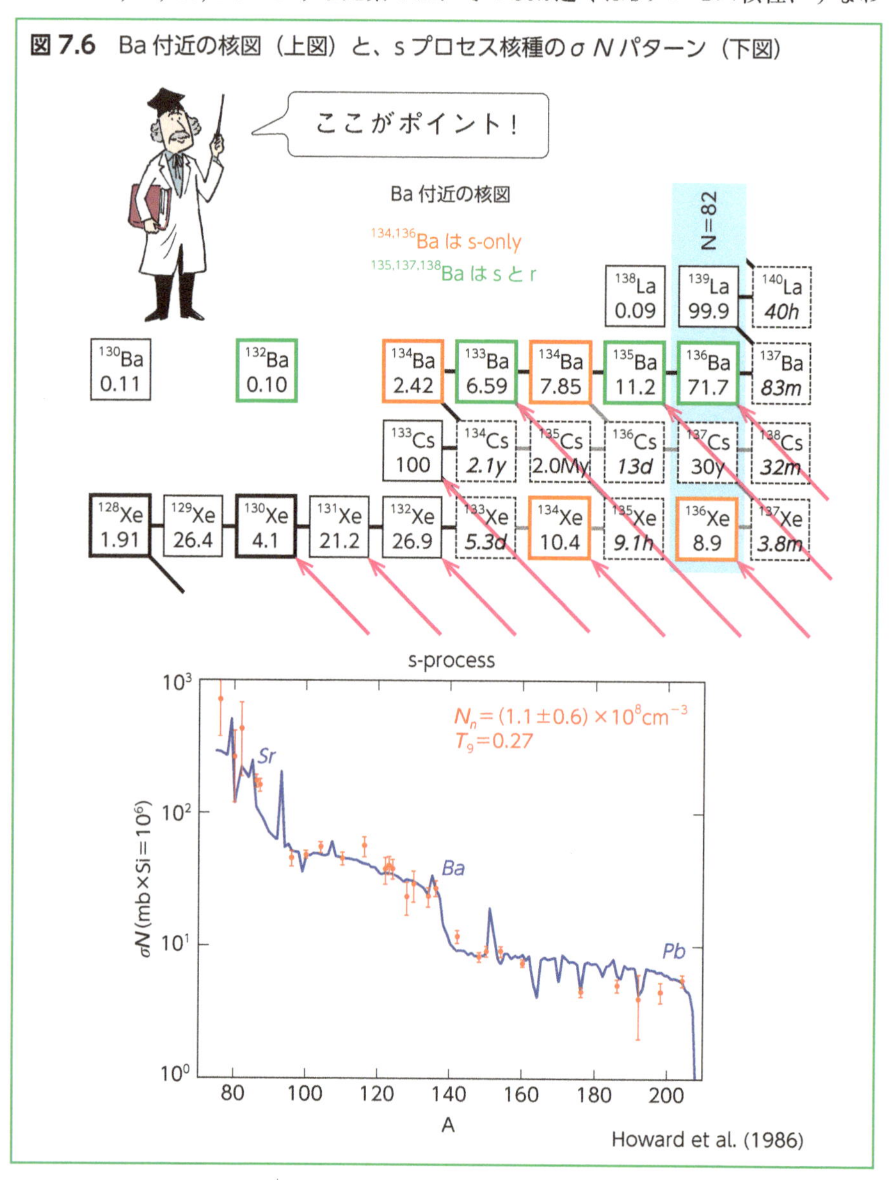

図 7.6 Ba付近の核図（上図）と、sプロセス核種のσNパターン（下図）

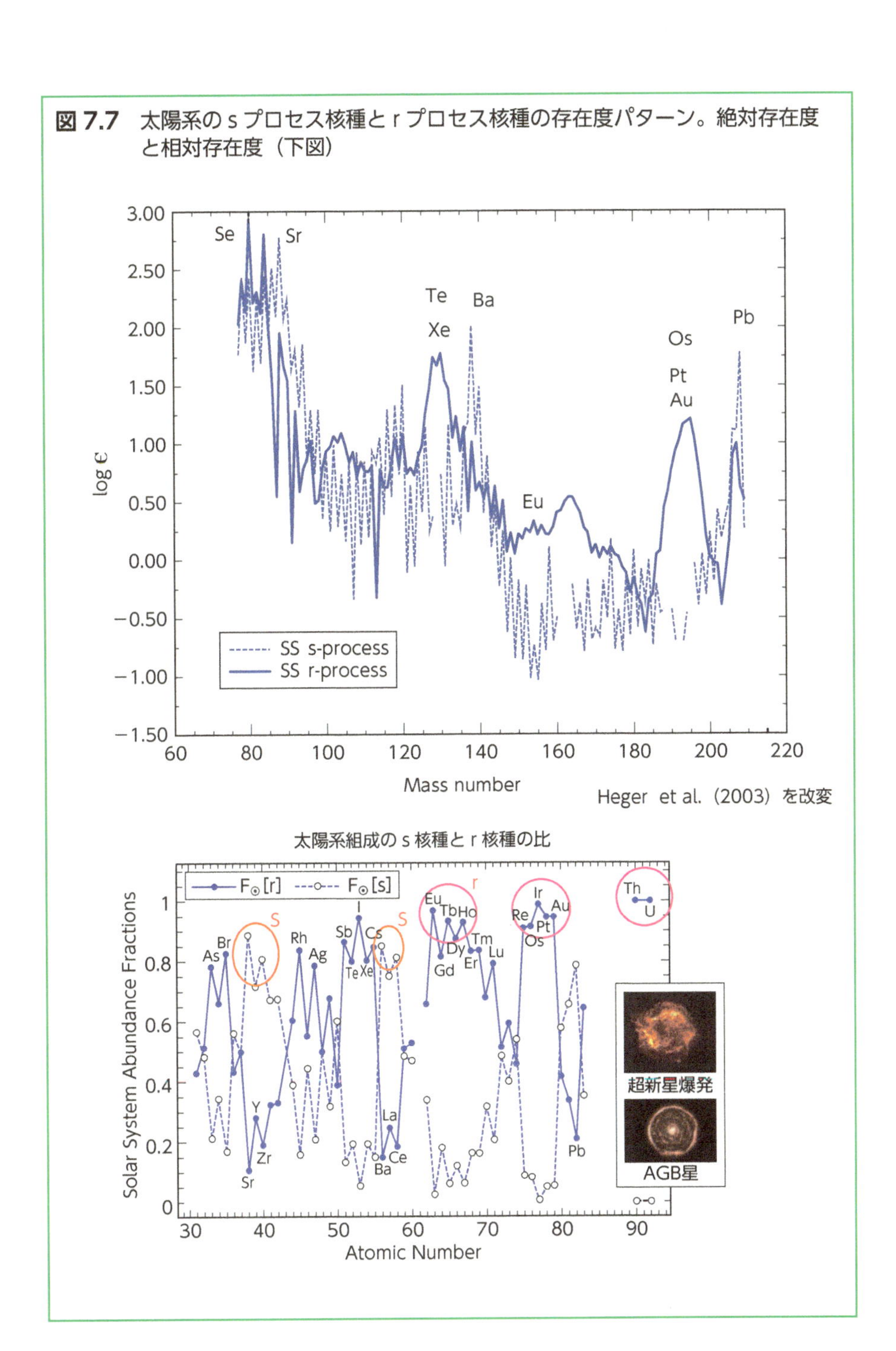

図 7.7 太陽系の s プロセス核種と r プロセス核種の存在度パターン。絶対存在度と相対存在度（下図）

ちAGB星起源であることがわかります。

太陽系を構成する元素は、ビッグバンから太陽系誕生までの約92億年間の元素合成を積算したものなので、図7.7の上図のrプロセス核種のパターンは、複数のrプロセス天体現象の合算になっているはずです。一方、銀河系の「金属欠乏星」と呼ばれる星は、1回あるいはせいぜい数回程度の元素合成の積算のはずです。ところが、驚くべきことに、太陽系のrプロセス元素のパターンと宇宙初期に誕生した金属欠乏星の元素パターンは非常に良く一致しています（Sneden et al.（2003), **図7.8**)。これは時代や場所や、天体の個性によらず、rプロセスの物理環境が同じであることを示唆しており、「rプロセスのユニバーサリティー」と呼ばれています。

しかし最近、中性子星合体でもrプロセス核種が合成されることが実証されたため、謎が深まりました。金属欠乏星と太陽のrプロセス核種のそれぞれが、異なる起源の2成分の混合からできているとすると、ユニバーサリティーをうまく説明することができないからです。今後、r核種の合成現場である中性子星合体の直接観測が増えれば、銀河系スケールでの恒

図 7.8　金属欠乏性の元素存在度パターンと太陽系 r プロセス核種パターンの比較

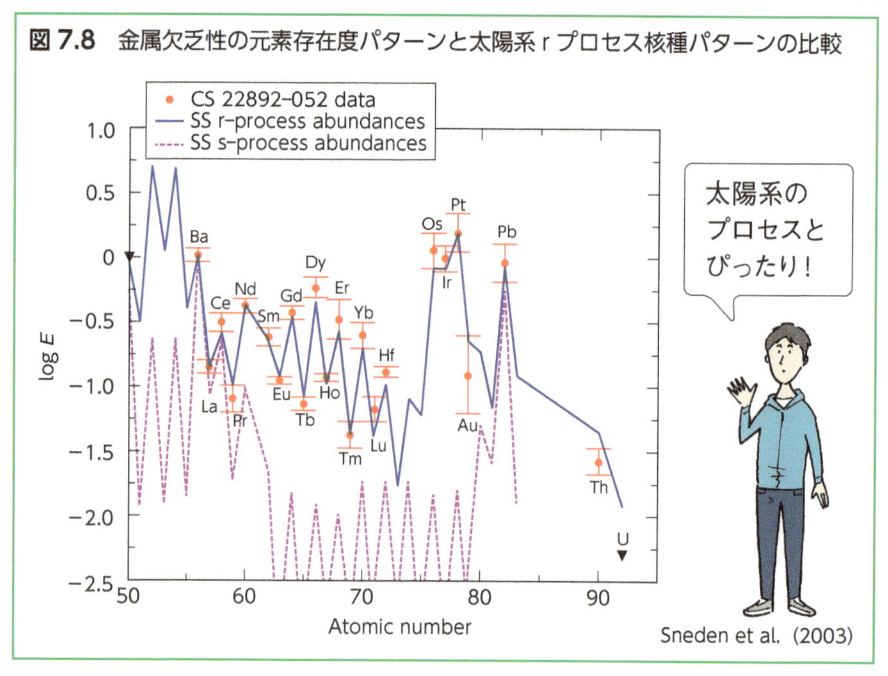

図 7.9　元素の起源

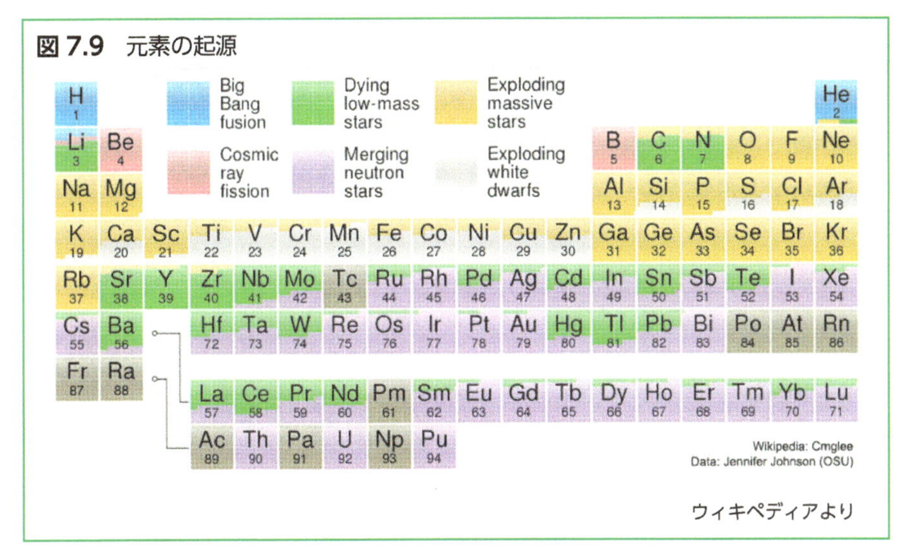

ウィキペディアより

星と星間ガスの元素循環の知見が深まることでしょう。

この章の最後に、太陽系を構成する約90種類の元素が、どのような物理過程で作られているかをまとめておきましょう（**図7.9**）。

第8章 銀河化学進化と太陽組成

ビッグバン後、数え切れないほどの星が誕生と終焉を繰り返すことで、宇宙の重元素の量が増加してきました。この章では、我々の母なる星「太陽」が、宇宙の化学進化において、ありふれた星なのか、ユニークな星なのかについて見ていくことにします。「太陽」の意外な特徴が浮かび上がってくるでしょう。

8.1 連星系の進化とI型超新星爆発

ここまで主に単独の星の誕生と終焉を見てきました。実際に分子雲中で星が誕生する際には、星団と呼ばれる星の集団のように、同時にいくつもの星が誕生します。その中でも、互いの重力によって共通重心の周りをまわる2つ以上の恒星のシステムを連星系と呼びます。宇宙に存在する恒星の70%以上が連星系をなしていると考えられています。特に星と星の距離が近い**近接連星系**の場合は、互いに物質を交換しながら共進化することが知られています。

例として、質量が2～3太陽質量（$M_\odot$）の恒星Aと6～8太陽質量（$M_\odot$）の恒星Bが距離60～300太陽半径（$R_\odot$）の距離に同時に生まれた場合を考えてみましょう（**図8.1**）。ここで互いの星の重力が釣り合うL_1点（ラグランジュ点）を通る仮想的な等ポテンシャル面を**ロッシュ・ローブ**と呼び、点線で表しています。重い恒星Bは進化が速く、1億年ほどで赤色巨星に進化し膨張します。やがて星の外層がロッシュ・ローブより大きくなろうとすると、恒星Bの外層のガスがL_1点を通って恒星Aへと流れこみます。やがて恒星Bは白色矮星となり星の一生を終えます。この段階では、

図 8.1　連星系の進化

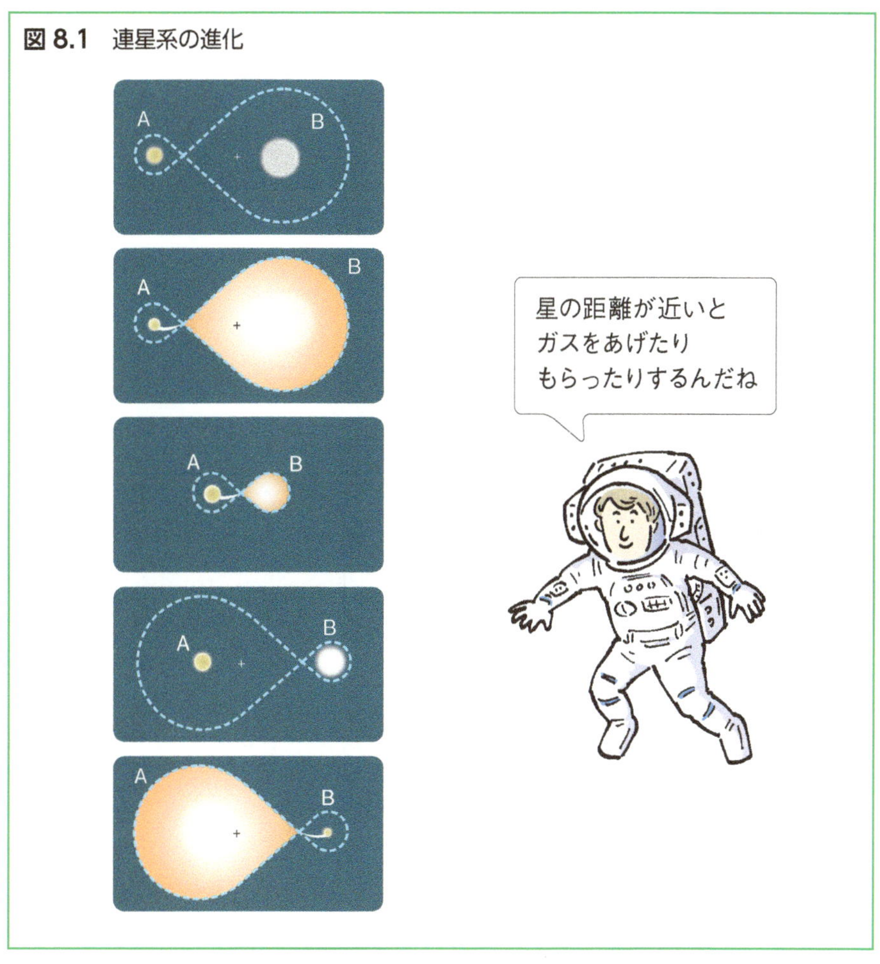

ゆっくり進化する軽い恒星Aはまだ主系列星の状態です。約6～18億年後に恒星Aが赤色巨星へと進化し、外層が膨張してロッシュ・ローブを満たすようになると、先ほどとは逆に、恒星Aの外層のガスがL_1を通って恒星Bへ流れこむようになります。

恒星Bは炭素や酸素の縮退圧によって星の均衡が保たれている白色矮星ですが、恒星Aからのガスの降着（質量輸送）が起こると、そのバランスが崩れ、暴走的に核燃焼が進み大爆発を起こします（**図8.2**）。この現象のことを**Ia型超新星爆発**と呼びます（これに対し、6章で見てきた大質量の単独星が起こす重力崩壊型の超新星爆発をII型と呼びます）。

図 8.2　Ia 型超新星爆発のシナリオ

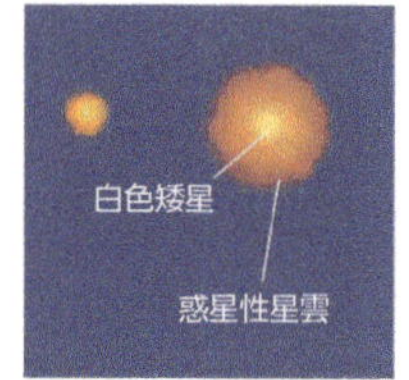

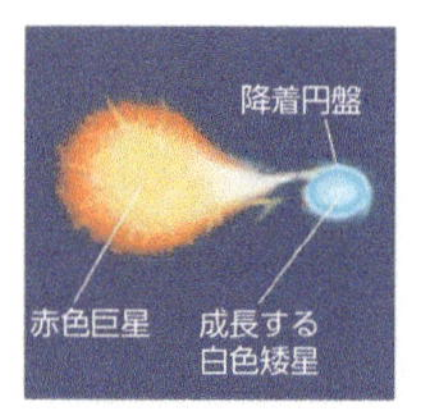

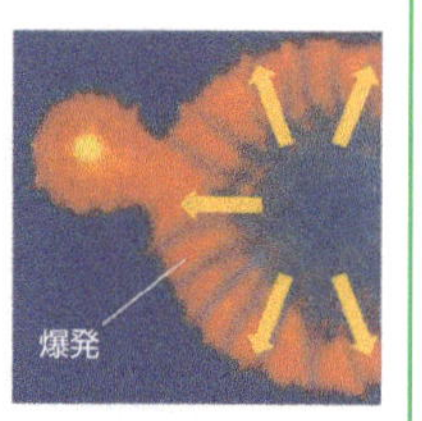

オレゴン大学 J.Brau

図 8.3　Ia 型超新星爆発とⅡ型超新星爆発により生成される元素パターンの比較

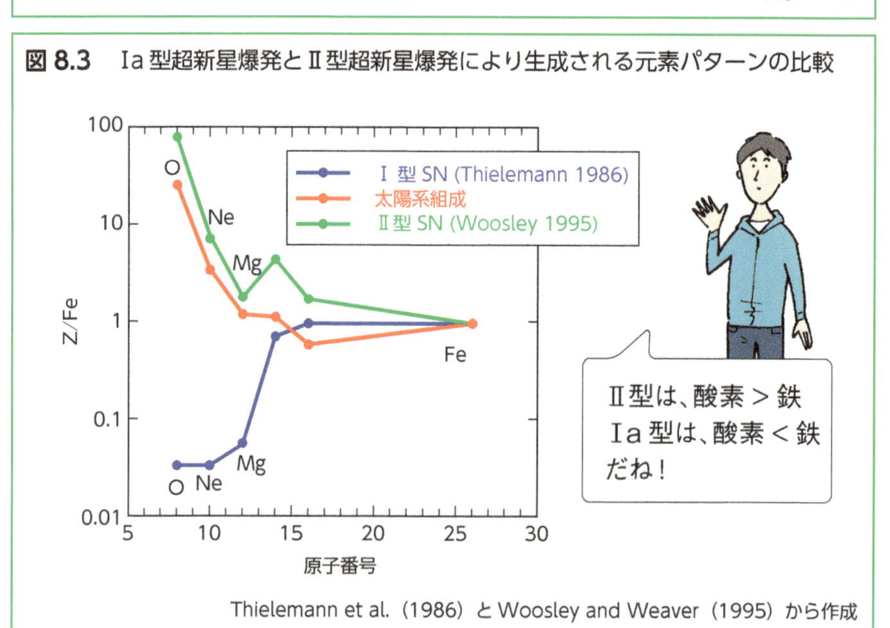

Thielemann et al. (1986) と Woosley and Weaver (1995) から作成

ここで重要なことは、Ia型超新星爆発とⅡ型超新星爆発とでは、合成される元素の原子数比が異なっていることです（**図8.3**）。図8.3では生成される元素の比を比較しやすいように鉄（Fe）の値を基準にとっています。Ia型超新星爆発の場合は、鉄の量に比べると酸素（O）、ネオン（Ne）やマグネシウム（Mg）の放出量が少ないことがわかります。逆にⅡ型超新星では、爆発直前の星の中心部には鉄のコアが存在するものの（図6.8）、鉄のコア自身が中性子星やブラックホールになるため、放出される鉄の量としては相対的に少ないという性質があります。そのため、鉄を基準に比較した場合、Ⅱ型超新星では酸素（O），ネオン（Ne），マグネシウム

(Mg), ケイ素（Si）は鉄（Fe）よりも高い値になるわけです。面白いことに、太陽系の値はIa型でもII型でもなく、これらが混ざったようなパターンをしています。

8.2 銀河の化学進化

1章で述べたように、今から138億年前にビッグバンが起こり、134億年前には既に銀河が誕生していたことがわかっています。特に第一世代の星は、質量が太陽の100倍以上の重い星が誕生しやすかったという試算もあります。このような大質量星は進化が速く、すぐにII型超新星爆発を起こします。そのタイムスケールは、6.5節でも述べたように数百万年程度だったでしょう。一方、小・中質量の星は進化が遅く1億年から100億年以上かけて赤色巨星に進化し、惑星状星雲の姿で一生を終えます。前節で述べたIa型超新星の場合、爆発までの時間は軽い方の星の進化速度で決まるので、重元素が宇宙空間に放出されるのに数億から数十億年以上かかります。したがって宇宙の化学組成は、最初水素（H）とヘリウム（He)（と少量のリチウム（Li)）しかなかった状態から始まり、重い星で作られた元素が宇宙空間にばらまかれ、その後、軽い星起源の元素がばらまかれていくことになります。

図8.4の横軸は、星々の「鉄と水素の比」を太陽の「鉄と水素の比」と比べた値です。**[Fe/H] = log[(** $\boldsymbol{n_{Fe}/n_H}$ **)** $_{星}$ **/ (** $\boldsymbol{n_{Fe}/n_H}$ **)** $_{太陽}$ **]** の定義から、太陽の［Fe/H］の値はゼロとなり、[Fe/H] = −1 は太陽の10分の1の鉄の量、[Fe/H] = −2は太陽の100分の1の鉄の量を意味します。[Fe/H］値と宇宙の年齢は必ずしも「一対一」の関係にはなりませんが、ビッグバン当初に宇宙に鉄はなく、星の進化とともに宇宙の鉄の量は増えていくので、基本的にはグラフの左から右へと時間が流れていると考えることができます。ここで、[Fe/H] = 0 の「太陽の化学組成」とは現在の組成（ビックバンの138億年後）ではなく、今から46億年前、すなわち宇宙ができて92億年（= 138億年 − 46億年）たった時の**太陽を形作る元の分子雲の組成**であることに注意が必要です。太陽の内部では水素からヘリウムが生成される核融合反応が起こっていますが、太陽系内では鉄（Fe）を

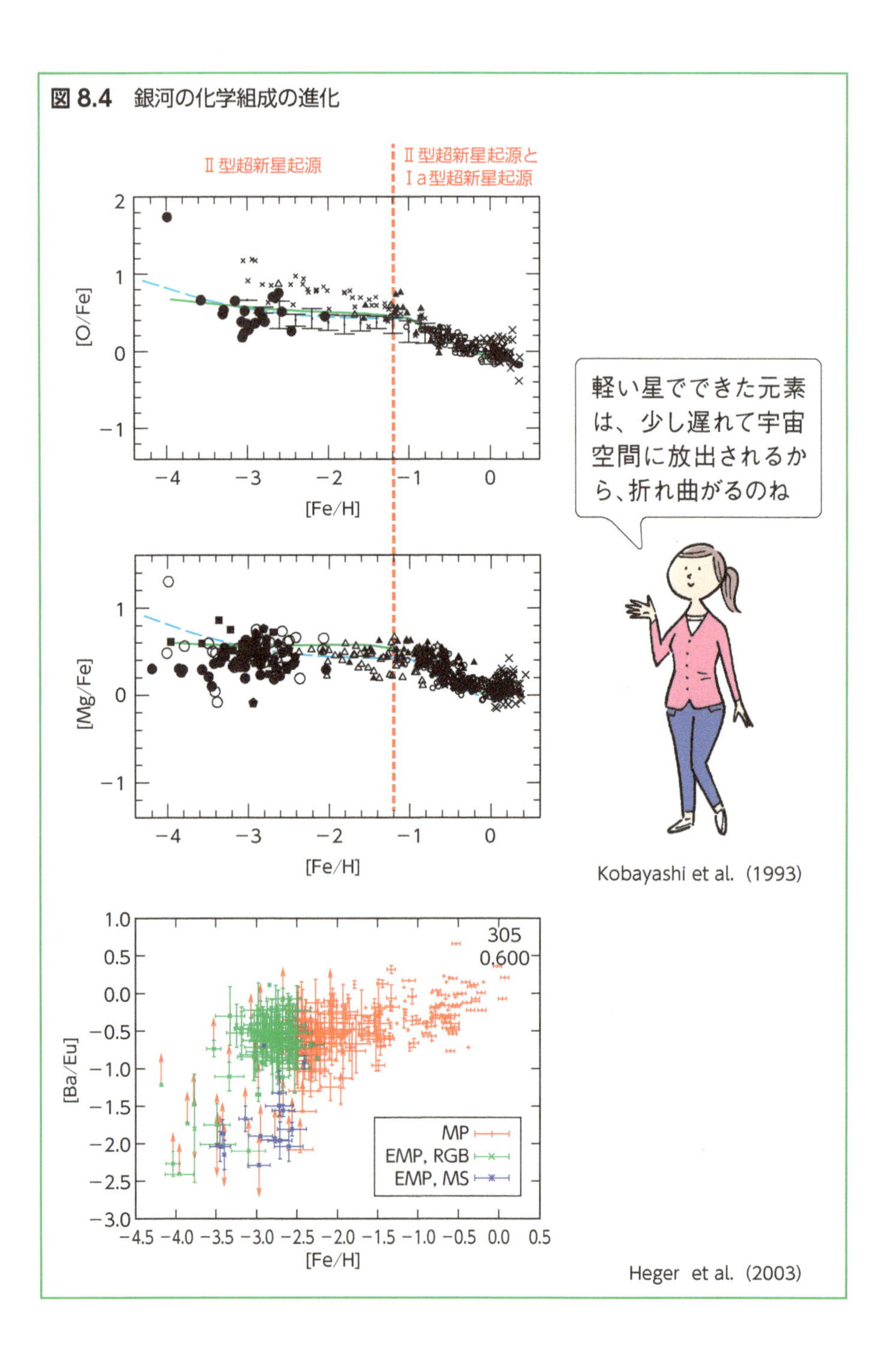
図 8.4　銀河の化学組成の進化
Ⅱ型超新星起源
Ⅱ型超新星起源と
Ⅰa型超新星起源
[O/Fe]
[Fe/H]
[Mg/Fe]
[Fe/H]
軽い星でできた元素は、少し遅れて宇宙空間に放出されるから、折れ曲がるのね
Kobayashi et al. (1993)
305
0.600
[Ba/Eu]
MP
EMP, RGB
EMP, MS
[Fe/H]
Heger et al. (2003)

合成するような核融合反応は起こっていないからです（もちろん、実験室で原子番号113のニホニウム（Nh）のように人工的に重い元素は作られていますが、ここでは無視できます）。

さて話を戻しましょう。横軸［Fe/H］に対して、縦軸に［O/Fe］= $\log[(n_{\mathrm{O}}/n_{\mathrm{Fe}})_{星}/(n_{\mathrm{O}}/n_{\mathrm{Fe}})_{太陽}]$ や［Mg/Fe］= $\log[(n_{\mathrm{Mg}}/n_{\mathrm{Fe}})_{星}/(n_{\mathrm{Mg}}/n_{\mathrm{Fe}})_{太陽}]$ の値をとってみると、［Fe/H］= −1.5〜−1.2付近で折れ曲がっていることがわかります（Kobayashi et al.（1993））。8.1節でみたように、Ia型超新星爆発までのタイムスケールは約10億年なので（連星系の軽い方の星の質量が$2M_{\odot}$なら18億年、$3M_{\odot}$なら24億年）、ビッグバン後すぐの頃はII型超新星爆発が元素合成過程のメインプロセスだったのが、10億年ごろからIa型超新星による元素の放出が起こり始めたため、［Mg/Fe］値に折れ曲がりが生じたと解釈することができます。図8.3より、II型超新星で放出される［Mg/Fe］= 0.4〜0.5、I型超新星の［Mg/Fe］は−1.2と低い値なでの、［Fe/H］= −1.5〜−1.2頃から［Mg/Fe］比は減少をはじめ、92億年頃（［Fe/H］= 0）には、太陽の組成（［Mg/Fe］= 0）になったというわけです。酸素もII型超新星では鉄より大量に作られ、I型超新星では鉄に比べて少量しか作られないため、［O/Fe］も同様の理由で折れ曲がっています。

図8.4の下図は、横軸［Fe/H］に対して、縦軸に［Ba/Eu］を取ったものを示しています（Heger et al.（2014））。［Ba/Eu］値は時間とともに増加していますが、［Fe/H］= −2.5〜−2付近で傾向が変わっていることがわかります。7章で述べたように、Eu（ユーロピウム）は主にrプロセスで合成され、Ba（バリウム）は主にsプロセスで合成されたと考えると、小・中質量星の内部で作られたsプロセス起源のBaが惑星状星雲として宇宙空間への供給され始めたタイミングが、［Fe/H］= −2.5〜−2付近の折れ曲がりと解釈することができます（例えば、$6M_{\odot}$の星の場合、誕生してからAGB星段階まで進化する時間スケールは約1億年）。これは、Ia型超新星の質量放出が効き始めるタイミング（［Fe/H］= −1.5〜−1.2）よりも少し早いようです。

面白いのは［Fe/H］＜−2.5の領域では、［Ba/Eu］値は［Mg/Fe］値のように一定の値のようには見えないことです。このことは、宇宙初期のBaとEuの生成環境は2成分ではないことを示唆しています。

8.3 太陽系の化学組成

太陽大気の分光観測と隕石のデータをもとに、太陽系の元素存在度を原子番号順に並べると、

(1) 概して、原子番号が大きいほど、元素存在度は小さい

(2) 鉄のあたりにピークがある

(3) Li, Be, Bの存在度は、桁違いに小さい

(4) 原子番号が偶数のものは、前後の奇数の原子よりも10倍多い

(5) 原子番号43（Tc）と61（Pm）が欠損

という特徴が読み取れます（**図8.5**）。これらの特徴は6章、7章で述べて

図8.5　太陽系の元素存在度

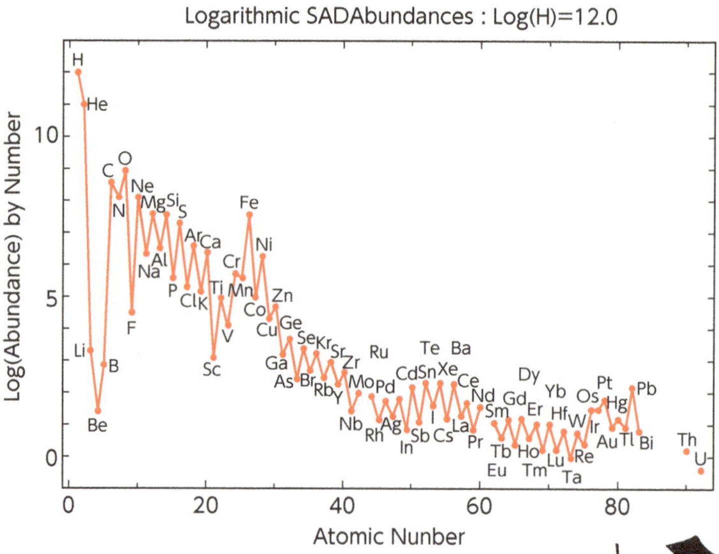
Logarithmic SADAbundances : Log(H)=12.0
Log(Abundance) by Number
Atomic Nunber
0
5
10
0
20
40
60
80
H
He
Li
Be
B
C
N
O
F
Ne
Na
Mg
Al
Si
P
S
Cl
Ar
K
Ca
Sc
Ti
V
Cr
Mn
Fe
Co
Ni
Cu
Zn
Ga
Ge
As
Se
Br
Kr
Rb
Sr
Y
Zr
Nb
Mo
Ru
Rh
Pd
Ag
Cd
In
Sn
Sb
Te
I
Xe
Cs
Ba
La
Ce
Pr
Nd
Sm
Eu
Gd
Tb
Dy
Ho
Er
Tm
Yb
Lu
Hf
Ta
W
Re
Os
Ir
Pt
Au
Hg
Tl
Pb
Bi
Th
U

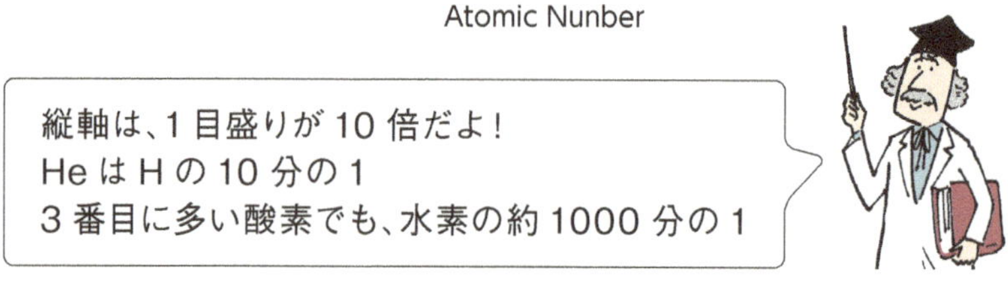
縦軸は、1 目盛りが 10 倍だよ！
He は H の 10 分の 1
3 番目に多い酸素でも、水素の約 1000 分の 1

図 8.6　ヒトに必要な元素

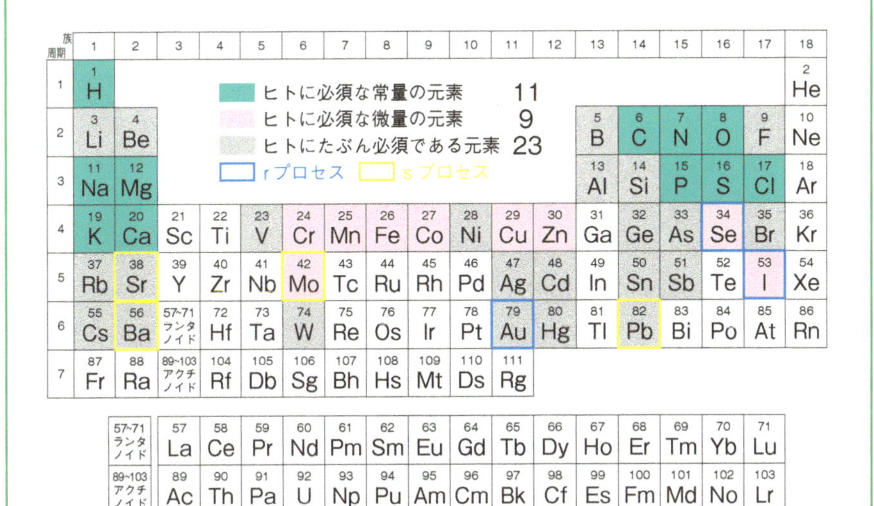

道端齋「生元素とは何か 宇宙誕生から生物進化への
137 億年（NHK ブックス）」を改変

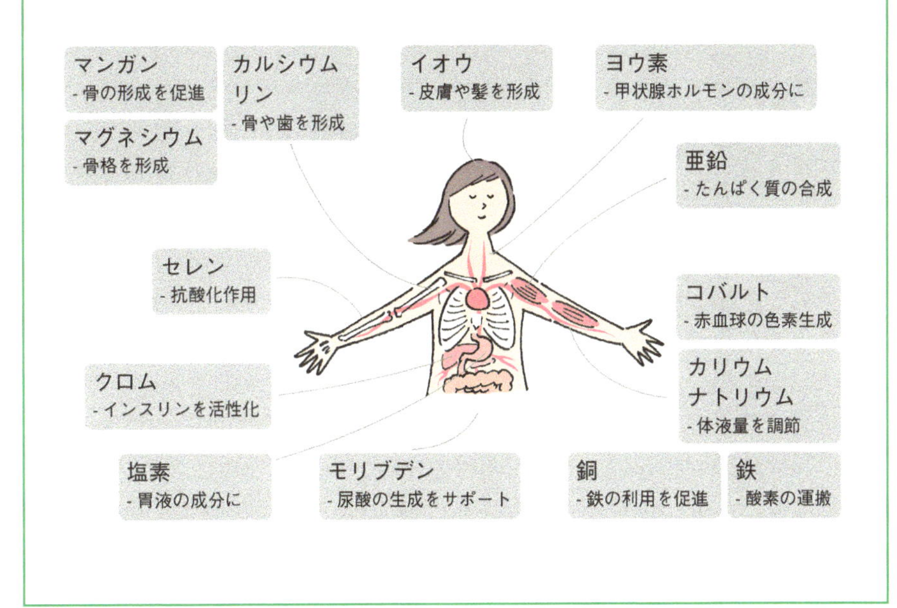

きた、恒星進化に伴う元素合成の痕跡を示すものであり、太陽系が太陽形誕生前の星屑からできたという直接的な証拠と言えます。特徴（5）の原子番号 43と 61が欠損は、テクネチウム（Tc）とプロメチウム（Pm）は半減期が数十～数百万年の不安定な核種なので、太陽系形成の最初期に消滅してしまったためです。実際、^{99}Tc（半減期2.1 × 10^5年）の娘核種の^{99}Ru同位体の過剰を示すプレソーラー粒子が隕石中に見つかっていることから、太陽系の材料物質がAGB星周辺で固化した時には、^{99}Tcが実在していたのは間違いありません（Savina et al. (2004)）。

図8.6に、ヒトが生きていくのに必要な元素、もしくは必要かもしれないとされる元素たちをハイライトした周期表を示します。これらの元素のなかで、金（Au）、セレン（Se）、ヨウ素（I）などはrプロセス核種、ストロンチウム（Sr）、バリウム（Ba）、モリブデン（Mo）、鉛（Pb）などは典型的なsプロセス核種です。これまで見てきたように、rプロセス核種は宇宙初期から存在したのに対し、sプロセス核種は数億年ほど遅れ徐々に増加してきました。もし宇宙初期に「地球」が誕生していたとしても、生命活動に必要なsプロセス核種の微量元素モリブデン（Mo）は宇宙には十分に蓄積していなかったでしょう。そう考えると、人類の誕生には「間（ま）」が必要だったことがわかります。

8.4 太陽はありふれた星か?

1章で見てきたように、銀河系には太陽のような恒星がざっと2,000億個の恒星が存在しています。では、我々の「母なる星、太陽」は、ありふれた星なのでしょうか？ これから見ていくように、その答えはイエスでもありノーでもあります。

図8.7は、誕生時の星の質量の頻度図です。概して、重い星は少なく、軽い星ほどたくさん誕生することがわかります。質量2 × 20^{33}gの太陽は比較的軽い星の部類なので、銀河系全体でみると、太陽のような星はあまた存在することがわかります。先に述べたように、星の進化で合成される元素の量比や宇宙空間に供給されるタイミングは、「星の質量」によって大きく異なります。この図8.9のグラフの形（$0.5M_{\odot}$以上の領域の傾きが

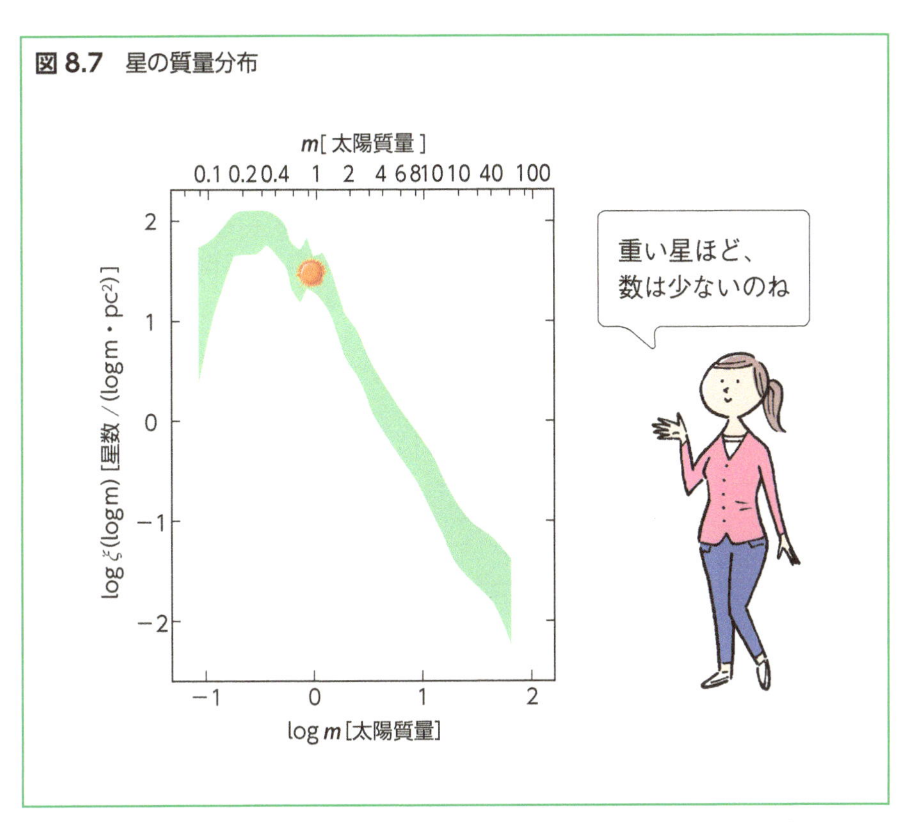

図 8.7 星の質量分布

－2.3）が宇宙の化学組成を決めていると言っても過言ではありません。

話を戻しましょう。では、太陽を太陽系近傍の星たちと比べるとどうなのでしょうか？ 1.2節で述べたように、銀河系は直径10万光年あり、太陽系は中心から3万光年の場所に位置します。Edvardsson（1993）は、太陽系近傍の、太陽とよく似たスペクトルタイプであるF型・G型の189個の主系列星の［Fe/H］値と恒星の年齢を観測しました（ちなみに太陽はG型）。その後、Wielen et al.（1996）がそれらの相関関係を詳しく調べました。その結果、**図8.8**上に示すように、グラフは右下がりになっており、年齢の古い星ほどFeが少ないことがわかりました。これは、古い星は大昔のガスから誕生しているため鉄（Fe）が少なく、逆に若い星は最近の星間ガス（すなわち、星々が長い時間をかけて生成して来た金属を蓄積した星間ガス）から誕生しているため鉄が多いことを意味します。興味深いことに、Wielen et al.（1996）はこの関係を星の年齢を τ として

図 8.8 [Fe/H] 値の星の年齢依存性（上図）と銀河半径依存性（下図）

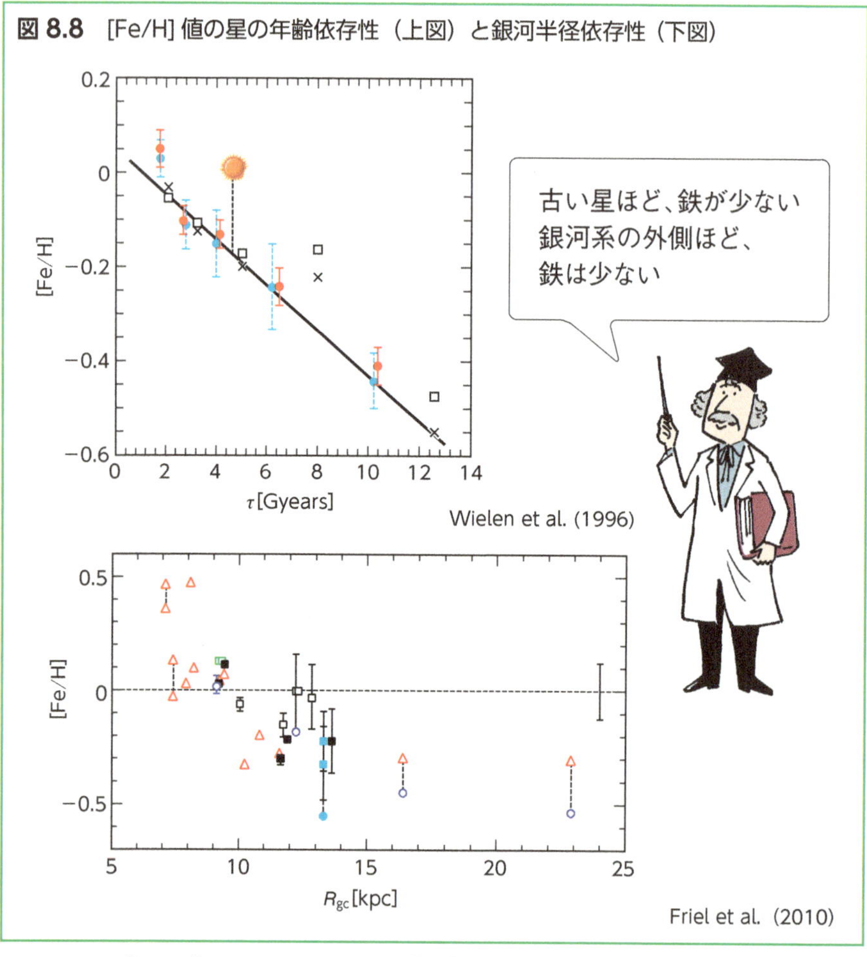

$$[Fe/H] = +0.05 - 0.048 \times \tau\,[Ga] \tag{9.1}$$

と近似しました。すると、太陽（$[Fe/H]_{太陽} = 0$）は、この恒星たちの平均的な直線から明らかに上方にずれていることがわかります。つまり、太陽は46億歳の平均的な星と比べると、**鉄が約1.5倍も多いユニークな星**と言えます（$\Delta\,[Fe/H]_{太陽} = +0.17$）。

さらにWielen et al.（1996）は、銀河半径方向の金属量の変化を、年齢の異なる様々な星団同士で比較し、**同年代の星団の［Fe/H］値**は、銀河中心から離れるほど小さくなることを示しました（図8.8下。ここではFriel et al.（2010）を引用）。これは、銀河中心ほど星の生成が活発なため

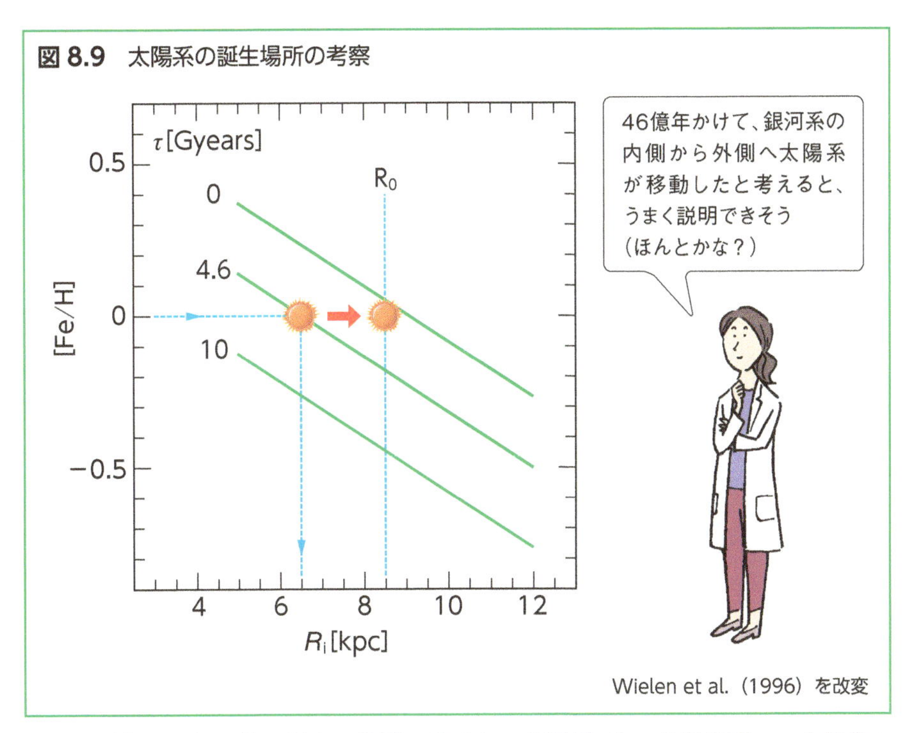

図 8.9 太陽系の誕生場所の考察

（すなわち、星の誕生〜終焉のサイクルが活発で）、宇宙空間への金属量の放出率が高いためです。この銀河中心から離れるほど金属量が少ないという特徴は、古い星団も若い星団も同じで、傾き約 − 0.1の直線で近似できます。

$$\frac{\partial\,[\mathrm{Fe/H}]}{\partial R} = -0.09 \pm 0.02\ [\mathrm{dex/kpc}] \qquad (9.2)$$

これらの2つの観測事実を模式化すると**図8.9**のようになります。図中の3本の線は、年齢の異なる星たちを結んだ線で、銀河中心から遠ざかるほど、［Fe/H］は小さくなっています。そして、ある場所に着目すると（例えば、現在の太陽系の位置である8.5kpc）、年齢0歳の星、45億歳の星、100億歳の順に［Fe/H］が多くなっています（つまり、図8.8上の別の表現）。Wielen et al.（1996）は、式（9.1）と（9.2）の連立微分方程式をとくことで、太陽は46億年前に銀河中心から2.2万光年（＝6.6kpc（1pcは3.3光年））で誕生したと、提案しました。

1章で述べたように、太陽自身は秒速220kmで銀河中心を周回しており、単純計算で太陽系誕生から46億年間の20数回転しています。そうやって回転しているうちに、銀河中心から2.2万光年の位置から3万光年（図中では8.5kp）へと移動してきたというわけです。にわかには信じられませんが、こう考えると46億歳の太陽の金属過多を確かにうまく説明できます。事実、太陽の運動速度は、太陽系近傍の恒星と比べ速度分散が大きいことが知られており、この仮説をサポートするようです。今後の研究の結果が待たれます。

8.5 惑星をもつ太陽系はありふれた系か？

近年、太陽系以外にたくさんの惑星系が見つかり（14章）、どのような特徴の星が惑星を持ち、どのような特徴の星が惑星を持たないか、という統計学的な議論ができるようになってきました。一番、顕著な特性として中心星の化学組成との相関が指摘されています。Fisher et al.(2005) らは、太陽とよく似ている恒星（F, G型星）を約1,000天体観測し、水素に対する鉄の割合が多い星ほど、惑星を持つ確率が高いことを示しました（**図8.10**）。つまり地球型惑星の主要な材料物質である鉄の濃度が高い星ほど、

図 8.10　金属量と惑星所有率の相関

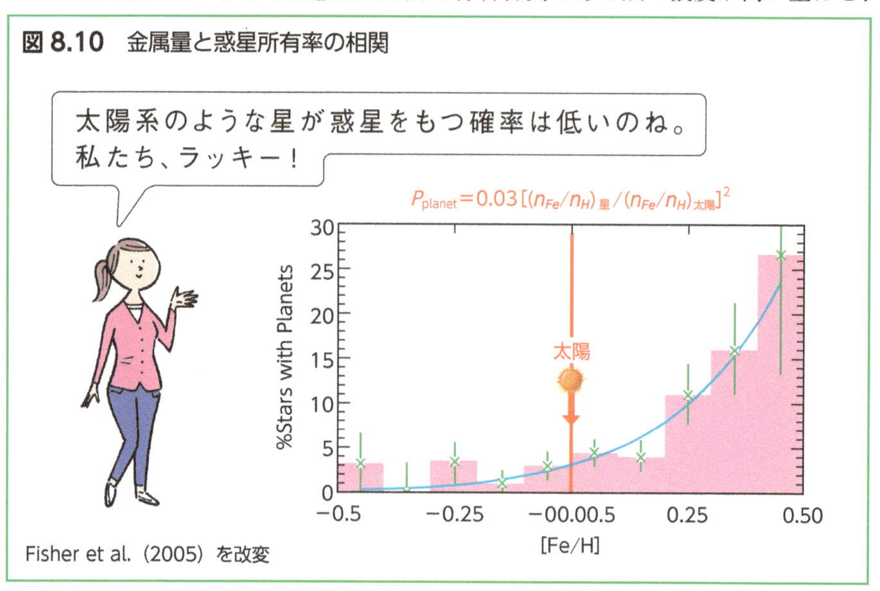

Fisher et al.（2005）を改変

惑星を持ちやすいというわけです。宇宙誕生直後には水素とヘリウムしか存在しておらず、その後の星の進化過程で宇宙の金属量が増加してきたことを思い出すと、宇宙誕生初期には惑星は作られにくく、最近になればなるほど、惑星が誕生しやすい環境になってきたことがわかります。

Fisher et al.（2005）はさらに、金属量と惑星所有率の相関を2次関数で「えいやっ」とフィッティングし、太陽の値である［Fe/H］= 0を通る値が0.03であることを示しました。すなわち、我々の太陽のような組成（水素、ヘリウム以外の元素の割合が約1～2%）の恒星が惑星を持つ確率は約3%ということを意味します。その後、系外惑星の検出感度がよくなり、惑星所有率は2005年当時よりも高くなりましたが、せいぜい10%のオーダーです。太陽（のような星）が誕生した時に惑星が誕生する確率は意外に低く、我々は大変幸運だったことがわかります。

第9章 太陽系の形成

これまで、太陽系の材料物質となる元素や、その化学組成がどのように決まったかをみてきました。9、10、11章では、いよいよ太陽系の誕生と進化についてみていきます。同じ材料物質から、個性豊かな惑星たちが誕生するプロセスの理解こそが、太陽系科学の醍醐味と言えます。

9.1 分子雲コアから原始太陽へ

6.2節で述べたように、水素の平均密度10^4個/cm^3の分子雲コアから、密度1.4g/cm^3の太陽が誕生するには、およそ数百万分の1に収縮する必要があります。このことから、太陽を作った分子雲コアの大きさは、概算で太陽半径の10^6～10^7倍（＝10^4～10^5天文単位）と推定できます。これは現在のオールトの雲のサイズとほぼ同じで、最も近い恒星ケンタウルス座α星までの距離（24万天文単位）の数分の1に匹敵します。

収縮する分子雲のタイムスケールは、式（6.5）から数百万年のオーダーと見積もられます。実際、隕石中には半減期が数十万年の核種が存在していた痕跡が多数見つかっていることから、最後の元素合成から太陽系が誕生するまでの時間は、数百万年程度（^{26}Alの半減期の数倍程度）だったことがわかっています（10章、11章）。式（6.1）で表される「星の誕生条件」のきっかけとしては、（i）超新星爆発による分子雲の圧縮、（ii）大質量星末期の星風による圧縮（その後、超新星爆発）、（iii）分子雲同士の衝突による爆発的星合成の余波、などが提案されていますが、決定的な証拠はまだ得られていません。また、太陽は連星系として誕生したのか、星団として誕生したのかもよくわかっていません。Önehag et al. (2011)

は、星団の年齢、金属量などの考察から、太陽系の起源として距離2,600光年にある「かに座」散開星団M67を提案しています。

9.2 原始太陽系円盤の形成と進化

収縮を開始する前の分子雲中では、ガス塊が個別に運動していましたが、収縮するに従いランダムな成分は打ち消し合い、分子雲全体としてある方向に卓越した角運動量を持ちます。そのためガス塊は、重心に向かってまっすぐには落下せず、角運動量を保存しながら螺旋状に落下し、ガスの円盤を形成していきます（**図9.1**）。この原始星周辺の円盤のことを「原始惑星系円盤」、太陽系の場合は特に「原始太陽系星雲」と呼びます。最新の観測によると、生まれたての原始星の周りには多種多様なガスやチリの円盤が存在しており、星周円盤の形成は恒星誕生時の普遍的プロセスということがわかってきています。

現在の太陽の化学組成から、太陽と原始太陽系円盤の質量の比は約100対1で、原始太陽系円盤内のガスと固体微粒子（大きさ1μm程度。以下、ダストと呼ぶ）の比も約100対1であったと推定されています。ダストは最初円盤全体に存在していますが、やがて円盤の中心面へと落下し、薄い塵の円盤（ダスト層）を形成していきます。ダスト層の密度が高くなるにつれ、ダスト自身の自己重力が効きはじめ、原始太陽による潮汐力よりも

図9.1 分子雲コアが収縮する様子

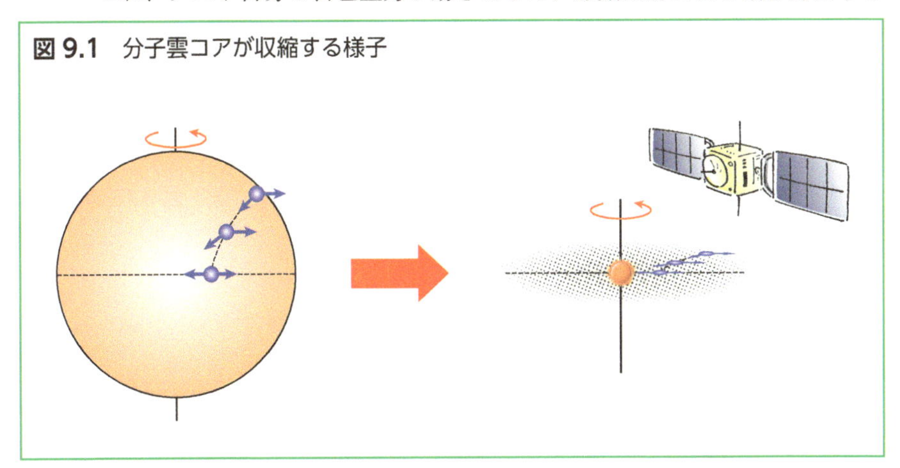

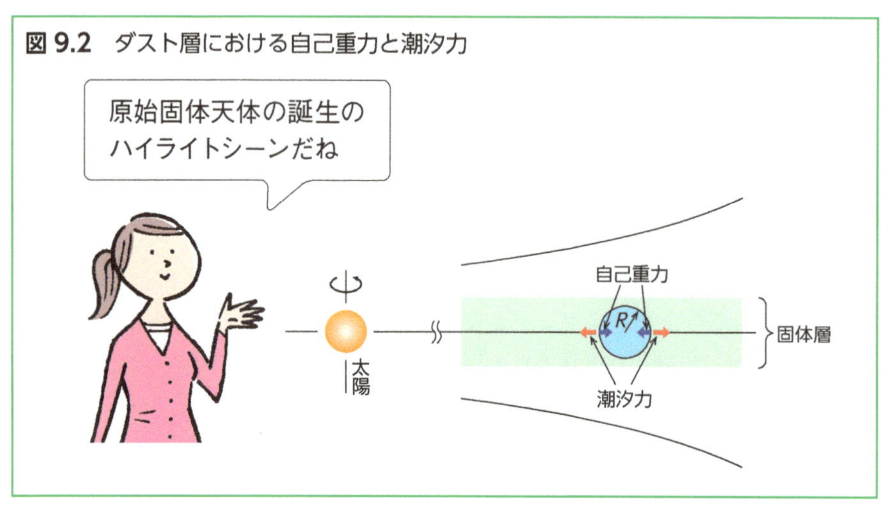

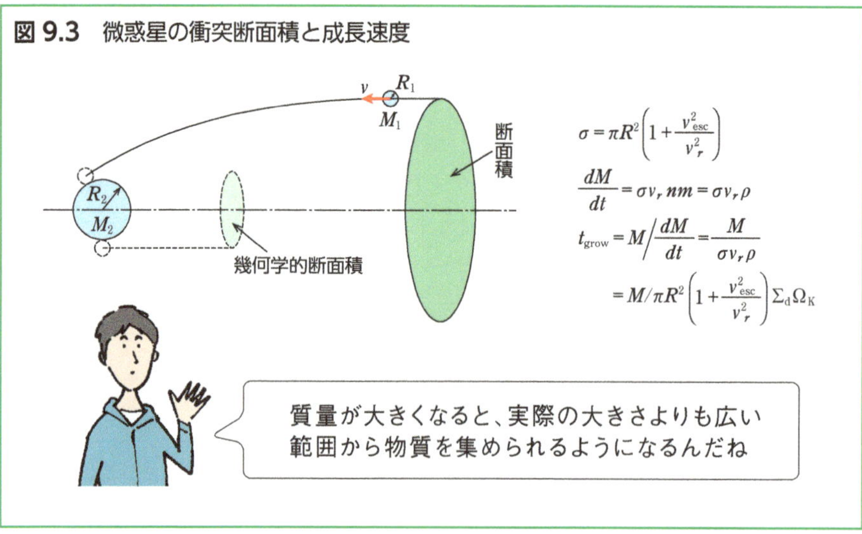

自己重力が大きなくなるとダスト層が分裂をはじめます（**図9.2**）。このダスト層の分裂塊の中では、塵と塵の衝突合体が起こり、やがて10kmサイズの微惑星へと成長していきました。太陽系に現存する惑星や小惑星の質量から、太陽系初期には10kmサイズの微惑星が少なくとも100億～1,000億個は存在していたことがわかっています。

一般に中心星の周りを軌道運動する天体は、軌道半径が小さいほど公転周期が短いため（ケプラーの第3法則、5.3節）、内側の微惑星は外側の微

図 9.4 原始太陽系星雲のガスとダストの面密度分布

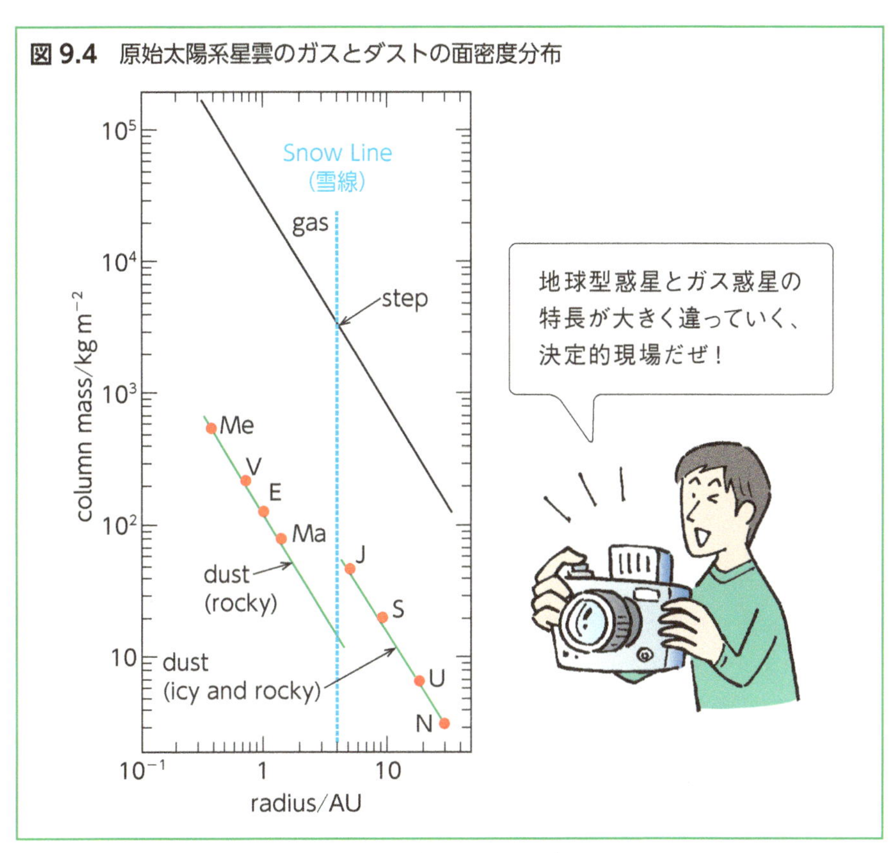

惑星を追い越していきます。微惑星がある程度大きくなってくると、重力的に引き寄せる効果が大きくなり、微惑星の追い越し現象の際に、実際の直径よりも広い範囲の物質をかき集め、さらに大きな天体へと成長していきます（**図9.3**）。

微惑星の成長速度（dM/dt）は、単位時間あたりにどれだけたくさんの微惑星と合体できるかで決まるので、大雑把には、微惑星の公転軌道速度v_rと、軌道周辺に存在する微惑星の数密度nと、典型的な微惑星の質量mに比例します。では、実際の原始太陽系星雲における、固体物質の密度分布はどうだったのでしょうか?

現在広く受け入れられている太陽系形成モデルでは、ガスとダストの面密度（円盤面に投影した質量密度。単位はkg/m^2）は、中心天体からの距離をrとすると、$r^{-1.5}$のベキ乗則で分布していたと考えられています。**図**

9.4は、ガス成分およびダスト成分の面密度の分布と、および現在の惑星の位置を赤丸で表しています（すでに述べたように、ガスとダストの比は100対1となっています）。注目すべきは、3～4天文単位あたりに、ダスト成分の面密度（すなわち単位面積当たりの固体質量）に大きなジャンプがあることです。これは、この軌道より内側ではH_2Oが気体（水蒸気）、外側では固体（氷）として振る舞うためで、この境界線のことをSnow Line（雪線）と呼びます（気圧が低すぎると、H_2Oは液体の水にはなれず気体か固体にしかなれません（図5.6））。その結果、Snow Lineの内側では岩石質の塵のみが惑星の原材料になるのに対し、外側では塵に加えH_2Oの氷も惑星の原材料になります。グラフからわかるように、地球軌道（1天文単位）と木星軌道（5天文単位）を比べると、木星軌道の固体粒子の面密度は地球の約3分の1しかないのですが、木星の軌道半径は地球の約5倍もあり、より広い範囲から物質を集めることができたので、結果的に大きな固体コアが形成されたと考えられています。このSnow Lineにおける固体微粒子の密度分布のジャンプこそが、のちの地球型惑星と木星型／天王星型惑星の数々の特徴の違いを生む、直接的な原因となったというわけです。

9.3 木星型惑星／天王星型惑星の成長と一次大気

木星・土星の軌道領域で、固体天体が地球質量の数倍まで成長すると、周辺に存在している原始太陽系星雲のガス（主として、水素とヘリウム）を直接捕獲できるようになります。この結果、木星や土星は、周辺のガスをかき集めて地球半径の10倍程度の巨大なガス惑星へと成長していきます（**図9.5**）。この時、原始木星や原始土星の周りには「**周惑星円盤**」が形成されました。ちょうど原始太陽系星雲中で複数の惑星が誕生したように、周惑星円盤中では複数の大型衛星が誕生していきます。一方、天王星、海王星領域では、固体物質の面密度が小さく、軌道公転速度も小さいため、惑星の成長速度が遅く、周辺ガスを十分に取り込む前に原始太陽系星雲からガスが散逸してしまったため、地球の5～6倍程度の大きさで成長が止まったようです。このように星雲ガスから直接取り込んだ大気を**一次大気**と呼びます。

図 9.5　巨大ガス惑星の誕生（上図）と周惑星円盤の形成（下図）

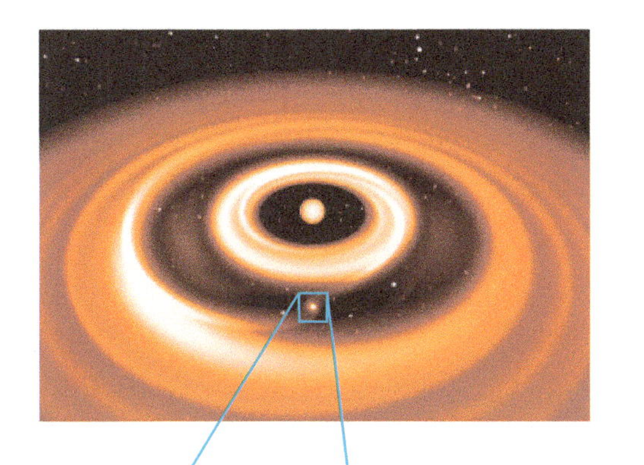

【ミニ円盤の質量と衛星、リングのでき方】

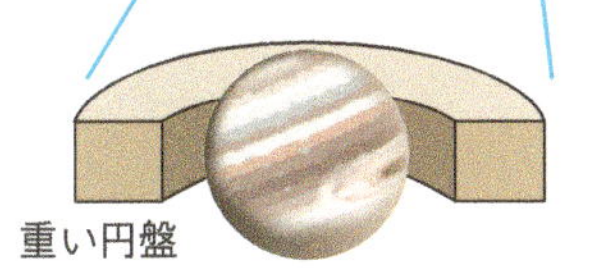

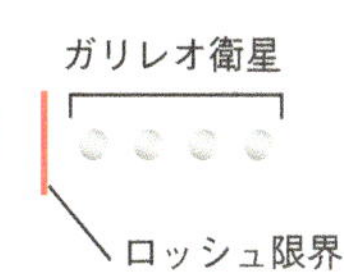

ミニ円盤の質量が多い場合、木星のガリレオ衛星のように大きな衛星ができる。

土星

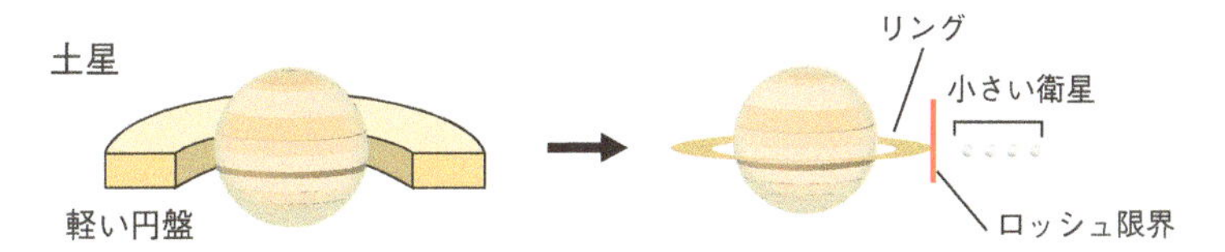

ミニ円盤の質量が小さい場合、土星のようにリングとその外側に小さな衛星ができる。

木星や土星の周りに円盤ができて、ミニ太陽系みたい！

9.4 地球型惑星の成長と二次大気

地球型惑星の場合は重力が小さく、惑星固有の脱出速度よりも水素やヘリウムの平均速度の方が大きいことを5.6節で述べました。そのため原始太陽系星雲から水素とヘリウムのガスを直接獲得することができませんでした。

それでは、地球型惑星の大気はどのように発生したのでしょう？ 地球型惑星の形成初期では、微惑星が集積する熱エネルギーで原始惑星の表面の岩石は溶け、**マグマオーシャン**と呼ばれる状態だったと考えられています。地球型惑星の材料物質がどのような固体物質であったかは現在も決着がついていませんが、始原的な隕石（10章）を加熱すると、水蒸気（70%）、二酸化炭素（29%）、そのほかに微量なメタン、水素、窒素などが発生することから（Schaefer & Fegley（2010））、誕生初期の地球型惑星はマグマオーシャンから発生した水蒸気や二酸化炭素の大気に覆われていたと考えられます。このように、固体物質から発生したガスからできた大気を**二次大気**と呼びます（12.1節）。こうして金星、地球、火星は、二酸化炭素、水蒸気、窒素を保持できましたが、水星は重力が小さく、いずれのガスも大気として持つことができず、宇宙空間に散逸してしまったようです（5.6節）。

9.5 水の状態と二酸化炭素

一般に、惑星表面の平均温度は太陽からの距離、圧力は天体の「質量/サイズ」の比で決まります（5.6節）。またH_2Oの状態（氷、水、水蒸気）は、温度と圧力で決まります（5.5節）。金星の場合、表面は90気圧、約500℃と非常に高温になっているため、H_2Oは水蒸気の状態でしか存在できません。このような水蒸気は大気上空で太陽からの紫外線の照射を受け、軽い水素と酸素に分解し、宇宙空間へ散逸していきました。NASAパイオニア・ヴィーナス計画で調べた金星大気の重水素（D：Deuterium）と通常の水素（H：Hydrogen）の比は$(D/H)_{金星} = (1.6 \pm 0.2) \times 10^{-2}$で、地球の値（$= 1.6 \times 10^{-4}$）と比べると約100倍も大きいことがわかりました。軽い核種ほど宇宙空間に散逸しやすいことから（すなわち、Dよりも

図 9.6　火星の大気進化

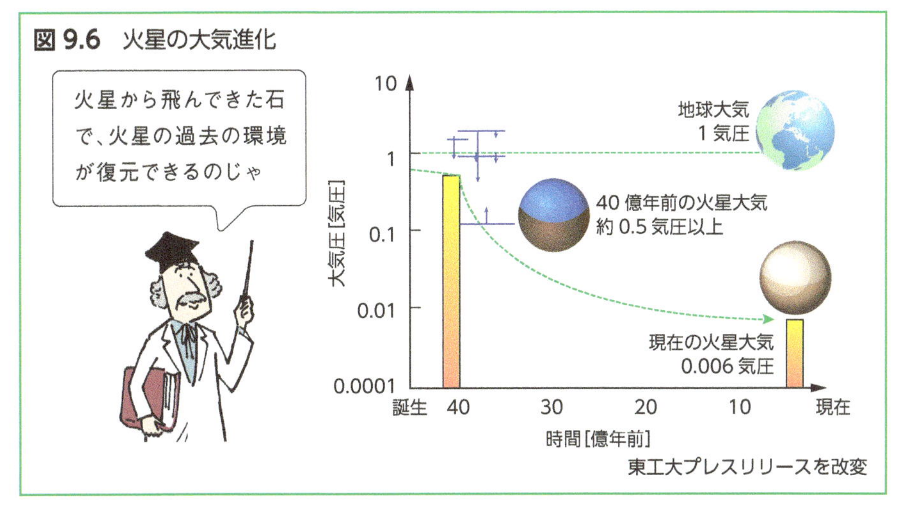

東工大プレスリリースを改変

Hの方が散逸しやすいことから)、金星の高いD/H比は大気散逸の痕跡と考えられています（Donahue et al.（1982））。

一方、火星はどうでしょう。現在の火星は約0.01気圧で平均気温－58℃であるため、H_2Oは氷（固体）または水蒸気（気体）の状態をとります。一方、火星表面を走り回るローバーや、リモートセンシングによる堆積層やレキ岩の観測から、火星の過去において温暖な時期があり、湖や海洋が長期間存在していたことが示唆されています。火星表面で豊富な液体の水が存在するためには、今の火星環境とは異なり、圧力も気温ももっと高くなくてはいけません（図5.6のH_2Oの相図参照）。最近Kurokawa et al.（2017）は、火星隕石の窒素とアルゴンの同位体分析のデータをもとに、40億年前の火星大気を復元し、当時は地球と同程度（約0.5気圧以上）の厚い大気に覆われていたこと示しました（**図9.6** 東工大プレスリリースより）。大気主成分の二酸化炭素が豊富であれば、温室効果が効くことから、過去の火星は地球のように温暖湿潤であったことも説明ができます。

しかし火星は、地球とは運命が大きく異なり、温暖湿潤な環境から、今の冷たい乾燥した環境になってしまいました。それは、火星は地球と比べると幾分小さい惑星であったため、惑星内部が冷え活発なマントル活動が維持できなかったため、温室効果ガスである二酸化炭素の供給がストップしたからと考えられています。また、早い段階で惑星内部の鉄のコアも冷えて固まったしまったため、大昔に火星の固有磁場は消失してしまいまし

表 9.1 侵食、生命活動がない場合の地球型惑星の大気
(Morrison and Owen(1988) を改変)

	金　星	地　球	火　星
N_2	3.4%	1.9%	1.7%
O_2	有	有	有
Ar	40ppm	190ppm	850ppm
CO_2	96.5%	98%	98%
水	>9m	3km	30m
気圧	88 ± 3 気圧	～70 気圧	～2 気圧

た。そのため、高エネルギー荷電粒子が直接大気に降り注ぎ、大気を剥ぎ取ってしまいました。現在も太陽活動によって火星から酸素イオンが1秒間に10^{25}個、宇宙空間に流出していることが、最近の火星周回衛星MAVENの観測により明らかになっています（Brain et al. 2015, Jakosky et al.（2015））。このように数十億年にわたって火星大気が宇宙空間に流出することで、火星の気圧は現在の0.01気圧にまで下がったのでしょう。

では、火星と金星の間に位置する地球の場合はどうだったのでしょう。水の状態図から明らかなように、1気圧（≒10^5 Pa）においてH_2Oは、固体、液体、気体の3つの状態を取りえ、現在の地球の平均気温約15℃においてはH_2Oは液体の状態となります。すなわち「海」が存在できるということです。グリーンランドでは38億年前の堆積岩や枕状溶岩（水中に流れ出た溶岩）が見つかっていることから、40億年ちかく地球には豊かな海が存在していたことは間違いありません。すると大気中の二酸化炭素は、炭酸イオンとして海水に溶け込み、さらに海水中のCaイオンと反応すると、炭酸カルシウム（$CaCO_3$、石灰岩の成分）となって、海底に沈殿していきます。

$$H_2O + CO_2 \leftrightarrow HCO_3^{-} + H^{+}$$
$$\leftrightarrow CO_3^{2-} + 2H^{+}$$
$$Ca^{2+} + CO_3^{2-} \leftrightarrow CaCO_3\ (\text{固体})$$

このような石灰岩を形成する形で、地球の二酸化炭素は大気中から除去されていきました。たとえば、山口県の秋吉台や、岐阜県と滋賀県の県境の伊吹山（標高1,377m）などは、形成過程は少し異なりますが二酸化炭素でできた石灰岩の山や大地なのです。Morrison and Owen（1988）は面白

い発想で、現在わかっている地球上のすべての石灰岩の総量から、原始地球の大気を見積もり、二酸化炭素98%、窒素2%と予想しました。この値は、少しでき過ぎではないかと勘ぐってしまうほど、金星や火星と似ています。

やがて地球では、シアノバクテリアが誕生し光合成を開始しました。この反応によって、大気中の二酸化炭素は、ますます減少していくとともに、大気中に酸素が蓄積されていきました。これらの結果、金星や火星では2番目に多い窒素が、地球では一番豊富になり、次いで酸素を大量に保持するようになったというわけです。光合成も炭酸カルシウムの沈殿も小・中学校の理科で誰もが実験する簡単な化学反応ですが、地球の海洋と大気を舞台に数十億年かけて実際に起こった結果が現在の地球環境だと思うとロマンを感じますね。

9.6 惑星移動の概念〜グランドタックモデル〜

14章で述べるように、太陽系外に多数の惑星が見つかっています。驚いたことに、その多くの場合で、木星型惑星が中心星の近傍を周回していることが明らかになってきました。9.3節で述べたように、従来の太陽系形成論では木星型惑星は雪線（Snow Line）より外側の低温の領域で形成されなくてはいけません。この発見がきっかけになり、「惑星は誕生後には、半径方向に移動する」という考え方が提案されました。ここでは、新しい太陽系形成の描像となりつつあるグランドタックモデル（grand tack model）について紹介しましょう（“タック”とは、移動する向きを変えることを意味します）。

グランドタックモデルでは、原始太陽系星雲内において、太陽から近い順番にS型微惑星、C型微惑星＋巨大惑星形成領域、氷成分の多い微惑星領域からなっていたと考えます。やがて、Snow Lineの外側で暴走的ガス降着を経て形成された木星が、ガス円盤の中に切り開いた隙間（図9.5）とともに、太陽系の内側（1.5天文単位あたり）へ移動していきます。この時外側から内側へのガスの移動により押し縮められる形で、S型・C型微惑星領域の中で地球型惑星が誕生しました。木星と同様にして、土星も太陽系の内側へと移動していきますが、10万年くらいたち木星と3：2の

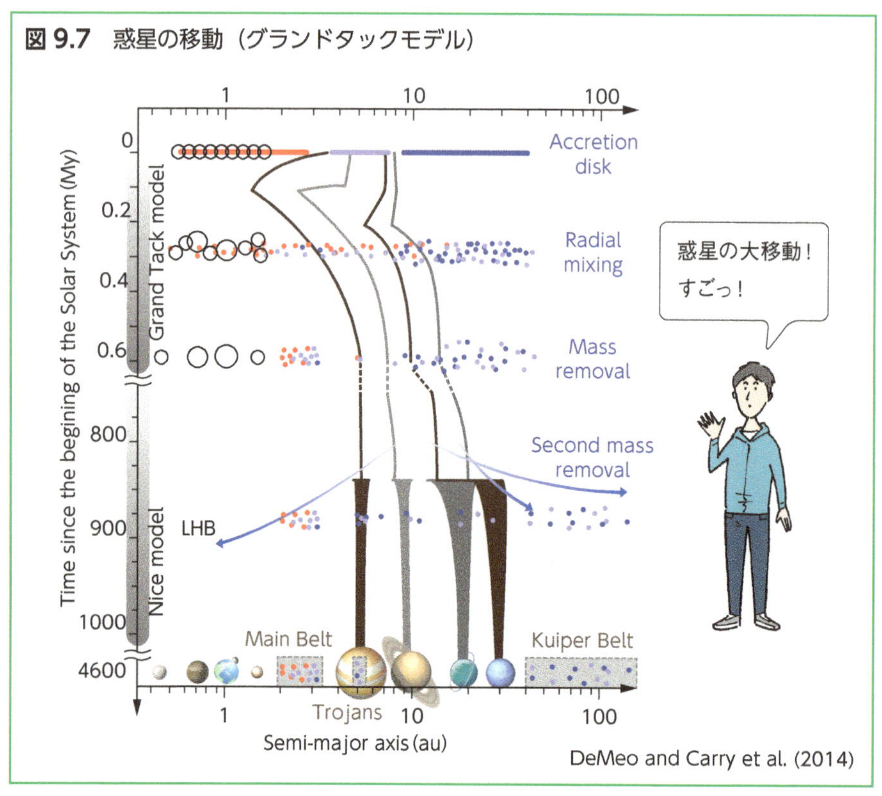

図 9.7 惑星の移動（グランドタックモデル）

共鳴軌道の位置まで来ると、外側の円盤の重力作用によって移動が反転し、木星も土星も外側へと移動を始めます。そして最終的に、木星は現在の5.2天文単位の軌道に落ち着いたという仮説です。

このモデルの最大の利点は、惑星形成時間の問題を解決できる点があります。9.2節で述べたように、惑星成長率dM/dtは、原始惑星の軌道速度と物質密度に依存するため、ケプラー運動速度が遅く固体微粒子の面密度の小さい天王星・海王星の形成時間が数十億〜数百億年になってしまうという致命的な問題がありました。グランドタックモデルは、天王星や海王星を現在より内側の軌道で誕生・成長させてから、現在の位置へと移動させることで、この問題点を解決できます。ただ、このように魅力的なモデルなのですが、定量的な議論や物質科学的な検証は十分にはなされておらず、惑星科学界の共通認識にいたっていないことに注意が必要です。今後の研究の進展が期待されます。

第10章 地球外物質と年代分析

9章では、太陽系の形成過程を、主に理論の立場から見てきました。次の11章で太陽系の歴史を物質科学的に紐解く準備として、この10章では宇宙から飛来する隕石の概要と、岩石試料の「年代測定法」の原理について解説します。

10.1 宇宙から飛来する物質〜隕石と宇宙塵〜

宇宙から飛来する石を隕石と呼びます（「隕」の訓読みは、おちる、おとす）。国土面積の狭い日本列島では、1996年につくば隕石（約800グラム）、1999年に神戸隕石（約135グラム）、2003年には広島隕石（約414グラム）など、5〜10年の頻度で隕石が落下し回収されています。地球全体では、年間2.7〜7.3トンの隕石が降ってきていると見積もられています(Bland（1993)）。実際には、宇宙から地球に飛来する固体物質の量はさらに多く、1mm以下のサイズの宇宙塵/微隕石は、年間5千〜1万6千トンと見積もられています（Yada et al.（2004）；**図10.1**）。Love and Brownlee（1993）は、地球高度330 〜 480kmを約6年周回した人工衛星を回収し、衛星の壁面パネルを注意深く観察し、無数のマイクロクレーターを発見しました。その個数から、大気圏突入前の宇宙塵のフラックスはおよそ4万±2万トン/年と見積もられています 。地球大気突入の際に、それらの多くは「流れ星」として燃え尽き（昇華)、全体の10%程度が宇宙塵として地上まで到達するというわけです。

2013年2月にロシア・チェリアビンスク州に落ちた隕石は、大気突入時に衝撃波が発生し建物のガラスが割れるなどして、約2,000人の怪我人が

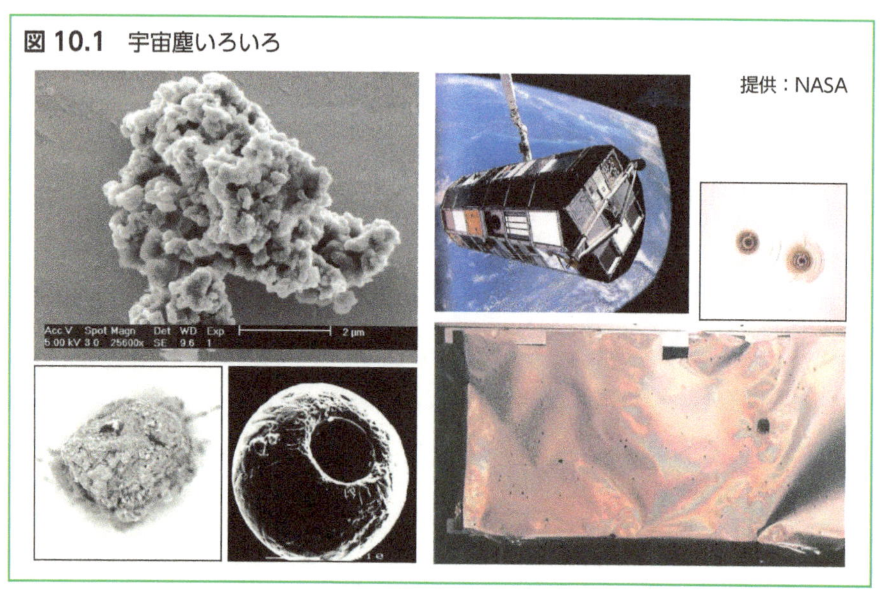

図 10.1　宇宙塵いろいろ

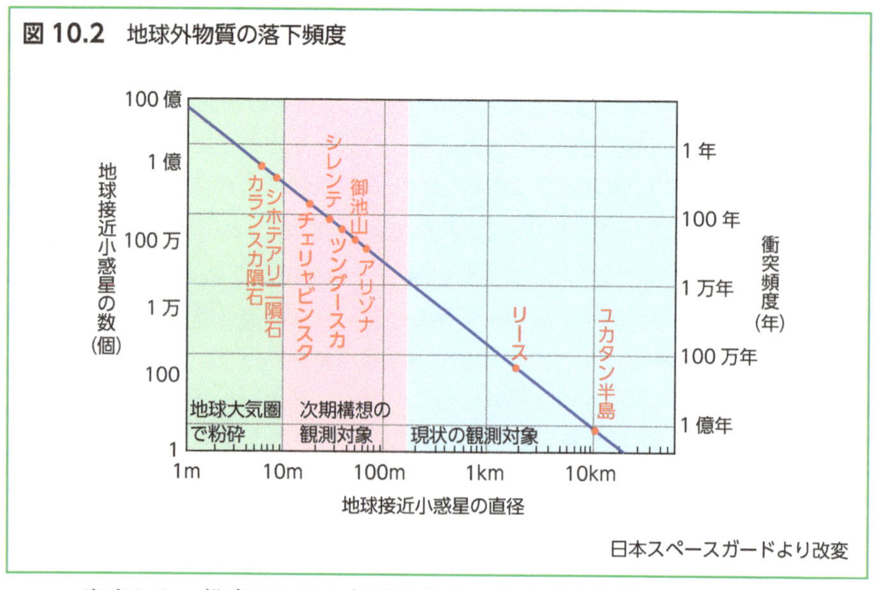

図 10.2　地球外物質の落下頻度

出ました。推定される大気圏突入前のサイズは直径10～15mで、このような大きさの隕石が地球に落下する頻度は100年に一度と見積もられています。一般に、地球に飛来する隕石は、小さいものほど多く、大きいものは滅多と降って来ません。地球の歴史を紐解くと、過去にはチェリアビン

図 10.3 チェリアビンスク隕石の大気圏突入前の軌道

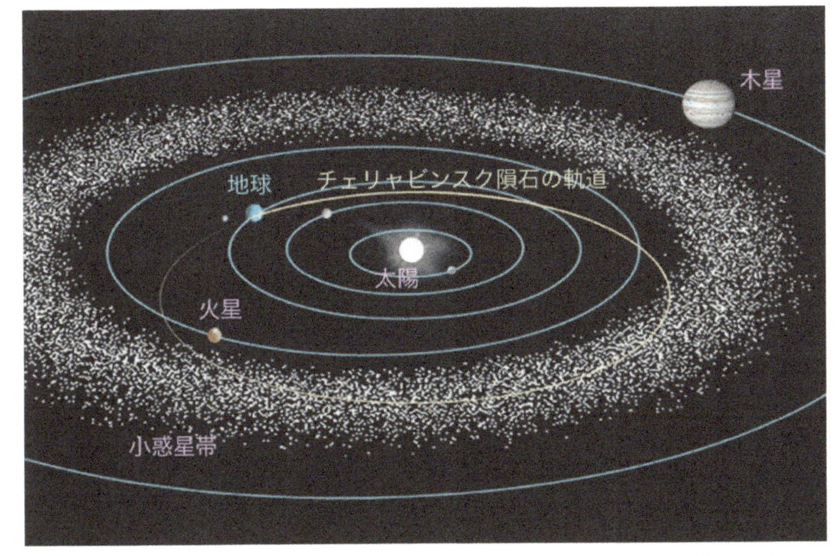

日本航空協会 HP より引用

スク隕石よりもさらに大きい隕石が地球に衝突していたことがわかります。最も有名なのは恐竜を絶滅させた推定10〜15kmの隕石（彗星?）で、ユカタン半島に落下し、直径200kmのクレーターを作りました。そのような大きさの天体が地球に衝突する確率は1億年に1度と見積もられています（**図10.2**）。

これらの隕石は、どこからやってきたのでしょうか? チェリアビンスク隕石のように、複数の地点で落下が目撃された隕石の場合は、落下速度や大気圏突入の角度から落下軌道を逆算することができます。こうして、いくつかの隕石については、小惑星帯から飛来したことがわかっていますが（**図10.3**）、ほとんどの隕石の故郷が直接わかっているわけではありません。

10.2 隕石の種類

隕石や宇宙塵は、地球上のいたるところに降って来ますが、すでに落下している隕石を発見しやすい場所としては氷原や、砂漠などがあります。

図 10.4 南極平原での隕石の集積メカニズム

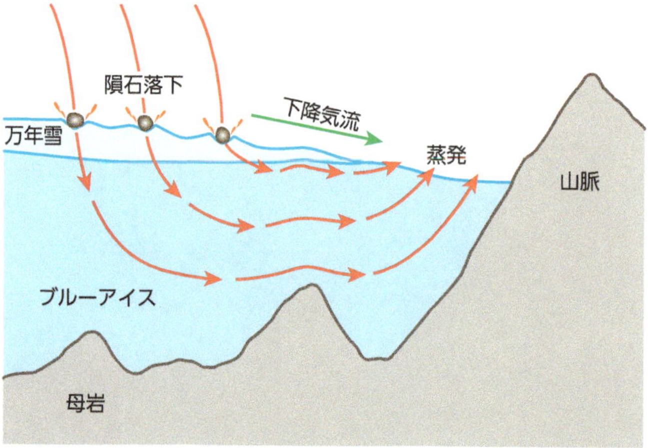

特に南極の場合は、氷河のように長い年月をかけて移動し山脈の近くで蒸発するメカニズムがあるため、特定の場所に隕石が集まります（**図10.4**）。日本の南極昭和基地の近く（といっても300km！）のヤマト山脈付近で隕石がたくさん発見されることもあり、日本の隕石学は盛んで、世界トップレベルの研究が行われています。

隕石はこれまでに10万個近くが発見され、鉱物学的な特徴や、地球化学的な特徴から細かく分類されています（隕石データベース：https://www.lpi.usra.edu/meteor/）。詳細な解説は専門書に譲るとして、ここでは大まかな隕石の分類について解説しましょう。隕石によく見られる特徴的な組織（構造）にコンドリュールと呼ばれる球粒があり、この球粒の有無によって、球粒のあるコンドライト隕石（約86%）と、エコンドライト隕石（残り14%）の2つのグループに大別されます。ここで、エコンドライト隕石の接頭語の「エ」は「否定（無い）」を意味します。一方、隕石の化学組成から、石質隕石・石鉄隕石・鉄隕石の3種類に分けられています。これらの発見頻度は、石質隕石（コンドライト）：石質隕石（エコンドライト）：石鉄隕石：鉄隕石＝約**86%**：約**8%**：約**1%**：約**5%**となっていて、「コンドリュールを含むコンドライト隕石が大半を占めることがわかります。

10.3 コンドライト隕石

コンドライト隕石は、化学組成、酸化還元状態などからさらに、CI, CM、CK、CO、CV、CR、CH、CB、H、L、LL、EF、ELなどのサブグループに細分化されています。この中でH、L、LLグループは発見頻度が高く

図 10.5　隕石の分類

	始原性の程度	分類1	分類2	分類3
石質	始原的	コンドライト（石質）	炭素質	CI, CM, CK, CO, CV, CR, CH, CB 
			オーディナリ	H, L, LL
			エンスタタイト	EH, EL
			R（ルムルチ群）	
			K（カカンガリ群）	
	コンドライト ↓ エコンドライト			
	やや始原的	始原的エコンドライト（石質）	アカプルコアイト-ロドラナイト	
			ウィノナイト	
	分化	エコンドライト（石質）	HED	ハワーダイト ユークライト ダイオジェナイト
			ユレイライト	
			オーブライト	
			アングライト	
			プラチナイト	
			火星（SNC）	シャーゴッタイト ナクライト シャシナイト オーソパイロキシナイト
			月	
石鉄		石鉄	パラサイト メソシデライト	
鉄		鉄	マグマ性 非マグマ性	

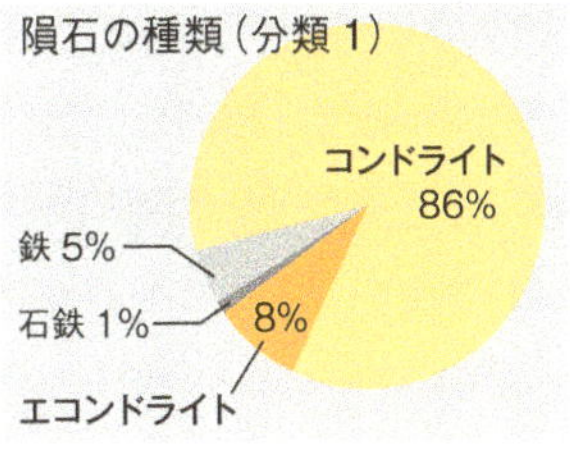

隕石の種類（分類1）
コンドライト 86%
鉄 5%
石鉄 1%
8%
エコンドライト

図 10.6　コンドライト隕石の岩石学タイプによる分類

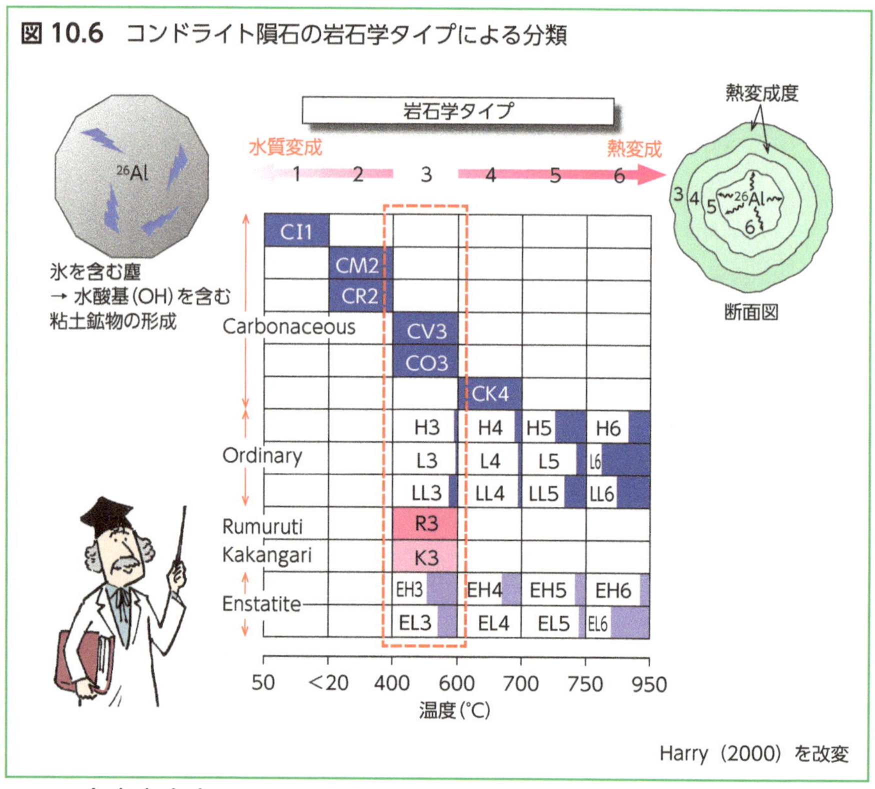

ありふれた隕石であることから、普通コンドライト隕石（Ordinary chondrite）と呼ばれています（**図10.5**）。コンドライト隕石は、化学組成とは別の指標として、鉱物組織の特徴から、岩石学タイプ1～6に細分化されています（**図10.6**）。岩石学的分類では、コンドリュールの形状が明瞭なものを「始原的」とよび、タイプ3としています。そして、熱変性度が高くなるにつれてタイプが4、5、6、水質変性度が大きくなるにつれてタイプが2、1と、区分しています。例えば、フランスのイブナ（Ivuna）で発見された隕石はCIと呼ばれるグループで水質変性を強く受けた隕石、チェリアビンスクに落下した隕石はLL5と呼ばれるグループで、母天体において700～750℃の熱変性を経験した岩石という具合です。このように、隕石の**化学グループは母天体の違い、岩石学タイプは母天体上での変成度の違い**、を意味しています。

日本の探査機「はやぶさ」1号機が、2010年に持ち帰ったS型小惑星イトカワ（25143 Itokawa）の微粒子は、詳細な分析から850℃の高温を経験したLL5～6に分類されています（Nakamura et al.（2011））。一方2013年に打ち上げられた「はやぶさ」2号機は、2018年6月末にC型小惑星リュウグウ（162173 Ryugu）に到着し、表面から約100mgのサンプルを回収し、2020年に地球帰還する予定です。小惑星の反射スペクトルから、炭素質コンドライト（CI, CM, CK, CO, CV, CR, CH, CB）に似た試料が回収されると期待されています（Tachibana et al.（2014））。

10.4 さまざまなエコンドライト隕石

コンドリュール（球粒）を含まないエコンドライト隕石も、化学組成や鉱物組織によって細かく分類されています。この節では、エコンドライト隕石の中でも、特に注目すべきグループについて紹介しましょう。

HED隕石

エコンドライト隕石の中で、もっとも多く見つかっているのがHED隕石と呼ばれるグループで、これまでに約1,900個が見つかっています。HED隕石という名前は、3つのサブグループ、ホワルダイト（Howardite）、ユークライト（Eucrite）、ダイオジェナイト（Diogenite）隕石の頭文字から付けられています。これらの隕石は、コンドライト隕石よりも高い温度を長時間経験し、鉄とシリケイトが天体規模で分離してしまった「小惑星」の破片と考えられています。HED隕石の反射スペクトルが、小惑星帯で3番目に大きいベスタ（4 Vesta；約470～530km）の反射スペクトルと似ていることから、小惑星ベスタから飛来した可能性が高いと考えられています（**図10.7**；Binzel et al.（1993））。

SNC隕石

シャーゴッタイト（Shergottite）、ナクライト（Nakhlite）、シャシナイト（Chassignite）に分類される隕石グループを総称してSNC隕石と呼びます（2018年2月時点で201個）。この隕石群は、1970年代には見つかっており、鉱物の結晶化年代が極めて若いこと（1～13億年）が指摘され

図 10.7 HED隕石と小惑星ベスタ

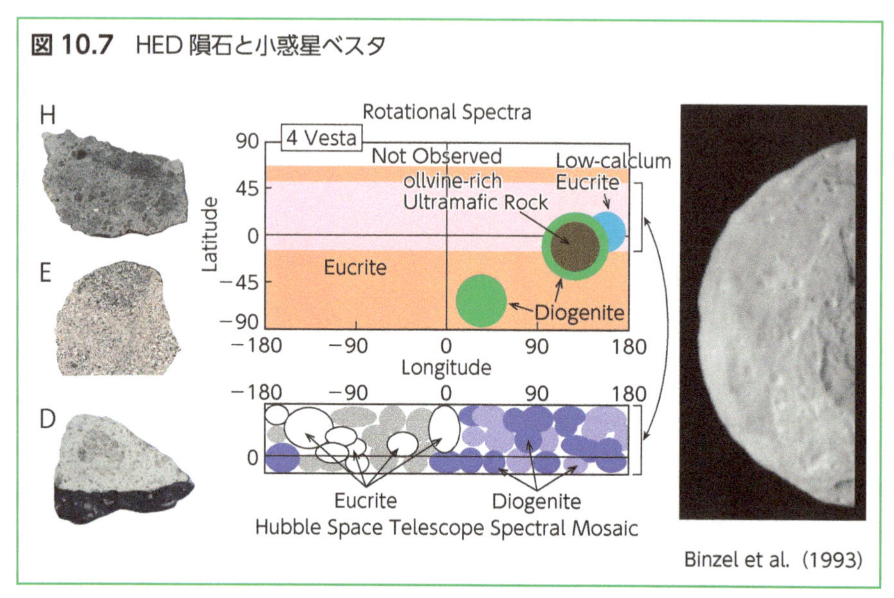

ていました。一般的に、天体のサイズが大きいほど火成活動の継続時間は長くなることから、SNC隕石の母天体は通常の小惑星より大きい天体起源であることが示唆されていました。

これらの隕石グループは、1985年のPepinの発表により一躍脚光を浴びます（Pepin et al.（1985））。彼らは、Shergottiteグループに分類されるEETA79001隕石中に含まれるガス成分が、NASAバイキング探査機による火星大気組成と非常によく一致していることを発見し、SNC隕石グループは火星起源の隕石であると結論づけたのです（**図10.8**）。人類は火星に着陸し火星表面での分析には成功していますが、火星岩石のサンプルリターンはまだ行っていません。そういう意味でSNC隕石は、地上の実験室で詳細な観察や分析ができる唯一の試料と言えます。過去の固有磁場の強度や大気圧、いつ火山活動が起こったか、いつ水質変性が起こったかの情報が、SNC隕石から明らかになっています（図9.6）。

月隕石

月の重力圏を飛び出し、地球に飛来した隕石（月隕石）がいくつか見つかっており、月隕石と呼ばれています。月には大気がないため、火星隕石のような同定方法は適用できません。しかし、アポロ計画（1969〜1972

図 10.8 SNC 隕石中のガスと火星大気の比較

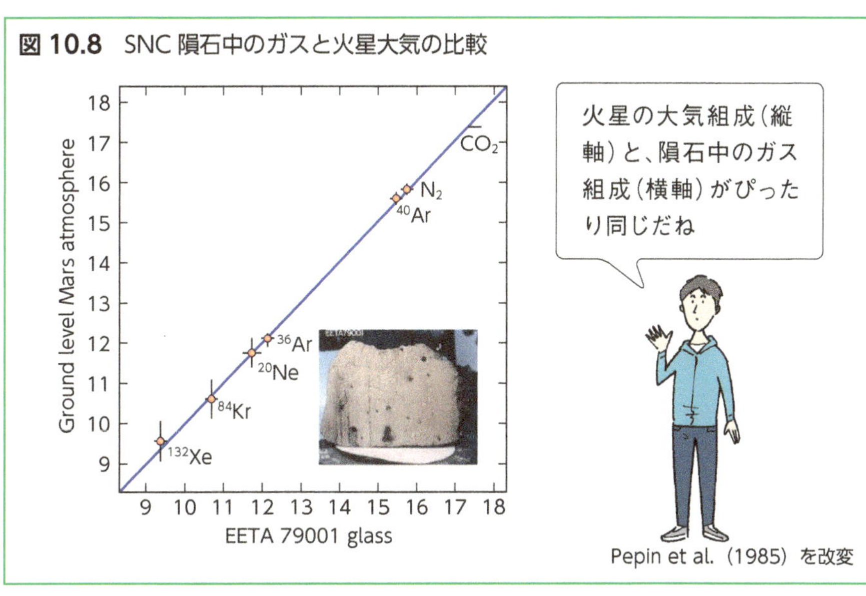

Pepin et al.（1985）を改変

年）によって持ち帰った約380kgの岩石の特徴と似ていることから、月由来と断定されています。もっとも確からしい「月起源の証拠」の1つとしては、酸素同位体があげられます。

「酸素」は、地球型惑星や、月、小惑星のような固体天体で最も多く存在する元素で、質量数16、17、18の3つの安定同位体があります（平均原子分率は、$^{16}O：^{17}O：^{18}O = 99.757：0.038：0.205$）。これらの酸素は、そのわずかな質量差のために、蒸発や凝縮、溶融や再結晶、化学反応や拡散などの物理化学過程によって、同位体比がわずかに変動します。**図 10.9**に示すように、縦軸、横軸に標準試料の平均値からの同位体比のずれ $\delta^{17}O$、$\delta^{18}O$ を取ると、地球上の液体、固体、気体の酸素同位体はごく一部の例外を除き原点を通る傾き1/2の直線にのることが知られています（質量分別線）。

面白いのは、火星（SNC隕石）、小惑星イトカワ（はやぶさ微粒子）、月（アポロ試料）、地球、小惑星ベスタ（HED隕石）など、天体によって ^{16}O、^{17}O、^{18}O のブレンド具合が異なっており、天体ごとに傾き1/2の平行線として綺麗に分類できることです。このようなことから、酸素同位体比がアポロ月試料と似ている隕石グループは、月から飛来したのだろうと判断できます。

図 10.9 地球、月、火星（SNC 隕石）、小惑星ベスタ（HED 隕石）、小惑星イトカワの酸素同位体比の比較

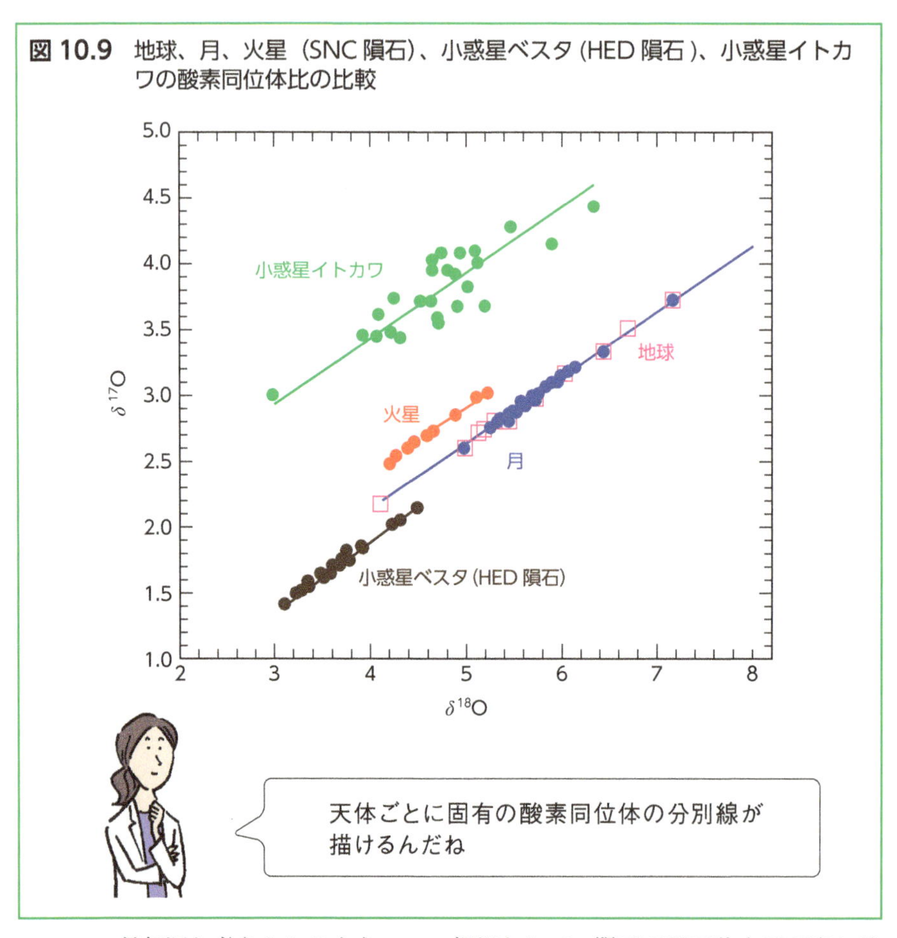

月起源と考えられるもう一つの根拠として、隕石が母天体を飛び出し地球に落下するまでの時間が短いことが挙げられます。隕石が母天体を飛び出して地球に飛来するまでの期間、隕石は高エネルギー宇宙線の照射を受け、K, He, Ne, Arの同位体比が変化します。この変化の程度を調べることで**宇宙線に曝されていた期間＝宇宙線照射年代**が求まります。酸素同位体比がアポロ月試料と似ている隕石は、他の隕石と比べて宇宙線に曝されている期間が極端に短いという共通の特徴があります。このことは、隕石の母天体から地球までので距離が近い、すなわち、月起源の傍証になるというわけです。2018年2月現在、326個の月隕石が見つかっています。**図10.10**に、回収された隕石の推定軌道半径を横軸に、縦軸に宇宙線照射期間を

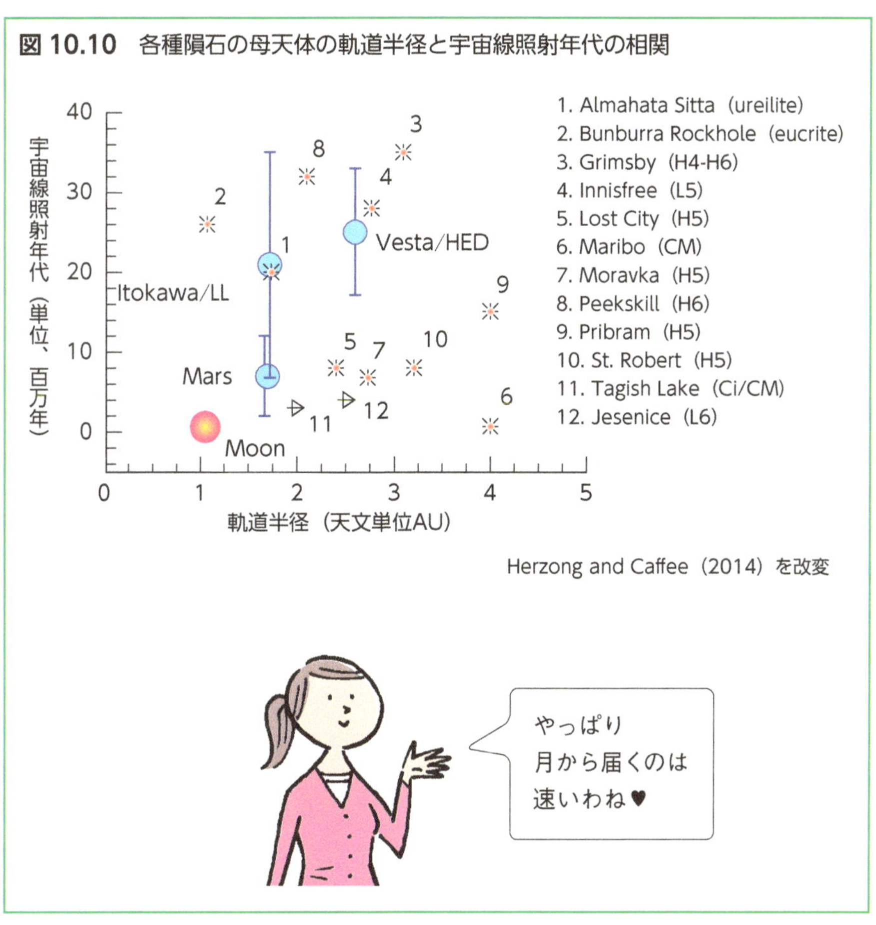

図 10.10　各種隕石の母天体の軌道半径と宇宙線照射年代の相関

とったグラフを示します。

10.5 隕石・岩石試料の年代測定法の原理

隕石や地球の岩石は、結晶化、角礫化、熱変成、水質変成、衝撃変成など様々なイベントの情報を保持しています。これらのイベントが起こった年代を正確に決定することで、それらの「因果関係」がわかり、太陽系や地球の歴史を編纂することができます。ここでは、隕石・岩石試料の年代測定法について簡単に紹介しましょう。

まずウランのような放射性元素（核種）が、放射線を出して他の核種に壊変する場合を考えます。親核種の数をParentのP、娘核種の数をDaughterのDとすると、ある時刻における親核種の減少率はその時点での親核種の数Pに比例するので、比例定数をλとすると次のように表せます。

$$\frac{dP(t)}{dt} = -\lambda P(t) \tag{10.1}$$

この式を積分し、変形すると以下の式が得られます。

$$P(t) = P_0 \times e^{-\lambda t} \tag{10.2}$$

表 10.2 地球惑星科学の年代測定で用いられる長寿命核種

親核種	娘核種	安定同位体	半減期（十億年）
^{40}K	^{40}Ar, ^{40}Ca	^{36}Ar	1.27
^{87}Rb	^{87}Sr	^{86}Sr	48.8
^{147}Sm	^{143}Nd	^{144}Nd	106
^{176}Lu	^{176}Hf	^{177}Hf	37.2
^{187}Re	^{187}Os	^{188}Os	41.6
^{190}Pt	^{186}Os	^{188}Os	489
^{232}Th	^{208}Pb	^{204}Pb	14.01
^{235}U	^{207}Pb	^{204}Pb	0.704
^{238}U	^{206}Pb	^{204}Pb	4.469

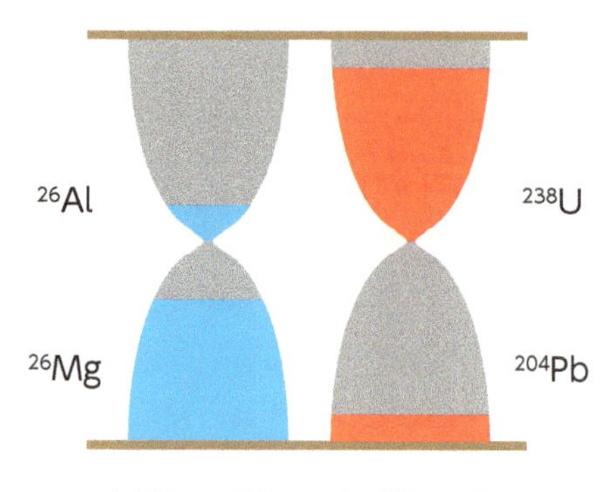

半減期70万年　半減期45億年

$$D(t) = P_0 - P_0 \times e^{-\lambda t} = P(t)\,(e^{\lambda t} - 1) \tag{10.3}$$

ここで、比例定数λを壊変定数と呼びます。このとき、半減期$T_{1/2}$は、

$$T_{1/2} = \frac{\ln 2}{\lambda} \tag{10.4}$$

で表せます。**表10.2**、**表10.3**は地球惑星科学において用いられる放射壊変系列をまとめたものです。地球の寿命と比べ、半減期が長い核種の場合

表10.3 地球惑星科学の年代測定で用いられる短寿命核種（Maは百万年）

親核種	半減期	娘核種	太陽形の初生α
^{7}Be	53.1 d	^{7}Li	$(6.1 \pm 1.3) \times 10^{-3} \times {}^{9}$Be
^{41}Ca	0.102 Ma	^{41}K	$4 \times 10^{-9} \times {}^{40}$Ca
^{36}Cl	0.301 Ma	^{36}S, ^{36}Ar	$1.8 \times 10^{-5} \times {}^{35}$Cl
^{26}Al	0.717 Ma	^{26}Mg	$(5.23 \pm 0.13) \times 10^{-5} \times {}^{27}$Al
^{10}Be	1.387 Ma	^{10}B	$(8.8 \pm 0.6) \times 10^{-4} \times {}^{9}$Be
^{135}Cs	2.3 Ma	^{135}Ba	$4.8 \times 10^{-4} \times {}^{133}$Cs
^{60}Fe	2.62 Ma	^{60}Ni	$(7.1 \pm 2.3) \times 10^{-9} \times {}^{56}$Fe
^{53}Mn	3.74 Ma	^{53}Cr	$(6.71 \pm 0.56) \times 10^{-6} \times {}^{55}$Mn
^{107}Pd	6.5 Ma	^{107}Ag	$(5.9 \pm 2.2) \times 10^{-5} \times {}^{108}$Pd
^{182}Hf	8.90 Ma	^{182}W	$(9.81 \pm 0.41) \times 10^{-5} \times {}^{180}$Hf
^{247}Cm	15.6 Ma	^{235}U	$(1.1\text{–}2.4) \times 10^{-3} \times {}^{235}$U
^{129}I	15.7 Ma	^{129}Xe	$10^{-4} \times {}^{127}$I
^{205}Pb	17.3 Ma	^{205}Tl	$10^{-3} \times {}^{204}$Pb
^{92}Nb	34.7 Ma	^{92}Zr	$10^{-5} \times {}^{93}$Nb
^{146}Sm	68 Ma	^{142}Nd	$(9.4 \pm 0.5) \times 10^{-3} \times {}^{144}$Sm
^{244}Pu	80.0 Ma	Fission products	$\times 710^{-3} \times {}^{238}$U

は親核種が存在しますが、半減期の短い親核種は娘核種に崩壊しきっており残っていません。そのため、半減期の長さによって、年代分析の原理や得られる年代値の意味が異なってきます。

10.6 長寿命核種を用いた年代測定法の原理

太陽系を構成するほとんどすべての元素は、太陽系が誕生する以前に起こった核反応で合成されました（7章）。太陽系の年齢と比べ半減期が比較的長い元素（$T_{1/2}>10$億年）の場合は、親核種がまだ残っているので、親核種と娘核種の数比（のようなもの）を直接測定することで、岩石の結晶化年代を算出することができます。

式（10.3）を用いて岩石の形成年代を導出する場合、放射壊変起源の娘核種の他に、岩石にもともと含まれていた娘核種と同種の元素（初生元素）について考慮しなくていけません。また、実際に分析する場合、元素の絶対濃度を分析するのは技術的に難しく、元素比や同位体比のように相対的な比を分析する方が簡単です。そこで、式（10.3）の両辺を、時間的に不変な娘核種の安定同位体D_sで規格化することが通例となっています。

具体例として、ウラン238（^{238}U）が鉛206（^{206}Pb）に半減期44.5億年で放射壊変する場合を考えます。鉛には、4種類の同位体（^{204}Pb, ^{206}Pb, ^{207}Pb, ^{208}Pb）があるのですが、^{204}Pbの数は地球史・太陽系史レベルでは時間とともに変化しません。そこで、式（10.3）の両辺を^{204}Pbで割り算することで、次のような式が得られます。

$$\left(\frac{^{206}Pb}{^{204}Pb}\right)_{obs}=\left(\frac{^{206}Pb}{^{204}Pb}\right)_0+\left(\frac{^{238}U}{^{204}Pb}\right)_{obs}\times[\exp(\lambda_{238}t)-1] \qquad (10.5)$$

ここで右辺の第1項に、岩石が形成した時にもともと含まれていた鉛（$^{206}Pb/^{204}Pb$）$_0$の項が加わっています。この式において、（$^{206}Pb/^{204}Pb$）$_{obs}$と（$^{238}U/^{204}Pb$）$_{obs}$は岩石の分析から求まる現在の値で、それぞれXとYとおくと、1次関数$Y=aX+b$の形になっていることがわかります。では、これを使ってどのように「年代」を求めるのでしょうか？　マグマから岩石が固まった時、岩石の中では鉛同位体比（$^{206}Pb/^{204}Pb$）は均質（すなわち一定）ですが、鉱物や岩石の場所ごとにU/Pb比は異なるため、オレンジ

図 10.11　長寿命核種（U-Pb 放射壊変系）のアイソクロン法と年代導出原理

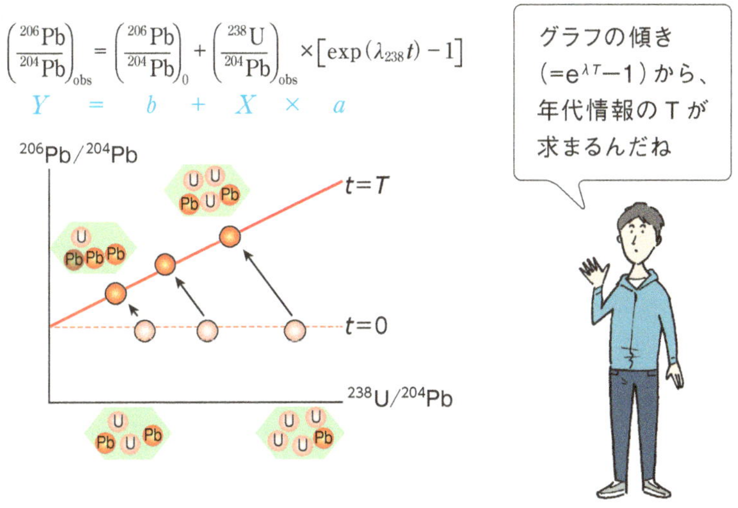

$\left(\frac{^{206}Pb}{^{204}Pb}\right)_{obs} = \left(\frac{^{206}Pb}{^{204}Pb}\right)_0 + \left(\frac{^{238}U}{^{204}Pb}\right)_{obs} \times \left[\exp(\lambda_{238}t) - 1\right]$
Y = b + X × a
$^{206}Pb/^{204}Pb$
t=T
t=0
$^{238}U/^{204}Pb$
U
Pb
グラフの傾き
(=e^{λT}−1) から、
年代情報の T が
求まるんだね

色の点のように横一直線のグラフになります（**図 10.11**）。時間が経つと^{238}Uが多い鉱物ほど^{206}Pbがたくさんできるので、時間がTだけ経つと赤いデータのように傾いていきます。なので、赤いデータの分析値を1次関数$Y = aX + b$でフィッティングして、傾き［$\exp(\lambda_{238}T) - 1$］を求め、岩石が固まってからの時間Tを求めることができるのです。この手法は、「今から○○億年前」という年代が直接もとまることから、**絶対年代分析**と呼ばれています（次節では、**相対年代**を扱います）。

この手法が適用されるには、「岩石が形成されてから、原子の出入りがない」という条件が必要不可欠であることに注意が必要です（この条件を「閉鎖系が保たれている」と呼びます）。これは、砂時計にヒビが入っていて、砂がポロポロこぼれてしまうと、正確な年代が測れないのと同じ理由です。U-Pb年代分析の場合は、岩石が形成後に500～900℃くらいの熱変性を受けても元素の出入りは起こりませんが、それ以上の高温の状態を長時間経験すると岩石中で鉛が移動してしまうために、正確な結晶化年代は得られなくなります。このように元素が移動するかしないかのギリギリの温度を閉鎖温度と呼びます。

10.7 短寿命核種を用いた年代測定法の原理

次に短寿命核種を用いた年代分析法の例として、^{26}Al－^{26}Mg系について解説しましょう。^{26}Alの半減期は約72万年で、太陽系の年齢よりも十分に短いため、現在天然試料中に^{26}Alはもう残っていません。そこで、この場合は、Alの安定核種である^{27}Alを横軸の分子にとります。

$$\left(\frac{^{26}\mathrm{Mg}}{^{24}\mathrm{Mg}}\right)_{\mathrm{obs}}=\left(\frac{^{26}\mathrm{Mg}}{^{24}\mathrm{Mg}}\right)_0+\left(\frac{^{27}\mathrm{Al}}{^{24}\mathrm{Mg}}\right)_{\mathrm{obs}}\times\left(\frac{^{26}\mathrm{Al}}{^{27}\mathrm{Al}}\right)_0 \tag{10.6}$$

長寿命核種の場合と同様に、時刻0の時のマグネシウムの同位体比（^{26}Mg/^{24}Mg）が一定だとすると、**図10.12**の青色のデータのように横一直線になります。ここで、時間Tが経つと、^{27}Alの多い鉱物や岩石は^{26}Alも多いため娘核種の^{26}Mgの増加率が高く、^{27}Alの少ない鉱物や岩石は^{26}Mgの増加率が小さいので、赤いデータのように右あがりの直線になります。図10.11との大きな違いは、横軸である（^{27}Al/^{24}Mg）$_{\mathrm{obs}}$の値は$t=0$の時も$t=T$の時も変わらないので、各データ点が時間が経つと真上に動くということです。式（10.6）において、（^{26}Mg/^{24}Mg）$_{\mathrm{obs}}$と（^{27}Al/^{24}Mg）$_{\mathrm{obs}}$は測定値、回帰直線の傾きから、未知数（^{26}Al/^{27}Al）$_0$の値を決定することができます。この時、得られた（^{26}Al/^{27}Al）$_0$は岩石が固まった時点でのアルミニウムの同位体で**初生比**と呼びます。この分子の^{26}Alは放射性核種で、

図 10.12 短寿命核種（Al-Mg 放射壊変系）のアイソクロン法と年代導出原理

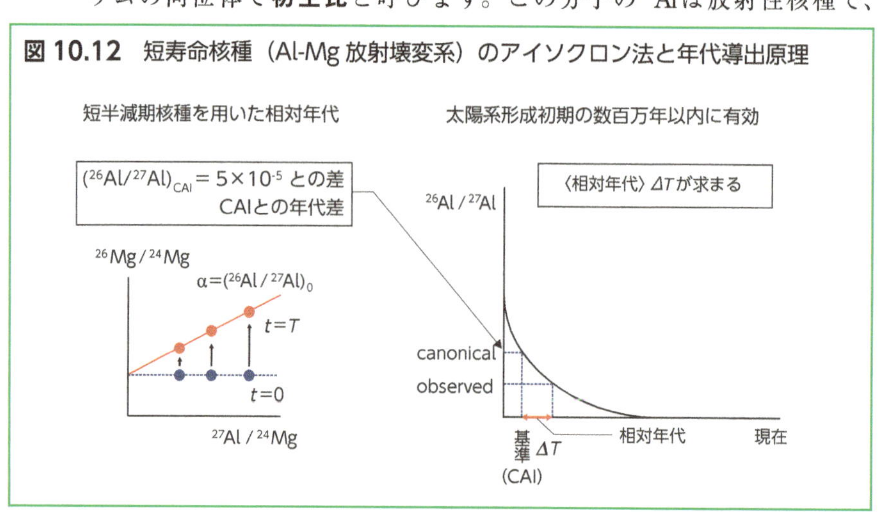

$(^{26}Al/^{27}Al)_0$は時間と共に減少するので、物質Aの初生比（$^{26}Al/^{27}Al)_{A0}$と物質Bの初生比（$^{26}Al/^{27}Al)_{B0}$の大小関係から、物質Aと物質Bのどちらがどれだけ古いか(相対年代)を計算することができるというわけです（図10.12右)。Al - Mg放射壊変系の場合は、U - Pb放射壊変系から絶対年代が45.67億年と決まっているCa - Al包有物（CAI：Ca - Al - Inclusion）の（$^{26}Al/^{27}Al)_{CAI} = 5.23 \times 10^{-5}$を基準にとり、「CAIより年代が○○万年、若い」などと議論することが一般的です。

次章ではいよいよ、長寿命核種を用いた**絶対年代**と、短寿命核種を用いた**相対年代**を併用することで明らかになってきた太陽系の歴史について解説していきましょう。

第11章 地球外物質から紐解く太陽系の歴史～太陽系年代学入門～

この章では、様々な地球外物質の年代分析から明らかになってきた太陽系の物質進化について見ていきましょう。

11.1 太陽組成と始原物質

図11.1に、分光観測から求めた太陽大気の組成（縦軸）と、フランスで見つかった炭素質コンドライト隕石（Ivuna; CIグループ）の化学組成の比較を示します。慣例に従って、太陽組成は水素の存在量の対数が12になるように、隕石の組成はケイ素の存在量の対数が6になるようにとると、一部の元素をのぞいて傾き45度の直線を描くことから、Ivuna隕石は太陽の化学組成とよく一致することがわかります。このことは、表面温度約6,000度の太陽が常温（室温）まで下がると、ほぼCIグループの組成になることを意味します。ただし、グラフをよく見ると、ヘリウム（He），ネオン（Ne），アルゴン（Ar）などの希ガスや、炭素（C），水素（H），酸素（O），窒素（N）は、傾き45度の直線から上方にずれていることがわかります。これらの元素は揮発性が高く、隕石のような固体物質に取り込まれにくかったからです。また、45度の直線より下方にあるリチウム（Li）は、100万度よりも高温を経験すると壊れる性質があります。太陽系誕生時には太陽の大気中にもLiは存在していましたが、46億年の歴史の間に対流によって太陽内部の高温領域に運ばれ壊変してしまったようです。

図 11.1 CIコンドライト隕石（Ivuna）と太陽光球の組成比較

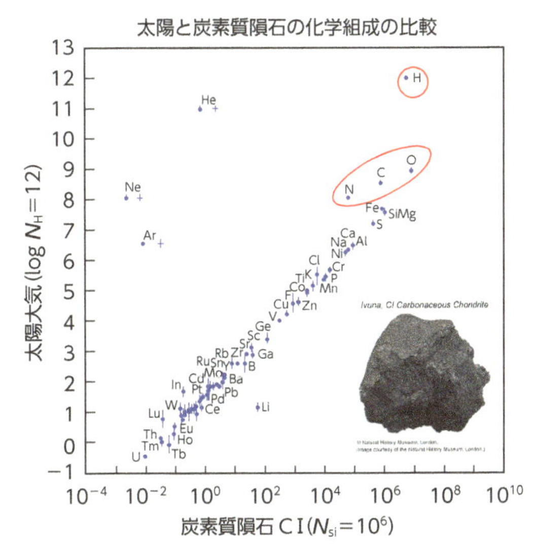

11.2 太陽系星雲からの固化～気相－固相の平衡過程～

重力平衡が成り立つガス球の重力エネルギーは、$-\frac{3}{5}\times\frac{GN^2}{R}$と表せます。6.2節で述べたように、分子雲から原始太陽へと数百万分の1に収縮する時間は、数百万年のオーダーです。よって、質量$1M_\odot$のガスが$10^6R_\odot$から$1R_\odot$へと10^6年で収縮するとして、原始星誕生時に解放される単位時間あたりのエネルギー（光度ともいう。単位はerg/sec、またはW（ワット））を計算すると、当時の原始太陽は現在の太陽の数十倍も明るかったことが概算できます。そのため、原始太陽系星雲の0.6天文単位付近より内側では、ほとんどすべての固体成分が気体になる温度（＞2000K）に上

表 11.1　原始太陽系星雲における物質凝縮温度（Grossman（1972）を改変）

鉱物名	化学式	凝縮温度(K)	消失温度(K)
コランダム（corundum）	Al_2O_3	1758	1513
ペロブスカイト（perovskite）	$CaTiO_3$	1647	1393
メリライト（melilite）	$Ca_2Al_2SiO_7$-$Ca_2MgSi_2O_7$	1625	1450
スピネル（spinel）	$MgAl_2O_4$	1513	1362
鉄ニッケル合金	FeNi	1473	
透輝石（diopside）	$CaMgSi_2O_6$	1450	
苦土橄欖石（forsterite）	Mg_2SiO_4	1444	
灰長石（anorthite）	$CaAl_2Si_2O_8$	1362	
頑火輝石（enstatite）	$MgSiO_3$	1349	
エスコライト（eskolite）	Cr_2O_3	1294	
金属コバルト	Co	1274	
アラバンダイト（alabandite）	MnS	1139	
ルチル（rutile）	TiO_2	1125	
アルカリ長石（Alkali feldspar）	(Na, K) $AlSi_3O_8$	～1000	
トロイライト（troilite）	FeS	700	
磁鉄鉱（magnetite）	Fe_3O_4	405	
水（氷）（water-ice）	H_2O	=200	

がっていたと推定できます。

やがて原始太陽系星雲の温度が下がり1,800Kを下回ると、凝縮温度の高い元素が次々と固体として析出していきます（**表11.1**）。たとえば、鉱物の主要元素であるアルミニウム（Al）とカルシウム（Ca）は、早い段階で（>1,500K）で鉱物相に入り、原始太陽系星雲ガスから消失します。さらに温度がさがると、星雲ガス中の残りの元素も次々と固体になっていきます。宇宙化学の分野では、金属鉄やフォルステライトよりも高温（約1,450K以上）で凝縮する元素を**難揮発性元素**、金属鉄やフォルステライトよりも低温で硫黄よりもよりも高温（約700K以上）で凝縮する元素を**中程度揮発性元素**、それ以下で凝縮する元素を**揮発性元素**と呼びます。**表11.2**に、各元素の凝縮温度と主要な晶出相をまとめておきます。

様々な星の残骸からできた分子雲は化学的に不均一でしたが、太陽系誕生の最初期に太陽系の内側では、2,000度近くまで上昇し、よくミックスされて、ほぼ均質な星雲ガスとなったようです。その後の温度の低下にともない、元素の揮発性/難揮発性の違いによって、物質は多様化していきます（ただし、1μmサイズで地球外物質を見ると、ごく稀に太陽系の前駆天体の情報を保持した、同位体的に異質な粒子（**プレソーラー粒子**）が残っていることが知られています）。

11.3 太陽系最古の凝縮物CAIとコンドリュール

隕石中の特徴的な組織に、**Ca-Al包有物**（CAI：Ca-Al-Inclusion）と**コンドリュール**があります。オーストラリア国立大学のAmelinらのグループは、Allende隕石のCAI、コンドリュールのU-Pb放射壊変系を調べ、それぞれ45.6772億年、45.6545億年の結晶化年代を報告しています（Connell et al.（2008）、**図11.2**）。CAIよりも古い結晶化年代を示す物質が見つからないこと、CAIの主成分であるCaもAlも難揮発性元素で太陽系星雲からの初期凝縮物であることから（表11.2）、宇宙地球科学では「CAIの固化

図 11.2 原始太陽系星雲における初期凝縮物の生成と集積

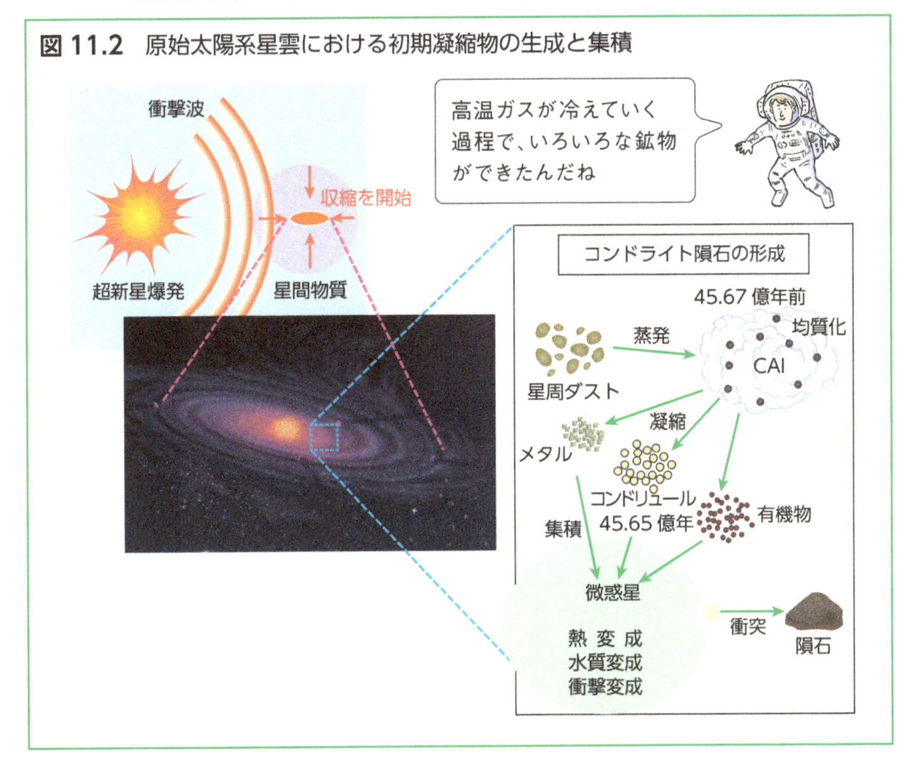

表 11.2 太陽系元素存在度をもつ系での各元素の凝縮温度および凝縮相（Lodders を改変）

元素	凝縮温度 (K)	凝縮開始相 (固溶形態)	50%凝縮温度 (K)	主要相
H	182	H_2O 水		
He	< 3	He 氷		
Li		(Li_4SiO_4, Li_2SiO_3)	1142	フォルステライト、エンスタタイト
Be		($BeCa_2Si_2O_7$)	1452	メリライト
B		($CaB_2Si_2O_8$)	908	長石
C	78	$CH_4 \cdot 7\ H_2O$	40	$CH_4 \cdot 7\ H_2O + Ch_4$ 氷
N	131	$NH_3 \cdot H_2O$	123	$NH_3 \cdot H_2O$
O	182	H_2O 水	180	ケイ酸塩、酸化物、氷
F	739	$Ca_5[PO_4]_2F$	734	Fアパタイト
Ne	9.3	Ne 氷	9.1	Ne 氷
Na		($NaAlSi_3O_8$)	958	長石
Mg	1397	スピネル		
	1354	フォルステライト	1336	フォルステライト
Al	1677	Al_2O_3	1653	ヒボナイト
Si	1529	ゲーレナイト		
	1354	フォルステライト	1310	フォルステライト、エンスタタイト
P	1248	Fe_3P	1229	シュライバーサイト
S	704	FeS	664	トロイライト
Cl	954	$Na_4[Al_3Si_3O_{12}]Cl$	948	ソーダライト
Ar	48	$Ar \cdot 6\ H_2O$	47	$Ar \cdot 6\ H_2O$
K		($KAlSi_3O_8$)	1006	長石
Ca	1659	$CaAl_{12}O_{19}$	1517	ヒボナイト、ゲーレナイト
Sc		(Sc_2O_3)	1659	ヒボナイト
Ti	1593	$CaTiO_3$	1582	チタン酸塩
V		(VO, V_2O_3)	1429	チタン酸塩
Cr		(Cr)	1296	金属鉄
Mn		(Mn_2SiO_4, $MnSiO_3$)	1158	フォルステライト、エンスタタイト
Fe	1357	金属鉄	1334	金属鉄
Co		(Co)	1352	金属鉄
Ni		(Ni)	1353	金属鉄
Cu		(Cu)	1037	金属鉄
Zn		(Zn_2SiO_4, $ZnSiO_3$)	726	フォルステライト、エンスタタイト
Ga		(Ga, Ga_2O_3)	968	金属鉄、長石
Ge		(Ge)	883	金属鉄
As		(As)	1065	金属鉄
Se		($FeSe_{0.96}$)	697	トロイライト
Br		($CaBr_2$)	546	Cl アパタイト
Kr	53	$Kr \cdot 6\ H_2O$	52	$Kr \cdot 6\ H_2O$
Rb		(Rbケイ酸塩)	800	長石
Sr		($SrTiO_3$)	1464	チタン酸塩
Y		(Y_2O_3)	1659	ヒボナイト
Zr	1764	ZrO_2	1741	ジルコニア
Nb		(NbO, NbO_2)	1559	チタン酸塩
Mo		(Mo)	1590	難揮発性合金

元素	凝縮温度 (K)	凝縮開始相 (固溶形態)	50%凝縮温度(K)	主要相
Ru		(Ru)	1551	難揮発性合金
Rh		(Rh)	1392	難揮発性合金
Pd		(Pd)	1324	金属鉄
Ag		(Ag)	996	金属鉄
Cd		($CdSiO_3$, CdS)	652	エンスタタイト、トロイライト
In		(InS, InSe, InTe)	536	トロイライト
Sn		(Sn)	704	金属鉄
Sb		(Sb)	979	金属鉄
Te		(Te)	709	金属鉄
I		(CaI_2)	535	Cl アパタイト
Xe	69	Xe・6 H_2O	68	Xe・6 H_2O
Cs		(Cs ケイ酸塩)	799	長石
Ba		($BaTiO_3$)	1455	チタン酸塩
La		(La_2O_3)	1578	ヒボナイト、チタン酸塩
Ce		(CeO_2, Ce_2O_3)	1478	ヒボナイト、チタン酸塩
Pr		(Pr_2O_3)	1582	ヒボナイト、チタン酸塩
Nd		(Nd_2O_3)	1602	ヒボナイト
Sm		(Sm_2O_3)	1590	ヒボナイト、チタン酸塩
Eu		(EuO, Eu_2O_3)	1356	ヒボナイト、チタン酸塩、長石
Gd		(Gd_2O_3)	1659	ヒボナイト
Tb		(Tb_2O_3)	1659	ヒボナイト
Dy		(Dy_2O_3)	1659	ヒボナイト
Ho		(Ho_2O_3)	1659	ヒボナイト
Er		(Er_2O_3)	1659	ヒボナイト
Tm		(Tm_2O_3)	1659	ヒボナイト
Yb		(Yb_2O_3)	1487	ヒボナイト、チタン酸塩
Lu		(Lu_2O_3)	1659	ヒボナイト
Hf	1703	HfO_2	1684	HfO_2
Ta		(Ta_2O_5)	1573	ヒボナイト、チタン酸塩
W		(W)	1789	難揮発性合金
Re		(Re)	1831	難揮発性合金
Os		(Os)	1812	難揮発性合金
Ir		(Ir)	1603	難揮発性合金
Pt		(Pt)	1408	難揮発性合金
Au		(Au)	1060	金属鉄
Hg		(HgS, HgSe, HgTe)	252	トロイライト
Tl		(Tl_2S, Tl_2Se, Tl_2Te)	532	トロイライト
Pb		(Pb)	727	金属鉄
Bi		(Bi)	746	金属鉄
Th		(ThO_2)	1659	ヒボナイト
U		(UO_2)	1610	ヒボナイト

※ 22.75%の酸素は氷凝固前に岩石成分として凝縮

年代45.6772億年＝太陽系の年齢」とするのが慣例です。一般に「太陽系の年齢は46億年」と言われますが、これはこのCAIのU-Pb年代を四捨五入したものです。

また、CAIのAl-Mg系を調べると、マグネシウム26（^{26}Mg）が超過しており、CAI凝縮時に半減期約72万年の^{26}Alが残存していたとことがわかります（10.6節）。このことから、太陽系誕生前の「最後の元素合成」から太陽系の固化まで数百万年程度（すなわち、^{26}Alの半減期の数倍）であったことがわかります。この時間は、星間ガスが収縮し原始太陽が誕生するまでの力学的タイムスケールとよく一致しているので（式（6.5））、^{26}Alを合成するような超新星爆発の衝撃波、もしくは爆発直前の巨星からの輻射圧や星風圧による星間ガスが収縮のきっかけで、太陽が誕生したと考えられています。

球粒のコンドリュールは、1,500℃から1,900℃に達する急な加熱の後、急速に冷却されたことによってできたと考えられています。そのメカニズムについては、未だによくわかっていませんが、U-Pb系、Al-Mg系の年代学的な考察からCAI形成後200万年頃までに形成されたことがわかっています。

11.4 隕石母天体の熱変成と水質変成

前章で述べたように、コンドライト隕石は鉱物学的組織の特徴から、岩石型タイプ1～6に細分化されています。Trieloff et al.（2003）らが、岩石学タイプの異なる普通コンドライト隕石（Hグループ）の、閉鎖温度の異なる年代分析結果を精査したところ、（i）岩石学的タイプが、タイプ3から6になるにつれて放射年代が若くなること、（ii）H4、H5、H6の順にゆっくり冷えていくことを明らかになりました（**図11.3**）。これらのことから、Hコンドライト隕石母天体の外側から順にタイプ3、4、5、6となる玉ねぎ構造を成し、中心部では1,000度を経験したのち、2億年ほどかけて、外側から順に冷えていったことがわかります（Onion shellモデル。**図11.4**）。また個々の隕石の冷却速度（温度の冷え具合）から、Hコンドライト隕石の母天体として直径約100km、LLコンドライト隕石の母

図 11.3　隕石母天体の“Onion shell”構造と冷却曲線

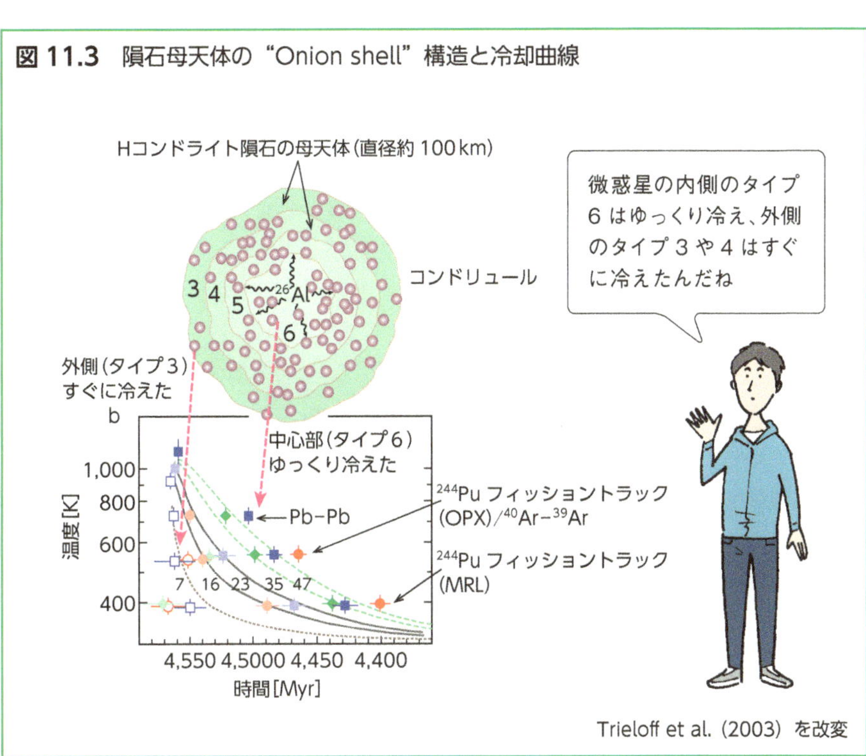

Trieloff et al. (2003) を改変

図 11.4　炭素質コンドライト隕石 Mn-Cr 年代

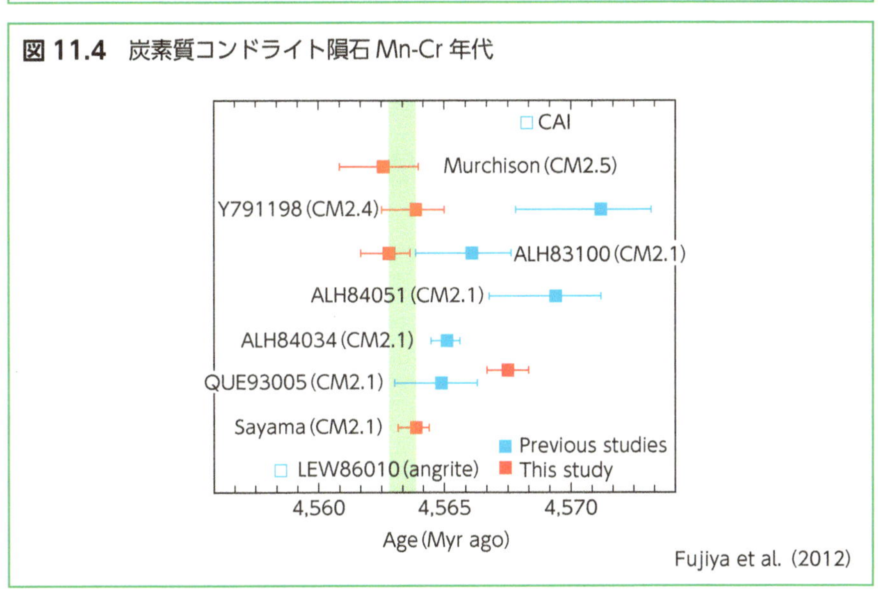

Fujiya et al. (2012)

天体サイズは、約20～30kmと推定しています。
それでは、隕石母天体で起こった水質変成はどうだったのでしょうか? Fujiya et al. (2012) らは、水が存在する状況下で形成される炭素質コンドライト隕石中の炭酸塩鉱物（方解石（$CaCO_3$）や苦灰石（$CaMg(CO_3)_2$））に着目し、のMn-Cr年代系を精査しました。その結果、熱変成のような、岩石学タイプと水質変成の年代の間に顕著な相関はみられませんでしたが、年代値が45.634 ± 0.005億年に集中することを明らかにしました（**図11.4**）。もし、CAI形成後300万年以内に炭素質コンドライト隕石の母天体が微惑星の大きさまで集積していたとすると、後述のように^{26}Alの壊変熱の影響を受け高温化してしまいます。観測される弱い水質変成がおこるためには、炭素質コンドライト隕石の母天体は太陽系誕生の350万年以降に集積したと結論づけています。

11.5 微惑星の内部温度

塵から集まってできた微惑星の温度が最高何度まで上昇するかは、何で決まるのでしょうか? それは、[1] 熱源となる放射性元素の^{26}Alが残っている間にいかに速く集積し、[2] いかに大きくなるか、で決まります。^{26}Alが少なくなった頃に塵が集積して微惑星ができた場合は、微惑星はあまり温度があがらず、コンドリュールなどの組織を残したまま冷えて固まります（先のコンドライト隕石）。逆に、^{26}Alが豊富な時期に大きな微惑星ができると、放射壊変熱と保温効果により微惑星内部は高温になります。例えば、CAI形成後150万年経ってから集積を始めた場合は、中心温度は1,000Kを超えることはなく、コンドリュールなどの初期集積物の組織を保存していますが、太陽系最初期に50kmサイズまで集積した場合では、微惑星内部は1,800Kよりも高温になり、コンドリュールのような鉱物組織は完全にかき消されてしまいます（この段階の微惑星の破片が、primitive achondrite原始的コンドライト）。

特に微惑星全体で大規模な溶融が起こった場合は、天体中心部に重い鉄が沈みコアが形成され、その周りにシリケイトのマントル層からなる二層構造ができます。鉄隕石は、このようにして全溶融した微惑星のコアの部分が、天体同士の壊滅的衝突によって破砕され、地球に降ってきたものです。また、石鉄隕石のパラサイトと呼ばれるグループは、鉄のコアとシリケイトマントルの境界層起源と考えられています。

この鉄のコアとシリケイトマントルの化学分別は、いつ頃起こったのでしょう。これには、原子番号74のタングステン（W）の同位体比がヒントを与えてくれます（原理については、12.1節で解説します）。Yin et al.（2002）、Klein et al.（2002）は、HED隕石のHf-W系を精査し、HED隕石の母天体（小惑星ベスタ?）のコア-マントルの分離は、CAI形成後、380 ± 130万年であることを明らかにしました。一方、鉄隕石のHf-W系も精査され、その多くが太陽系誕生後150万年以内に形成されたことが明らかになってきています（Schersten et al.（2006））。

11.6 シリケイトマントルの部分溶融と玄武岩地殻

玄武岩は、地球を始め、月、水星、火星、金星など、太陽系の岩石天体において広く見つかっている火成岩の一種です。化学分別を受けた隕石群の中で、最も産出頻度の高いHED隕石の1つであるユークライト隕石（Eucrite）も玄武岩の一種です。先に述べたシリケイトマントルがさらに部分溶融することで形成された初期地殻であろうと考えられています。Srinivasan et al.（2007）は、ユークライト隕石中のジルコン（$ZrSiO_4$）のHf-W系を精査し、ユークライト隕石母天体の初期地殻の形成を太陽系誕生の400～600万年後と報告しました。この年代はHED母天体のコア-マントル分離の年代と似ており、ほぼ同時期に地殻-マントル－コアの層構造ができあがったことがわかります。

11.7 太陽系初期の固体天体の進化

これまで述べてきた隕石の特徴、地球化学的な特性も踏まえ、太陽系初期の微惑星の進化の様子を模式化すると**図11.5**のようになります。太陽系初期の凝縮物が集積し（ステージ1）、天体全体が溶融し（ステージ2）、

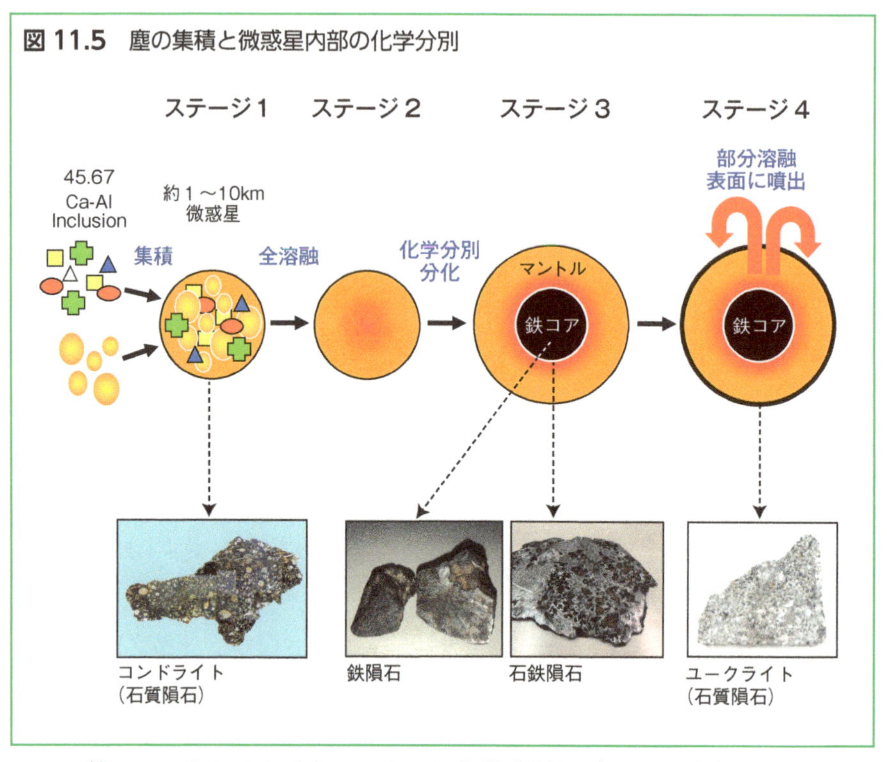

図 11.5　塵の集積と微惑星内部の化学分別

鉄のコアとシリケイトマントルに化学分別し（ステージ3）、さらにシリケイトマントルが部分溶融し地殻が形成しました（ステージ4）。地上で見つかる多種多様な隕石は別々の微惑星を母天体と異なる進化段階の破片で、コンドリュールが散見されるコンドライト隕石や、はやぶさ1号機が回収したイトカワ微粒子はステージ1で進化が止まってしまった天体のかけら、鉄隕石や石鉄隕石はステージ3まで進化した天体のかけら、ユークライト隕石などの玄武岩はステージ4の微惑星表面に噴出した溶岩起源と考えられます。

最近の分析技術の向上にともない、コンドリュールよりも古い形成年代の鉄隕石（IIAB, IVAのHf-W年代＝45.66億年；Kleine et al.（2008））や、玄武岩（アングライト隕石：Pb-Pb年代＝45.662億年；Baker et al.（2005））なども次々と見つかっています。このことは、CAI（＝45.67億年）の形成後、200万年以内にある場所ではコンドリュールが、また別の場所では、「鉄-シリケイトマントル」や玄武岩の溶岩を形成する微惑星が誕生してい

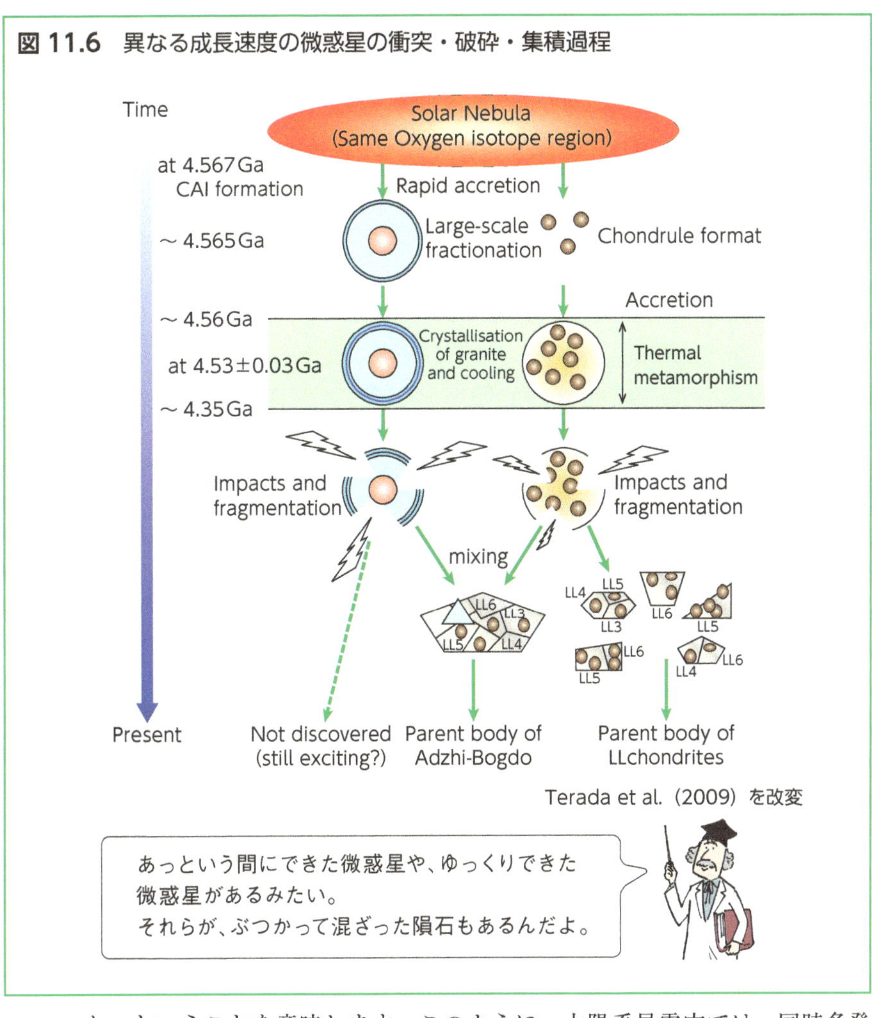

図 11.6 異なる成長速度の微惑星の衝突・破砕・集積過程

Terada et al.（2009）を改変

た、ということを意味します。このように、太陽系星雲内では、同時多発的に、成長速度の異なる微惑星が多数存在していたようです（**図11.6**）。

11.8 太陽系年代学の未解決の問題

ここまで、固体試料が閉鎖系になる放射壊変年代をもとに、太陽系初期の固体進化について述べてきました。しかしながら、原始太陽系星雲の散

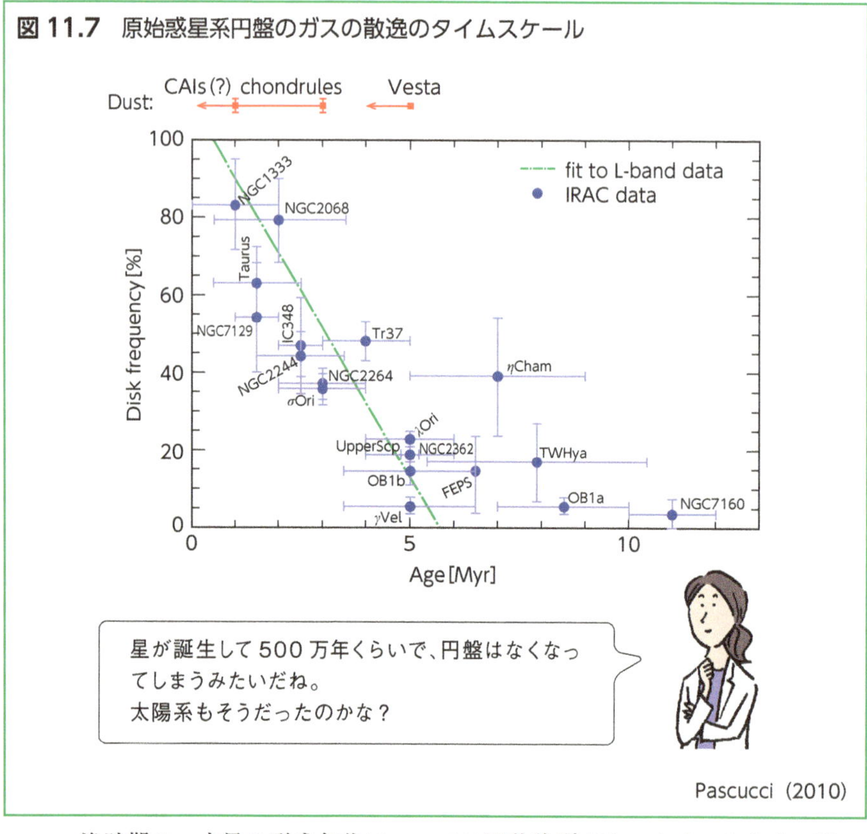

図 11.7 原始惑星系円盤のガスの散逸のタイムスケール

逸時期や、木星の形成年代については固体物質がないため、これまで述べてきた年代学的な議論が難しいのが現状です。ここでは、いくつかの推定方法について紹介しましょう。

惑星の個性を決定づけた原始太陽系星雲は現在存在しておらず、年代に関する定量的な議論は行えていません。一方、太陽系外の恒星の誕生時の観測データが豊富にあつまり、統計学的な議論が行えるようになってきました。**図11.7**は年齢の分かっている星団における、原始惑星系円盤の存在率を示したものです（Pascucci (2010)）。これを見ると、多くの惑星系では恒星誕生後500万年以内で星雲ガスが散逸していることがわかります。この結果と隕石の年代学の知見を照らし合わせると、CAIやコンドリュールの形成時には原始太陽系星雲は残存しており、小惑星ベスタが形成されコア-マントルの層構造や地殻ができた頃には、50%以上の確率で

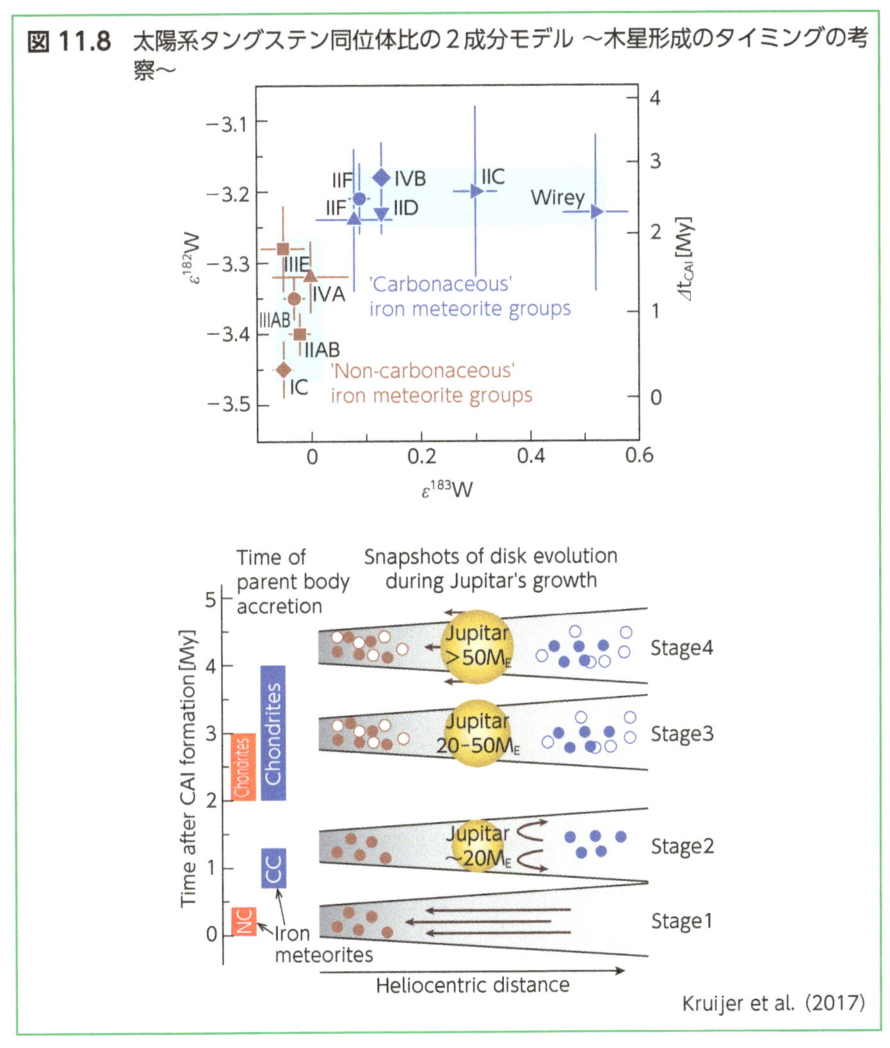

図 11.8 太陽系タングステン同位体比の2成分モデル ～木星形成のタイミングの考察～

ガスは散逸していただろうと想像できます。

一方、惑星の雄「木星」の誕生時期はどうでしょう？ 太陽系形成論において、木星や土星など巨大ガス惑星の形成は、まず地球質量の約10～20倍の固体核が形成され、その後、星雲ガスから大規模なガス降着が起こりました。結果、木星誕生領域において、原始太陽系星雲において、円盤のギャップができたとされています（9.3節参照。最近のALMA望遠鏡で、実際にそのようなギャップのある原始惑星系円盤が観測されています）。Kruijer et al.（2017）らは、鉄隕石のモリブデン（Mo）同位体比とHf-W系を精査し、起源の異なる2つの領域が存在していたことを明らかにしました。そして、原始太陽系星雲ガスを2つの領域に分断するメカニズムこそが「原始木星の誕生」と仮定し、隕石の年代にもとづき、木星の核は太陽系形成から100万年以内に地球質量の約20倍に成長し、そのさらに300～400万年後までに地球の50倍まで成長が続いたと提案しています（**図11.8**）。非常に合理的かつ妥当なモデルにも見えますが、現時点では唯一無比の解釈とは断言できません。検証分析も含め、今後の研究の進展を待ちたいと思います。

第12章 地球の歴史

11章では、太陽系の固体天体の進化プロセス（化学分別過程）について見てきました。この章では、特に私たちの住む地球の変遷を見ていきましょう。地球史の4つの時代区分は、**冥王代**（＝生物学的痕跡がない時代）、**始生代**（＝原核生物から真核単細胞生物の時代）、**原生代**（＝多細胞生物が現れるまでの時代）、**顕生代**（＝肉眼で見える生物が生息する時代）と、生物の形態や進化と密接に関係しています。

12.1 冥王代（46億年～ 40億年前）

地球誕生から最初の約6億年間は、地質学的証拠がほとんど残っていない暗黒の時代で、**冥王代**と呼ばれています。誕生時の地球は、まだ小天体が地球に頻繁に衝突しており、地表温度は高温で（＞1,000℃）、珪酸塩が融けたマグマオーシャンと呼ばれる状態でした。そのため、地球が現在の大きさになった時刻を示す地球化学的証拠は残存していませんが、あるモデル計算によれば、現在の大きさの約80％（質量にして約50％）まで成長するまでの時間は約1千万年のオーダーと見積もられています。

コア - マントルの分離

地球がある程度成長すると、地球内部で鉄のコアとシリケイトマントルに分離していきます。そのタイムスケールは、^{182}Hf - ^{182}W放射壊変系を用いて、以下のように推定できます。

原子番号72のハフニウム（Hf）は**親石性**の特徴からシリケイトマントルに濃集するのに対し、原子番号74のタングステン（W）は**親鉄性**のた

図 12.1 地球の歴史

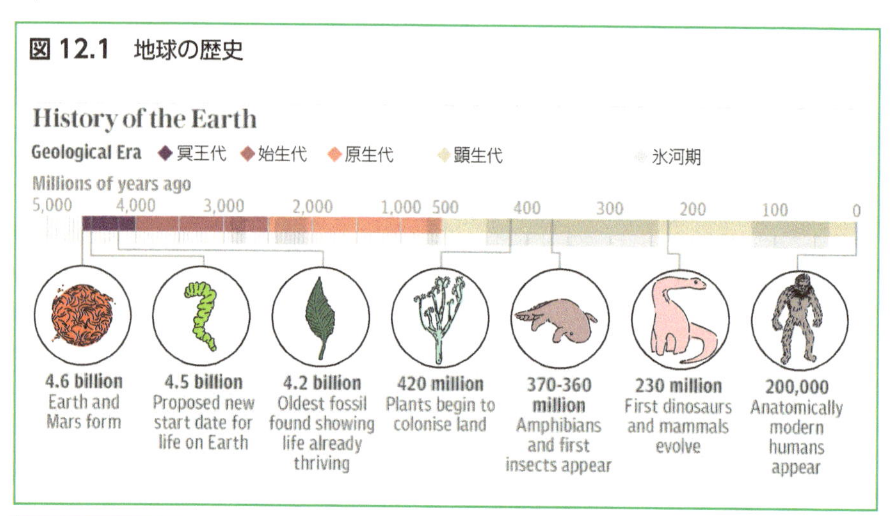

図 12.2 鉄のコアとシリケイトマントルの分離の時期

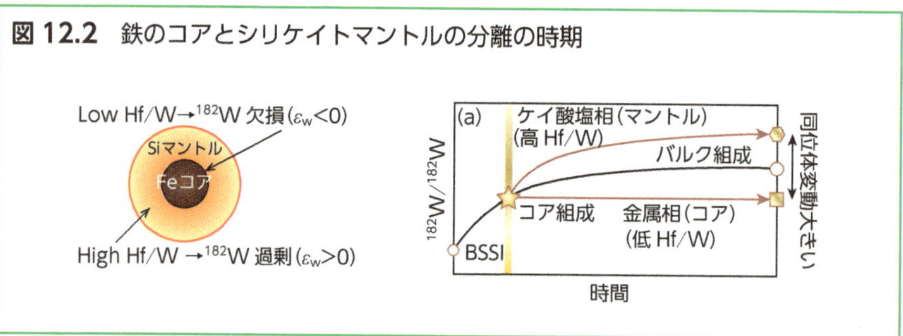

めに鉄のコアに濃集する性質があります。そのため、シリケイトマントル中のHf/W比は太陽系の平均組成（CI）や鉄のコアよりも大きくなります。このマントル中で親核種の^{182}Hfが半減期900万年で^{182}Wに壊変すると、マントルの^{182}W/^{184}W比は太陽系の平均組成（CI）の^{182}W/^{184}W比よりも大きくなります。その過剰分を調べることで、いつコアとマントルが分離したのかがわかるのです（**図12.2**）。Yin et al.(2002)、Kleine et al. (2002)らは、月の石、地球の石、火星の石に含まれるHf-W系を調べ、地球や月におけるコア－マントル形成がCAI形成後、約3千万年、火星は1,300万年だったことを明らかにしました。ここで、月のコア－マントルの分離と地球のコア－マントルの分離が一致していることは注目に値しますが、話が脱線するので、次章「月の科学」で詳しく述べることにします。

大気の形成

現在の地球表層の大気は、窒素（78.08％）、酸素（20.94％）、アルゴン（0.93％）、二酸化炭素（0.03％）からできています。このような大気はいつ、どのように形成されたのでしょうか？　地球大気の起源を探るには、岩石や海などに取り込まれにくい、すなわち化学反応性の小さい希ガス（He, Ne, Ar, Kr, Xe）が適しています。**図12.3**に、地球大気中の希ガスの量を太陽組成で割り算したグラフを示します。もし、地球大気が原始太陽系星雲のガスをそのまま取り込んでいれば、縦軸の値は1となり横一直線になるはずです。しかし、現在の地球の大気はそのようにはなっておらず、むしろ右上がりのCIコンドライト隕石中のガスの存在度パターンとよく一致しています。このことから、地球の大気は、木星型惑星のように原始太陽系星雲のガスを直接取り込んだのではなく（9.3節）、CI隕石によく似た固体成分から脱ガスした気体と解釈することができます（9.4節）。現在の地球大気中のAr総量を固体成分から作るためには、地球の表面から少なくとも深さ1,000kmまでが溶融し（マグマオーシャンとなり）、脱ガスしなくてはいけません。

では、そのような大気はいつできたのでしょう。これは、原子番号54のXe（キセノン）の同位体から紐解くことができます。Xeには、^{124}Xe、

図 12.3　太陽大気と地球大気の比較

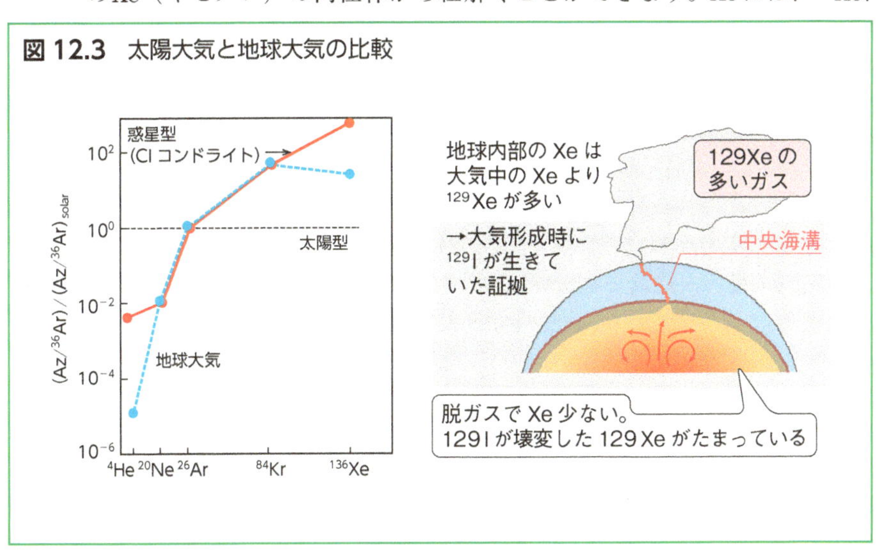

^{126}Xe、^{128}Xe、^{129}Xe、^{130}Xe、^{131}Xe、^{132}Xe、^{134}Xe、^{136}Xeの9種類の安定同位体が存在します。このうち^{129}Xeは、太陽系誕生時から存在していた成分以外に、半減期1,700万年のヨウ素129（^{129}I）が放射壊変し加わった^{129}Xeがあります。もし、太陽系誕生から長時間たったマグマから大気ができたならば、マントル中の親核種^{129}Iが放射壊変しつくしていることから、大気とマントル中のXe同位体比は一致するはずです。しかし実際には、現在噴出している中央海嶺玄武岩（MORB：Mid Ocean Ridge Basalt）中の$^{129}Xe/^{134}Xe$値は、地球大気の値よりも高いことが知られています。このことは、マグマオーシャンから脱ガスして地球大気ができた頃、マグマオーシャン中には^{129}Iが残存しており、その後、冷えて固まったマントル中で^{129}Iが壊変して^{129}Xeが形成され蓄積したためと解釈できます。詳細な解析から、現在の大気Xeは地球形成4千万年頃の大規模な脱ガスで形成されたこと推定されます（Avice and Marty（2017））。面白いのは、この年代は地球の鉄のコアとシリケイトマントルが分離した年代とほぼ一致していることです。すなわち、太陽系誕生後3～4千万年頃には、コア/マントル/大気という現在の地球のおおまかな層構造が完成していたようです。

地球最古の岩石、最古の鉱物

それでは現在の地球のもう一つの層構造である地殻はいつできたのでしょう。世界中の研究者が、世界最古の地殻をさがしていますが、現在、知られている最古の岩石は、カナダのアカスタで発見された40.31億年前の片麻岩と呼ばれる変成岩（大陸を形成する花崗岩が高い圧力をうけて変成したもの（Bowring and Williams（1999））で、冥王代の岩石は見つかっていません（最近、カナダ・ケベックの42億年前の堆積岩が報告されましたが、その信憑性については論争中（Dodd et al. 2017））。岩石ではなく、それを構成する鉱物レベルでは、西オーストラリアのジャックヒルズで発見された44億400万±400万年前のジルコン（$ZrSiO_4$）が地球最古の鉱物です（Wilde et al.（2001）；**図12.4**）。ジルコンは非常に硬く熱にも強い鉱物なので、母岩が風化で侵食され堆積岩になった際にジルコンだけが生き残ったようです。Wilde et al.（2001）らは、この岩石が大陸を構成する花崗岩由来であるとして、地球誕生から1億年以内には、海と大陸地殻の形成が始まっていたと主張しています。

図 12.4　地球最古のジルコンとそのU-Pb年代分析

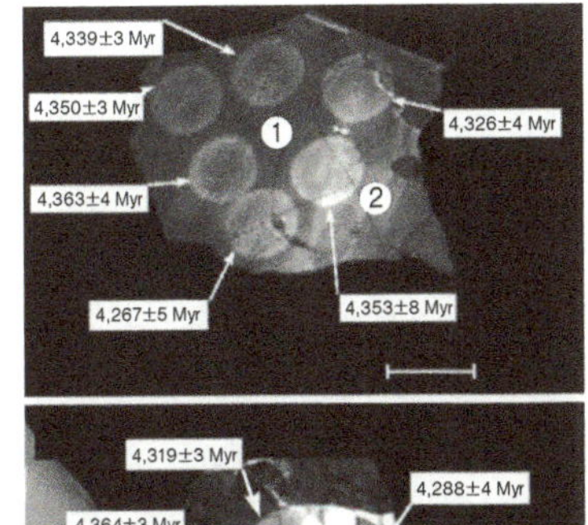

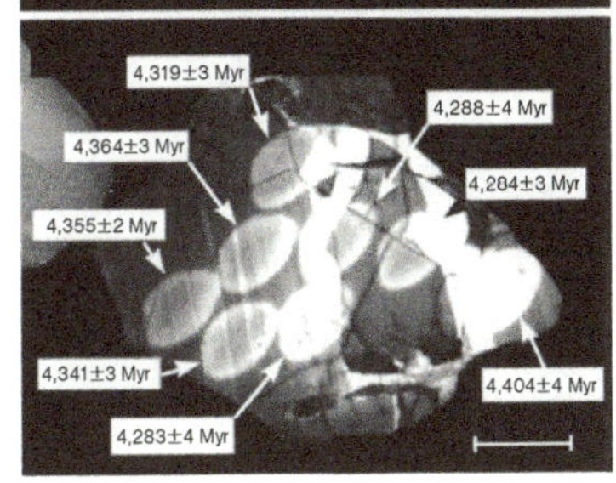

西オーストラリア州のジャックヒルズで発見されたジルコン粒子のうち最古の物（44億400万 ±400万年前）。

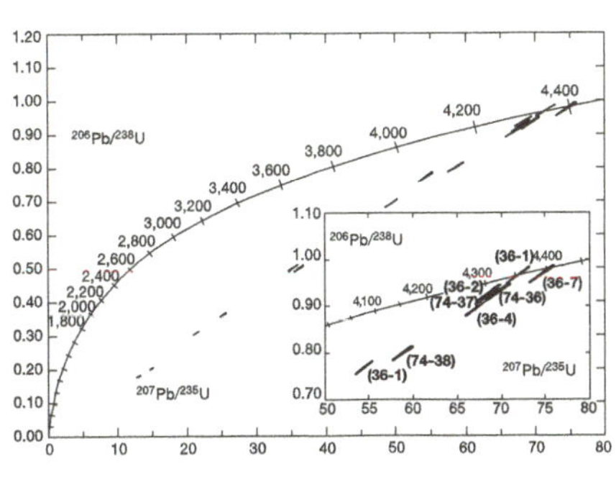

Figure 2 Combined concordia plot for grain W74/2-36, showing the U-Pb results obtained during the two analytical sessions. The inset shows the most concordant data points together with their analysis number (as in Table 1). Error boxes are shown at 1σ.

Wilde et al.（2001）

このように冥王代の地球は、手がかりとなる地質学的証拠が皆無なのですが、コア/マントル/地殻/大気という地球の基本的な層構造は地球誕生初期には出来上がっていたようです。

12.2 始生代（40億年前〜25億年前）

始生代（太古代とも呼ぶ）のこの時代になると、地球の進化を語る上で重要な地質学的な証拠がいくつか残っています。何と言っても重要なのは地球最古の生命の痕跡でしょう。

一般に、原子番号6の炭素（C）には、重さの異なる^{12}Cと^{13}Cの2つの安定同位体が存在します。生命活動でできる有機物の^{13}C/^{12}C比はもとの材料より低くなり、逆に副産物的に発生する二酸化炭素は^{13}C/^{12}C値は高くなることがわかっています。ですから、^{13}C/^{12}C比の小さい炭化物が生命の痕跡の可能性があります。Mojzsis et al.（1996）は、グリーンランド西南のアキリア島の38.50億年前の堆積岩中に、^{13}Cが少なく（δ^{13}C = −

図 12.5 38.5億年前のアパタイトと炭素質物質

Mojzsis et al. (1996)

37‰)、現代の生命活動有機物の$^{13}C/^{12}C$値と等しい炭質物を発見しました。2017年には、Komiya et al. (2017) が、カナダ・ラブラドル・サグレック岩中に定説を1億年遡る39.5億年前の^{13}Cの少ない炭質物（グラファイト）を発見しました。太古代以前の冥王代に生命がいたかどうかは不明ですが、少なくとも39～40億年前頃には地球上に生命が誕生していたのは間違いなさそうです。

光合成生物の誕生

当時の地球の大気は、二酸化炭素やメタンからなり、現在の姿とは似ても似つかない環境であったと考えられています。では、いつ頃、大気中の酸素が増加したのでしょうか?

地球の酸素は、シアノバクテリア（いわゆる藍藻類）が光合成を行うことによって生成されました。シアノバクテリアがコロニー状になった堆積

図 12.6 37億年前のストロマトライトの化石

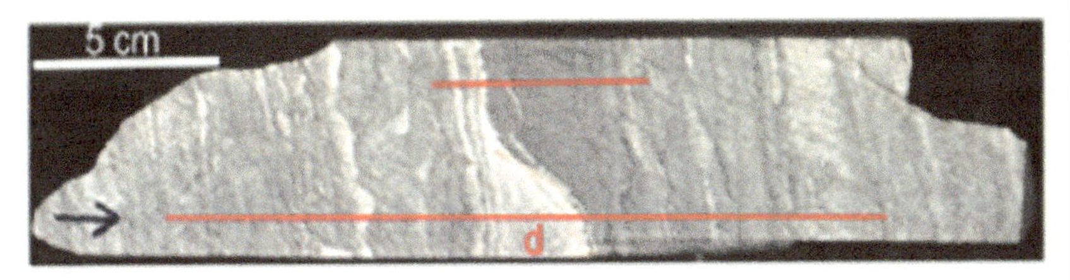

Nutman et al. (2016)

物や炭酸塩を固まってできた層状構造をもつ岩石を、特に**ストロマトライト**と呼びます。Nutman et al. (2016) は、37億年前のグリーンランド・イスア・グリーンストーン帯という世界最古の堆積岩の中からストロマトライトの化石を発見しました（**図12.6**）。これまでストロマトライトは、25億年前から5億年前頃（原生代）の地層から発見されていました。あとで述べるような**地球大酸化イベント**を引き起こしたシアノバクテリアの集団が、従来の説を10億年以上も遡る、太古代初期の37億年前には誕生していたことは、地球と生命の歴史を再考する上で重要な知見といえます。

地球の磁場の誕生

この時代のもう1つの大事件として、地球が磁場を獲得したことがあげられます。方位磁石のN極は北を指しますが、これは地球全体で北がS極、南がN極の大きな磁石になっており、地球の周りに磁場が発生しているからです（地球磁気圏）。このような磁場は、地球内部で液体の鉄の対流がおこるために発生すると考えられています（ダイナモ作用）。面白いことに、火星や月では、過去には磁場を持っていた痕跡はあるものの現在は存在していません。これは火星や月は天体サイズが小さいため惑星内部まですでに冷えてしまい、金属コアで十分な対流が起こっていないためと考えられています。

さて話を戻しましょう。この地球の磁場の誕生は、生物進化にとって重要な節目になります。磁場があれば、宇宙から飛来する有害な宇宙線をガードしてくれるので、地表にまで到達しないからです。Tarduno et al. (2007) らは、古い岩石に残存する残留磁化を精密に測定して、太古代の地球磁場の強度を復元しました。その結果、始生代初期の地球は磁場をもっておらず、32億年前頃に地球磁場の強度が現在の50%にまで上昇したことがわかりました。なぜこの時期に地球が磁場を持つようになったのかはよくわかっていませんが、地球内部が時間とともに冷却し、マントル対流が2層対流から1層対流へと大規模な構造進化を起こしたことが磁場獲得の要因だろうという説が提案されています。地球が磁場を持つまでの生命は、有害な宇宙線が到達しない海深くにひっそりと生活していましたが、地球が磁場を獲得したことにより、生活圏を地表付近に移動させることができました。これにより、太陽光をエネルギー源に活動（＝光合成）するタイプの生命が繁栄していったと考えられています。

12.3 原生代(25億年前～5.4億年前)

酸素増加、大酸化イベント

これまで見てきたように、30数億年前には光合成をするシアノバクテリアが現在のグリーンランドや西オーストラリアなどで活動していた痕跡はあるのですが、当時の大気中の酸素濃度はほとんどゼロの状態でした。このような還元的な環境下では、海水中の鉄のイオンはFe^{2+}の形をとり、海水中に溶けています（**図12.7**）。状況が一変したのは、約20～24億年前。地球大気中の酸素濃度が上昇し、酸化的な環境になりました。すると海水中の鉄イオンはFe^{3+}に変わり、海水中の溶存酸素と反応してFe_2O_3を形成し海底へと沈んでいきました。このようにして形成された縞状鉄鉱床が、世界各地で見つかっていることから、地球の酸化が全球規模で起こったことがわかります。この全球規模の急激な酸素濃度の上昇を、**大酸化イベント（Great Oxygenation Event）**と呼びます。

ところで、酸素の爆発的な上昇の原因は何だったのでしょう。Sekine et al.（2011）らは、地層中に含まれる白金族元素オスミウム（原子番号76）の同位体比分析から、氷河期の直後に大気中のO_2濃度が上昇し、放射性^{187}Osに富む大陸起源のOsが酸化しイオンとなって河川水に溶け、海洋へと流れ込んだことを明らかにしました（酸素濃度が低いとOsは水に溶けにくい性質があります）。このことから氷河期直後の急激な温暖化がきっ

図 12.7 還元的な海洋（上図）と酸化的な海洋（下図）

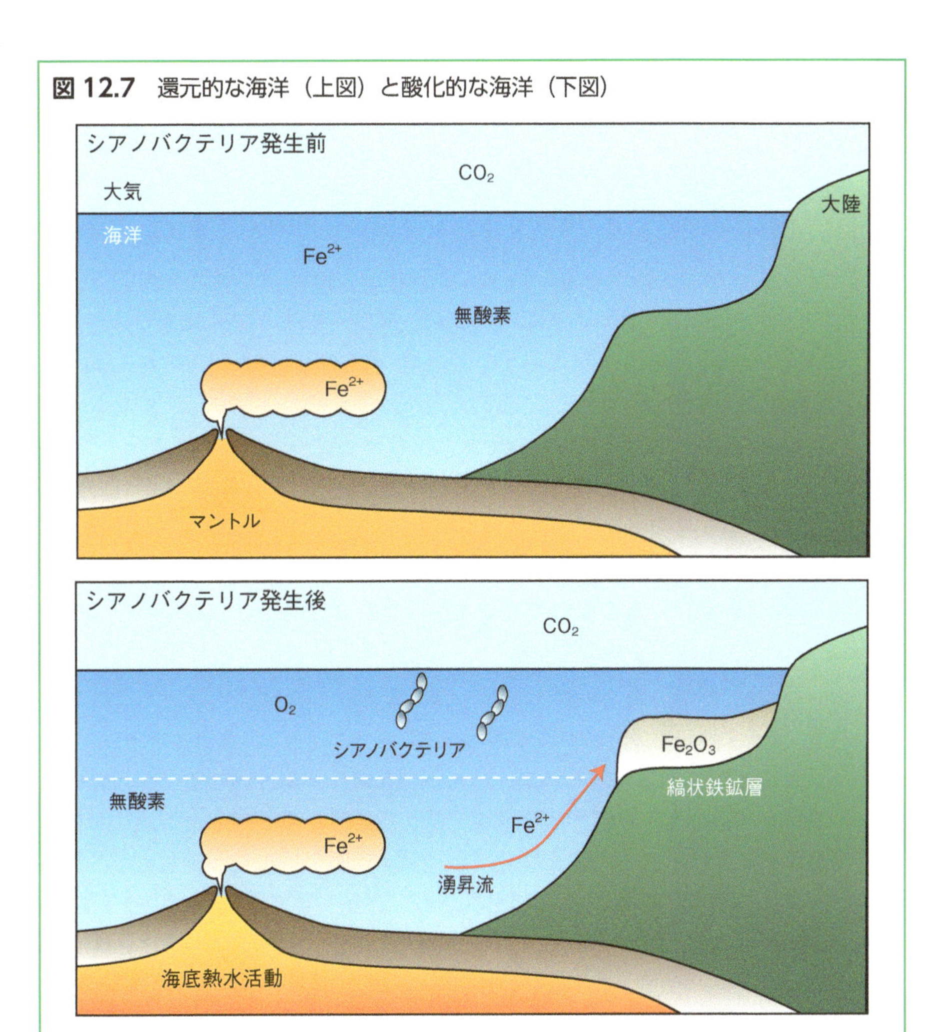

かけで、シアノバクテリアのような光合成生物が大繁殖し、地球酸素濃度が現在の1/100 〜 1/10のレベルにまで急激に上昇したと考えることができます。

このような地球酸素濃度の上昇は、その後の生物進化にも大きな影響を及ぼしました。我々人間にとって必要不可欠な酸素も、当時繁栄していた原始的な微生物にとっては猛毒だったからです。そのため、大酸化イベントのあと、**嫌気性細菌**と呼ばれる酸素があると生きられない微生物は、地表から地下に活動の場を移し、代わって酸素を必要とする**好気性細菌**が地球生命圏の主役となりました。そして、酸素を代謝エネルギー源とする動植物のルーツである**真核生物**の出現へと繋がっていくのです（約20億年前）。

スノーボールアース

地球は、29億年前ごろから現在まで氷河期と間氷期を何度か繰り返してきました。その中でも、約24.5億年前から約22億年前の氷河期と、約7.3億年前〜約6.4億年前の氷河期では、**スノーボールアース**と呼ばれる地球全球規模の凍結が起こっていたと考えられています（Hoffman et al. 1998）。その科学的根拠としては、

（1）赤道付近を含む世界各地で氷河堆積物が見つかっていること

（2）寒冷化終結と同時に二酸化炭素が固定化したことを表す厚い炭酸塩岩層が氷河堆積物の直上に発見されること（キャップカーボネイトと呼びます）

（3）厚い氷床により海洋が大気と分断され全球的に光合成が停止していたことを示す炭素同位体

（4）その結果、海水の酸素がなくなって還元的な状態に戻ったことを示唆する縞状鉄鉄鉱床が存在すること

などがあげられます。そのような大規模な寒冷化の原因として、光合成をするシアノバクテリアの大繁殖が二酸化炭素量を低下させた可能性が指摘されています。いったん温室化ガスの減少により寒冷化が始まると、極地で氷床が発達し太陽光を反射するため、より一層の寒冷化が進むみます。そして最終的には、厚さ約1,000mにも及ぶ氷床が全地球を覆い、スノーボールアースに至ったというわけです。この全球凍結状態は、数億年〜数千万年続き、生命の大量絶滅が起こっていたことが炭素同位体比から示唆されます。また地表が凍結しているため、岩石の風化も停止していたようです。

一方で、全球凍結中も火山活動による二酸化炭素の放出は続きます。そのため、大気中の二酸化炭素濃度が徐々に高まっていき、やがて閾値に達すると温室効果が効きはじめます。すると気温が急激に上昇し、数百年程度で極地以外の氷床が消滅します。約40℃まで上昇した気候の影響で大規模なモンスーンや台風が頻発するようになると、雨水による岩石の化学風化が促進され、大量の金属イオンが海に供給されます。これらの金属イ

オンと海水中に溶け込んだ二酸化炭素が結合して、大量の炭酸塩岩を海底に沈殿させました。これが、氷河堆積物の直上にキャップカーボネイトが観測される理由です。陸地から供給される栄養塩類が単細胞生物の光合成を激しく促し、大量の酸素が地球に蓄積されるため、海洋では再び**大酸化イベント**が起き、縞状鉄鉱床が形成されました。

面白いのは、原生代初期のスノーボールアース直後には、酸素呼吸を行う**真核生物**の繁栄がはじまり（約20億年前）、原生代後期のスノーボールアース直後には**多細胞生物**（約6.3億年前）が出現していることです。つまり、光合成で二酸化炭素を消費するシアノバクテリアの大繁殖がスノーボールアースを引き起こし、生物が壊滅的なダメージを受ける一方、全球凍結からの復帰時には、急激な温暖化や酸素の高濃度化が起こり、生命活動が拡大し生物種が激変してきたというわけです。地球と生命は深く関わりあいながら共に進化してきたことがわかります。

12.4 顕生代（5.4億年前〜現代）

原生代後期の大氷河時代が終わり、再び地球が温暖化を始めると、「カンブリアン爆発」と呼ばれる**多細胞生物**の爆発的な多様化が起こりました。顕生代（Phanerozoic eon）と呼ばれる時代区分の名前は、古代ギリシャ語の「肉眼で見える生物が生息している時代」からきています。実際、この時期に、現在みられる動物門のほとんどすべてが出現したようです。またシルル紀の約4億2500万年の地層から**最古の陸上生物の化石**（コケ植物に似たもの）が発見されていることから、生物が陸上に進出したのもこの頃のようです。

図12.8は、カンブリアン爆発以降の「属」の数の変化を表しています。ここで「属」というのは、生物分類の基本的階級（界門綱目科種）の1つで、我々が普段、犬、きつね、たぬきと識別している分類レベルになります（すなわち動物界脊索動物門哺乳網ネコ目犬科の下に、イヌ属、狼属、きつね属、たぬき属 のグループがあります）。地球誕生からカンブリアン紀までの40億年間と比べ、5.5億年前から生物数が劇的に増加していることがわかります。またこの5.5億年の間に「属」の数が突然減っている出

図 12.8 生物の多様化と大量絶滅

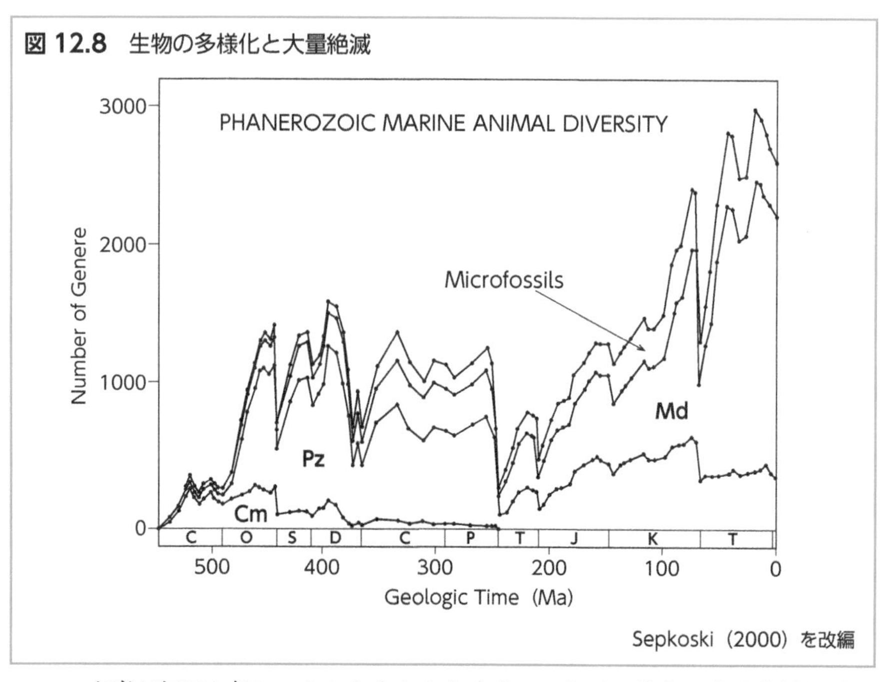

Sepkoski (2000) を改編

来事が何回か起こったこともわかります。これは、**生物の大量絶滅**と呼ばれる現象です。これまで、多細胞生物が現れた原生代末期〜カンブリアン紀以降、オルドビス紀末（O-S境界；約4.4億年前）、デボン紀末（F-F境界；3.6〜3.8億年前）、ペルム紀末（P-T境界；約2.5億年前）、三畳紀末（T-J境界；約2億年前）、白亜紀末（K-Pg境界；約6,550万年前）の、5度の生物の大量絶滅が起こったことが確認されています。

古生物学史上最大級の大量絶滅は、ペルム紀末期のP-T境界（2億5千万年）で、約96％の生物種が絶滅しています。地質学的には同時期に、(1) 地表に存在するほとんど全ての陸地が1か所に集合した超大陸パンゲアが形成し、(2) シベリア洪水玄武岩を形成した過去6億年間でもっとも大きな火山噴火が起こったことがわかっています。またこの頃の世界各地の海洋起源の堆積岩の研究から、約2.5億年前の前後約2,000万年にわたって、海洋全体が酸素欠乏状態にあったことも判明しており、大規模な地殻変動が生物大絶滅の直接的な原因となった可能性が高いです。

三畳紀末（約2億年前）には、生物絶滅が3回起こり、合計で全生物の約76％が滅んだと見積もられています（三畳紀末の大量絶滅）。この3回の絶滅の内、ジュラ紀との境目である2億年前のものは、大規模な火山活動による大気組成の変化やそれに伴う気候の変動が原因とされています。また2億500～600万年前の2回目のものは、海洋中に溶け込んでいる酸素が極端に低下してしまう**海洋無酸素化**が直接的原因とされています。Sato et al.（2013）は岐阜県と大分県の地層に原子番号76のオスミウム（Os）と75のレニウム（Re）が濃集しているのを発見し（**図12.9**）、Os、Reの濃度から約2.15億年前に直径3.3～7.8kmの巨大隕石が地球に衝突したことを明らかにしました。白亜紀末K-Pg境界層のイリジウム（原子番号77のIr）同様、Os, Reという元素は地球の中心部の鉄のコアに集まる化学的性質（親鉄性）があり地球の表面の地殻にはごく微量しか存在しません。よってOs, Reの濃集は地球外からもたらされたと考えるわけです。Onoue et al.（2016）は、この現象が海洋生物の大規模な絶滅を引き起こしたと指摘しています。

6,550万年前のK-Pg境界層は、有名な恐竜の大絶滅が起こった時期です。本来地殻には少ないはずの原子番号77のイリジウム（Ir）ですが、世界中のK-Pg境界層でIrが増加しており、それらの総量から約10kmサイズの天体が地球に衝突したと考えられています（**図12.10**, Alvarez et al.（1980））。ユカタン半島に同年代の巨大クレーターと高圧鉱物、世界各地で津波堆積物が発見されいることから、巨大隕石の衝突が表層環境を激変

図12.9　およそ2億1500万年前の地層におけるオスミウム濃度とオスミウム同位体比の垂直変化

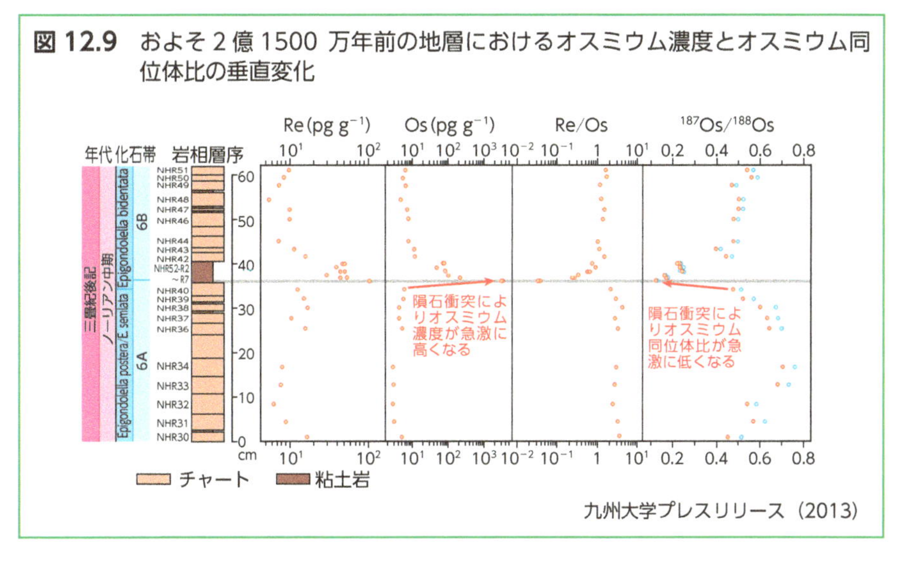

九州大学プレスリリース（2013）

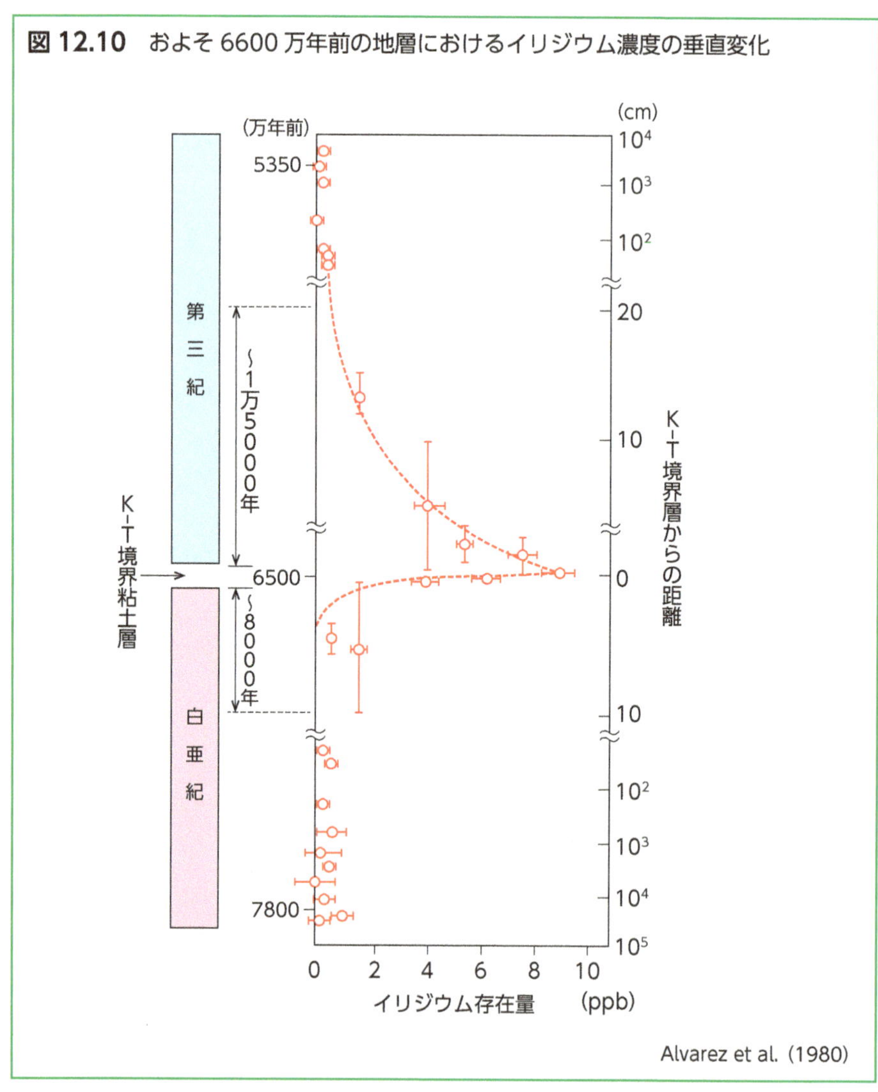

図 12.10 およそ 6600 万年前の地層におけるイリジウム濃度の垂直変化

Alvarez et al. (1980)

させ、恐竜を絶滅させたと確実視されています（Schulte et al. (2010)）。

このように、**生命の大量絶滅**と一言で言っても、天体衝突のような地球外に原因があるものもあれば、超大陸の形成や大規模な火山活動のような地球内部に原因あるものなど、様々な要因が地球の表層環境を変化させたようです。

このような大量絶滅は、当時の生物にとって文字どおり致命的な大事件でしたが、「地球全体の生物進化」の観点からいうと、必ずしも悲観的な出来事だったわけではありません。この天変地異の大事件を生き延びた生物が、空席になった生態的地位を埋めるように繁栄し、生物の多様化が進んだからです。例えば白亜紀以前には小型動物が中心であった哺乳類は、大型恐竜が絶滅したことにより、急速に多様化・大型化が進み、生態系の上位の存在として繁栄することができました。500万年前頃に誕生し、文明を獲得し、現在繁栄している人類にとっては、6,550万年前の隕石衝突は、ラッキーな出来事だったのかもしれません。

こうして、46億年の地球史を俯瞰してみると、地球の歴史の本質は、「安定」ではなく不可逆的な「変動」であることに気づくことでしょう。火山噴火や固有磁場のような地球自身の必然的な変動（**内的要因**）に加え、隕石衝突のような偶発的な**外的要因**による生物圏の壊滅的なダメージから回復する過程で、生物学的な大きな進化が起こってきました。一方で、光合成のような生物自身の活動が、全球凍結や大酸化事件など地球の環境自体を変えてもきました。このように、地球と生物は互いに影響を及ぼしあいながら、共に進化してきたのです。現在、人間活動による自然破壊が問題視されていますが、シアノバクテリアの大酸化イベントに匹敵するような不可逆な環境変化を我々は引き起こそうとしているのかもしれません。

図 12.11　地球と生命の共進化

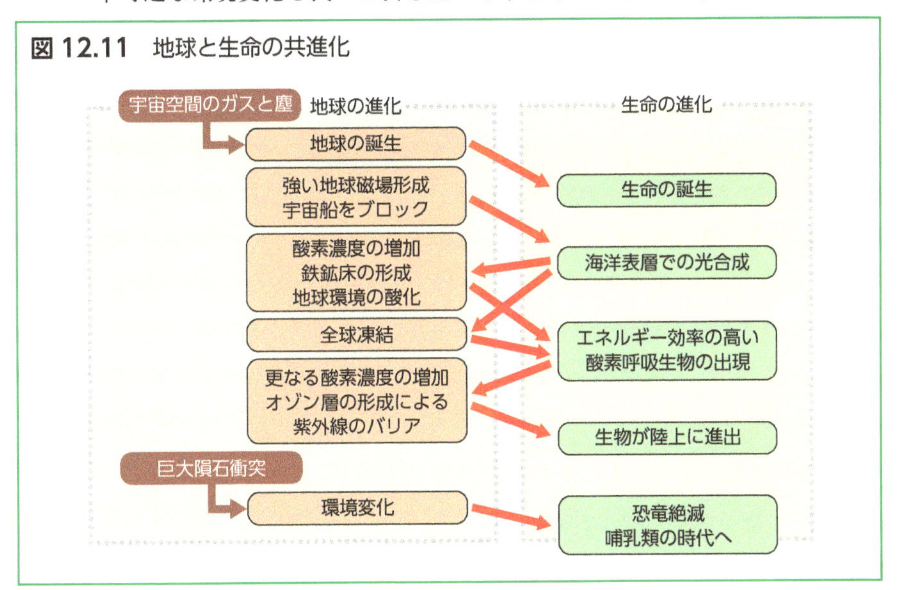

第13章 月の科学

「お月見」、「かぐや姫」、「潮の満ち引き」など、私たちの暮らしに馴染みの深い「月」。惑星科学的に見ると、惑星に対する衛星の質量比の大きい特異な衛星で、地球と力学的にも化学的にも強く関わりながら一緒に進化（共進化）してきたことが分かっています。この章では、最新の観測・分析・シミュレーション計算結果を交えながら、「月の科学の最前線」について紹介しましょう。

13.1 月と地球のユニークな関係

月と地球の距離

約50年前にアポロ・宇宙飛行士が月面に置いてきた鏡（再帰反射器）に、地球からレーザーを照射し、反射光が地球に戻ってくるまでの時間を計測することによって、月と地球の距離を正確に計測できます。月と地球の平均距離は約38万kmで、1年間に3～4cmずつ離れていることがわかっています。

厳密には月は地球を焦点とする楕円軌道を描くため、約27.3日周期で地球に近づいたり遠ざかったりしており、近地点で満月になる時と、遠地点で満月になる時があります（**図13.1**）。近地点での満月の見かけの大きさは遠地点での満月の1.1倍（面積比で1.2倍）になることから、最近では「スーパームーン」と呼び親しまれてます。このような楕円軌道の向きも約9年で変化しています。

図 13.1　月の遠地点と近地点（上図）とスーパームーン（下図）

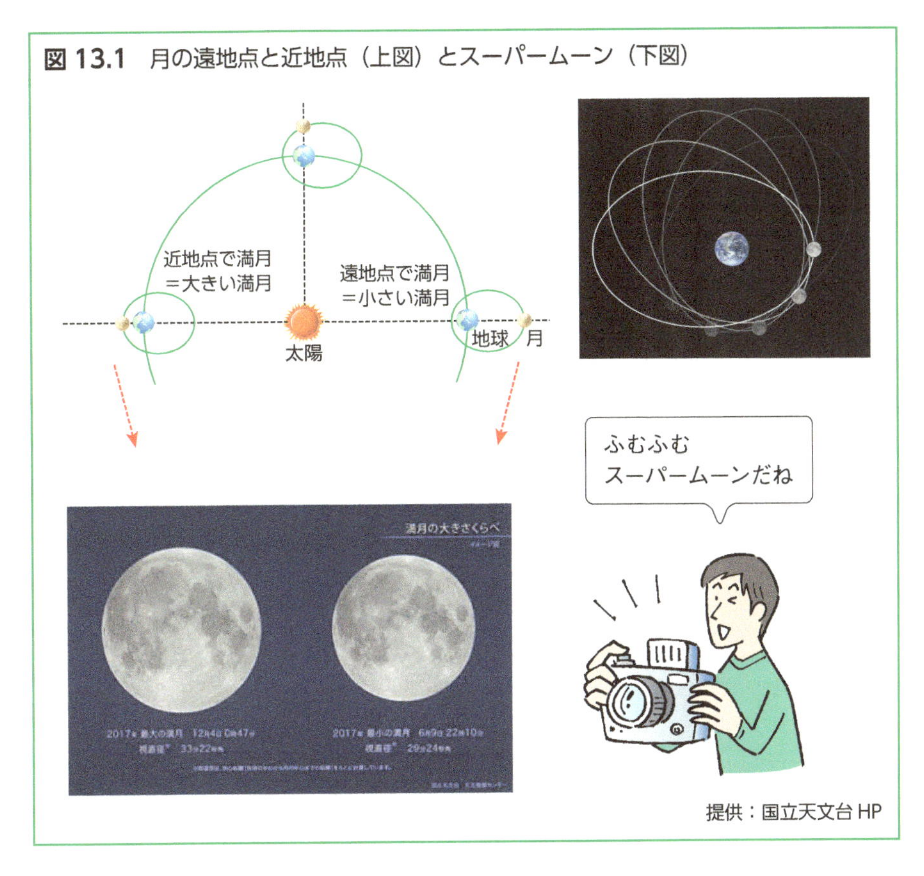

提供：国立天文台 HP

月の大きさ

4章で述べたように太陽系には約190個の衛星あります。地球の唯一の衛星である「月（直径約3,474km)」は、大きさ的には、ガニメデ（約5,262 km)、カリスト（4,820km)、タイタン（約5,150km)、イオ（約3,600km）についで5番目に大きいのですが、「惑星に対する大きさ」という目でみると、月は地球の約4分の1もあり（質量比では81分の1)、ガニメデの木星に対する比や、タイタンの土星に対する比と比べると圧倒的に大きいことがわかります（**図13.2**)。この性質により、地球と月では様々なユニークな現象が起こります。

一番親しみのある日常的な現象は、潮の満ち引きです。月の大きな重力により**図13.3**のように海が変形するため、月が南中する時と真反対にな

図 13.2　惑星と衛星の大きさの比

衛星 ÷ 惑星

地球：12,756km
月　：3,474km
1/3.7
大きい！

火星：6,794km
フォボス：22km
1/309

木星：142,984km
ガニメデ：5,262km
1/27

土星：120,536km
タイタン：5,150km
1/23

図 13.3　潮の満ち引き

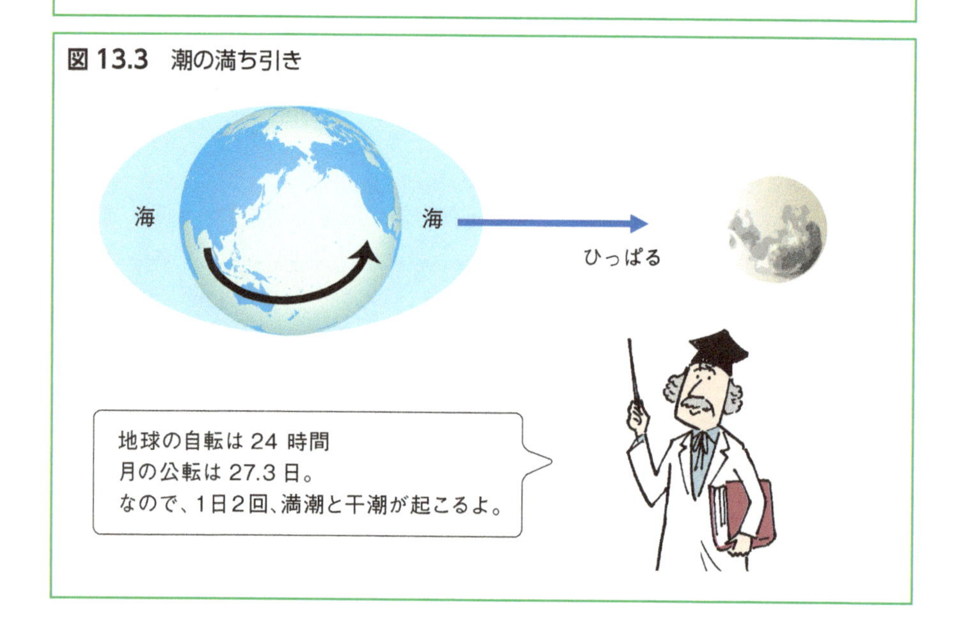

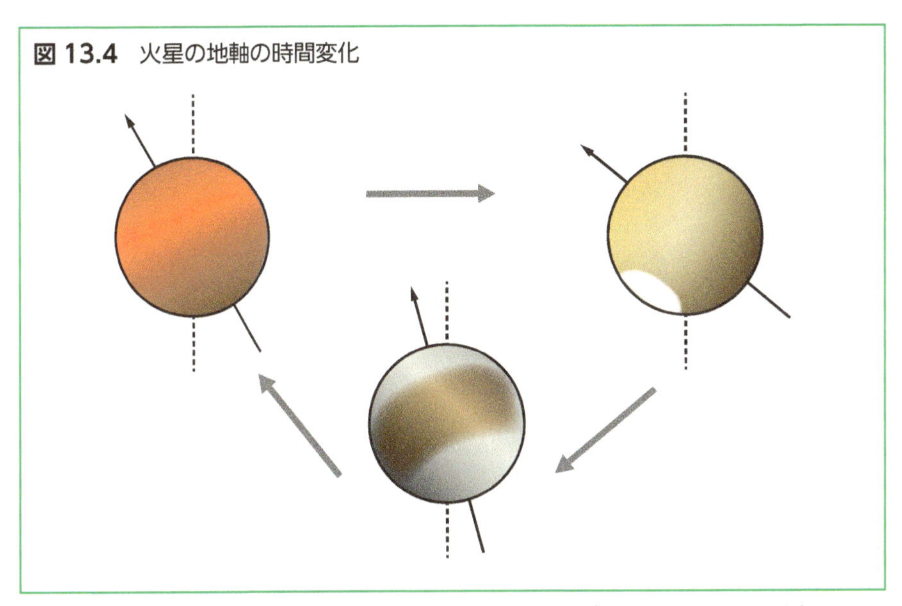
図 13.4 火星の地軸の時間変化

る時（時間差12時間）では満潮、その6時間前と6時間後では干潮となります。これは、地球に対する質量比の大きい「月」ならではの現象で、火星のフォボスやダイモスのような10〜20kmサイズの衛星ではこのような現象はおこらなかったでしょう。

このような大きな月のおかげで、地球の自転軸が安定に保たれていることもわかっています。現在地球の自転軸は公転面に対して23.4度傾いており、そのおかげで春夏秋冬の四季がありますが、その自転軸のふらつきが±1度程度以内におさまっているのです。例えば、衛星の小さい火星では、地軸が1千万年で15〜45度、10億年で0〜70度変動することがシミュレーション計算からわかっています（**図13.4**）。万が一、地球の地軸が横倒しになったら大変です。ある場所では半年間夜のない赤道直下となり、ある場所では夜が半年間も続く極寒環境になります。大きな月のおかげで、地球環境が穏やかに保たれ、生命が育まれているのです。

月と地球の不思議な関係

地球の1日は約24時間です。ただし、これは現在の地球での話。過去の地質や化石を調べると、地球の自転はどんどん遅くなっていることがわかります。例えばオウムガイの縞模様の解析から、約4億年前の1日は約21

図 13.5 オウムガイに記録された月と地球の関係

Nautiloid growth rhythms and dynamical evolution of the Earth–Moon system

Peter G. K. Kahn*
Department of Geological and Geophysical Sciences, Princeton University, Princeton, New Jersey 08540
Stephen M. Pompea
Department of Physics, Colorado State University, Fort Collins, Colorado 80523

Nature Vol. 275 19 October 1978

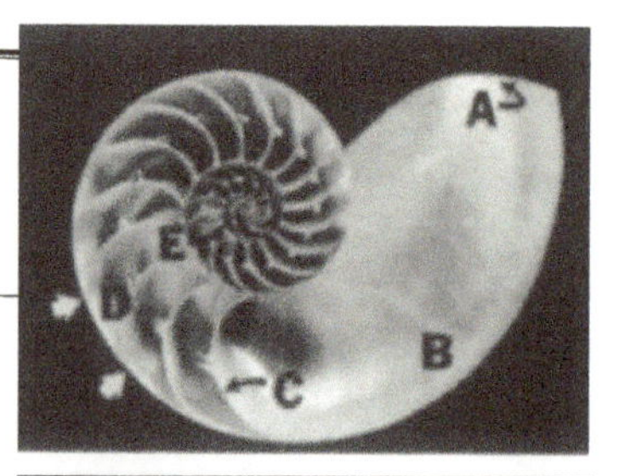

4.2億年前
月と地球の距離は、現在の40%
1日は約**21時間**

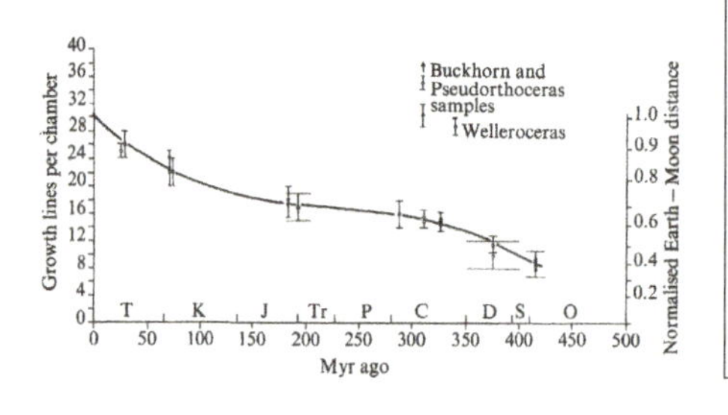

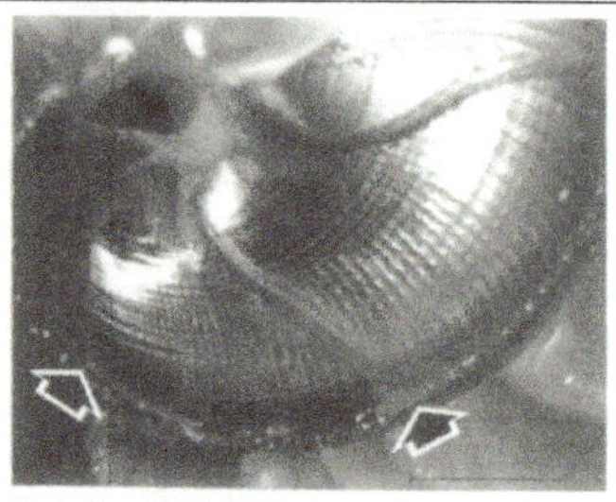

Fig. 3 Ventral section of *Nautilus pompilius* exposing the radial lirae on the interior of the chambers of the initial whorl. The lirae correspond to external growth lines, and their number/chamber averages between 28 and 30. Arrows mark chamber walls. Scale bar, 0.5 cm.

Kahn and Pompea (1978)

図 13.6 地球の自転のブレーキと月の加速

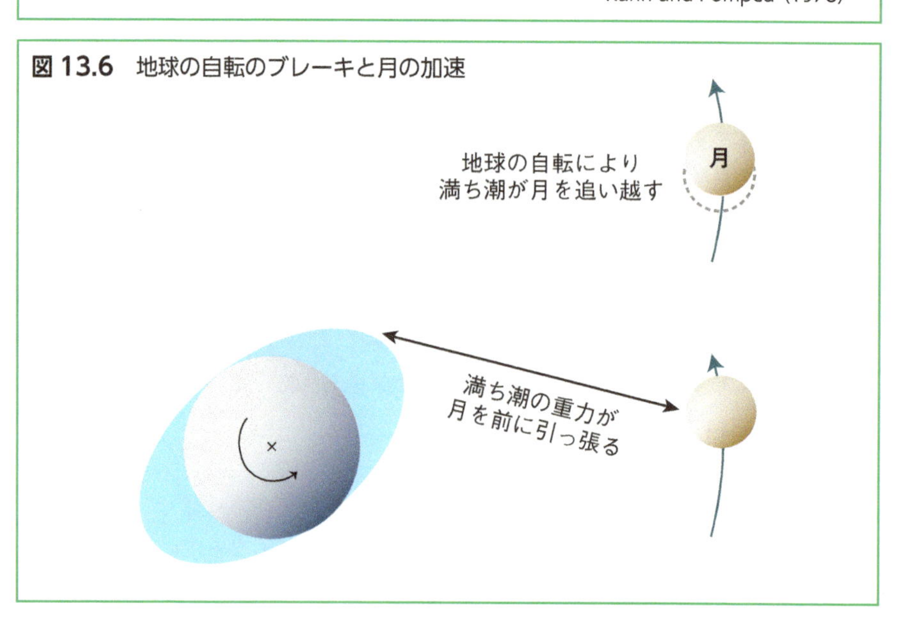

図13.7　月 - 地球システムの角運動量の保存

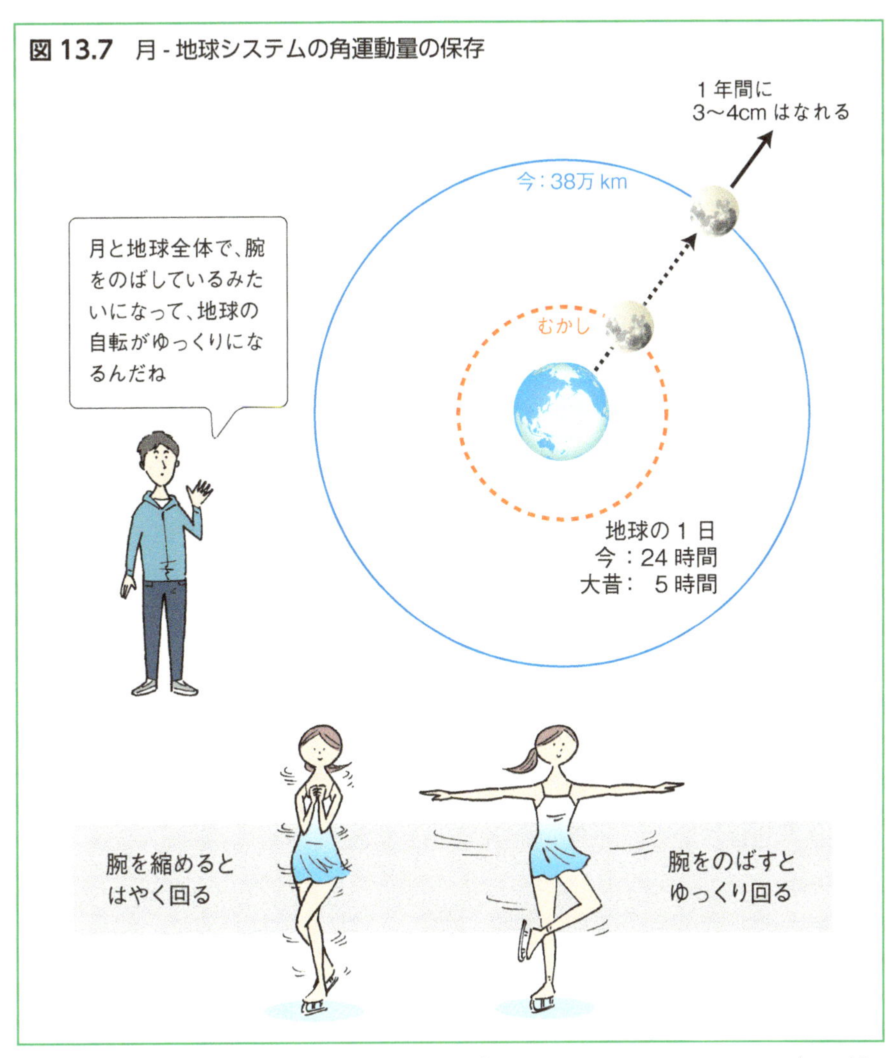

時間だったことがわかっています（**図13.5**：Kahn and Pompea（1978））。詳細な計算により、18億年前の地球の1日は16時間、45億年前は約5時間だったと予想されています。

面白いことに、前節で述べた「月と地球の距離の変化」と、「地球の自転が遅くなる現象」は、密接に連動しています。これは以下のように説明できます。

月の公転周期は約27.3日であるのに対し地球の自転は24時間です。そのため、月の重力に呼応して地球（海を含む）が変形した時には、膨らんだ部分は月を追い越しています（**図13.6**）。そのため、月は絶えず、地球の膨らんだ部分によって前方方向に引っ張られるため加速を受けます。逆に地球の膨らんだ部分は月の重力で後ろ向きに引っ張られるため、地球の自転にはブレーキがかかります。この効果により月と地球の距離が遠くなるのです（角運動量保存の法則）。これは、フィギュアスケートの選手が早くスピンするときは腕を縮ませ、回転を遅くするときに腕を大きく広げるのと同じ現象です（**図13.7**）。このように、月と地球は力学的に密接に影響を及ぼしあいながら、進化してきました。

月の石

1961～1972年の米国・アポロ計画、1959～1976年の旧ソ連・ルナ計画により、これまでに約380kgの月の石や砂（レゴリスと呼びます）が持ち帰られています。また、月に隕石などが衝突した衝撃で月を飛び出し地球に飛来した隕石（月隕石）も約300個近くが発見されています（10.4節）。これらの月の石の詳細な分析から、

（1）月と地球のマントルと地殻の化学組成がよく似ており、同位体レベルでも酷似していること（図10.9）。

（2）ただし、よく見ると月のNa（ナトリウム）とK（カリウム）など蒸

図 13.8　地球マントルと月の組成の比較

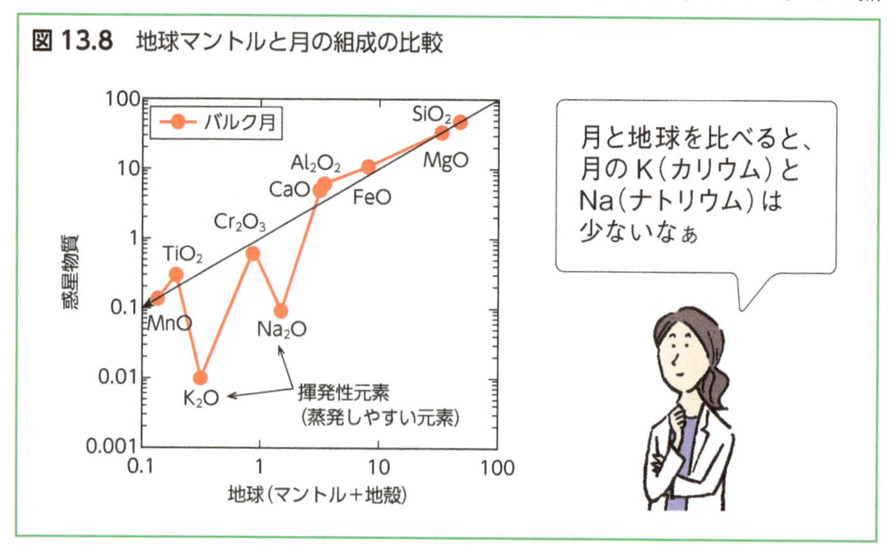

発しやすい元素（揮発性元素）は地球のそれと比べて枯渇していること（**図13.8**）。

(3) 斜長石と呼ばれる月の「高地」を形成している白い岩石は形成年代が44～45億年前と古く、玄武岩と呼ばれる月の「海」を構成している黒い石は形成年代30～40億年前で比較的若いこと。

が明らかになりました。これらの分析結果は、月の起源と進化を探るヒントになります。そのことについては次節13.2で説明しましょう。

13.2 月の起源と進化

月の起源

「衛星/惑星比」の大きい月はどうやってできたのでしょうか？ 現在最も受け入れられている説は、太陽系誕生初期、原始地球と火星ほどの大きさの天体が激突したするジャイアント・インパクト説（巨大衝突説）です（**図13.9**；Hartman & Davis (1975)）。巨大衝突によりマントル-コアの層構造の原始地球のマントル部分が飛び散り、それらが地球半径の数倍の場所で衝突合体して月が形成したという仮説です。これにより、大昔の月と地球が近かったこと、月と地球のマントルの同位体組成が酷似していることが自然に説明できます。また、Na（ナトリウム）とK（カリウム）が月成分の中で少ないのは、岩石を構成する主要元素の中で凝縮温度が低く最も蒸発しやすい元素であるため（表11.2）、衝突時の高温過程により蒸発して、宇宙空間に散逸したためと解釈できます。月の岩石のHf-Wの分析からわかるコアとマントルの分離時期は地球のコア-マントル分離と一致しており太陽系誕生後3,000万年ですから（Yin et al. (2002)）、ジャイアント・インパクトはそれ以前に起こったことは確実です。Ida et al. (1997)、Kokubo et al. (2000) らのN体計算によると、ジャイアント・インパクトで撒き散らされた岩石片からわずか数ヶ月以内に「月」が誕生したようです。

その後、月と地球間の潮汐作用と角運動量保存の法則により、徐々に地球と月の距離が離れ、現在の38万kmの位置まで移動したのでしょう。最

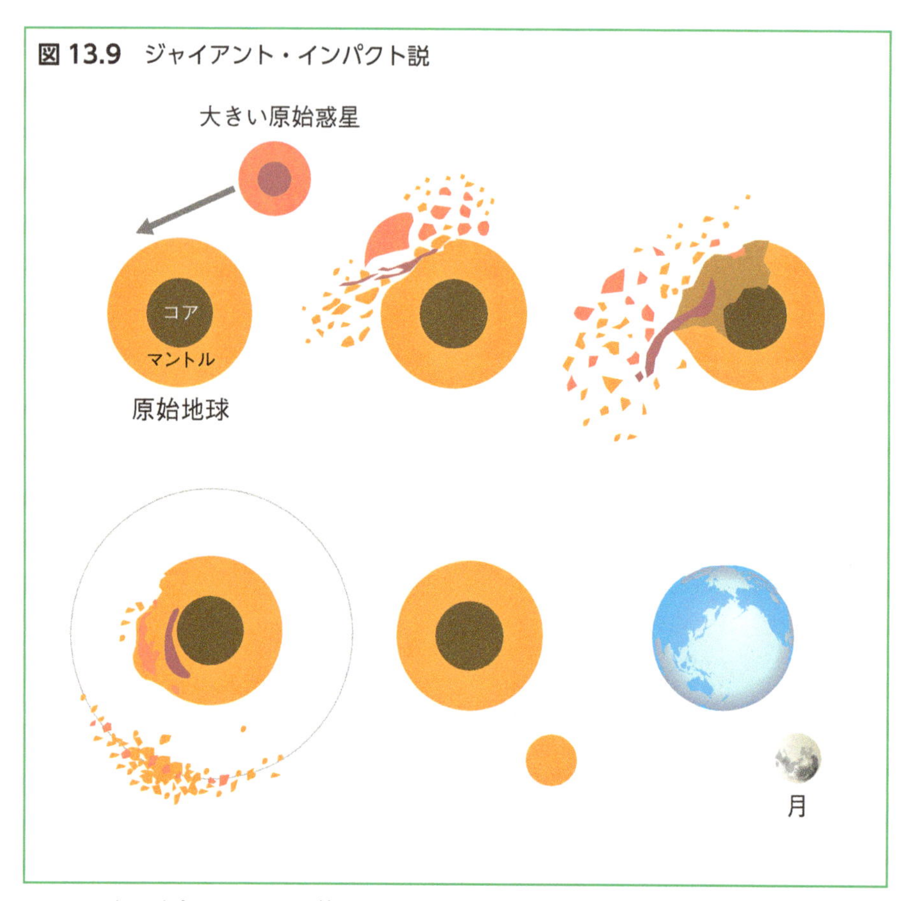

図 13.9 ジャイアント・インパクト説

近の厳密なモデル計算によれば、衝突天体の破片も月の材料物質には含まれるようです。だとすると、月と地球の化学組成が似ている必然性がうまく説明できません。この解決策として、衝突天体も地球近傍で合体成長した微惑星だったため、もともと地球の化学組成と似ていたとか（Mastrobuono-Battisti et al.（2015））、1回の巨大衝突ではなく、複数回の中規模衝突であれば地球組成だけで月ができる（Rufu et al.（2017））、など微修正の加わったインパクトモデルが提案されています。

月の進化

誕生直後の月は、微小天体の衝突合体時のエネルギーにより岩石が溶けた状態「マグマオーシャン」であったと考えられます。これらが冷えて

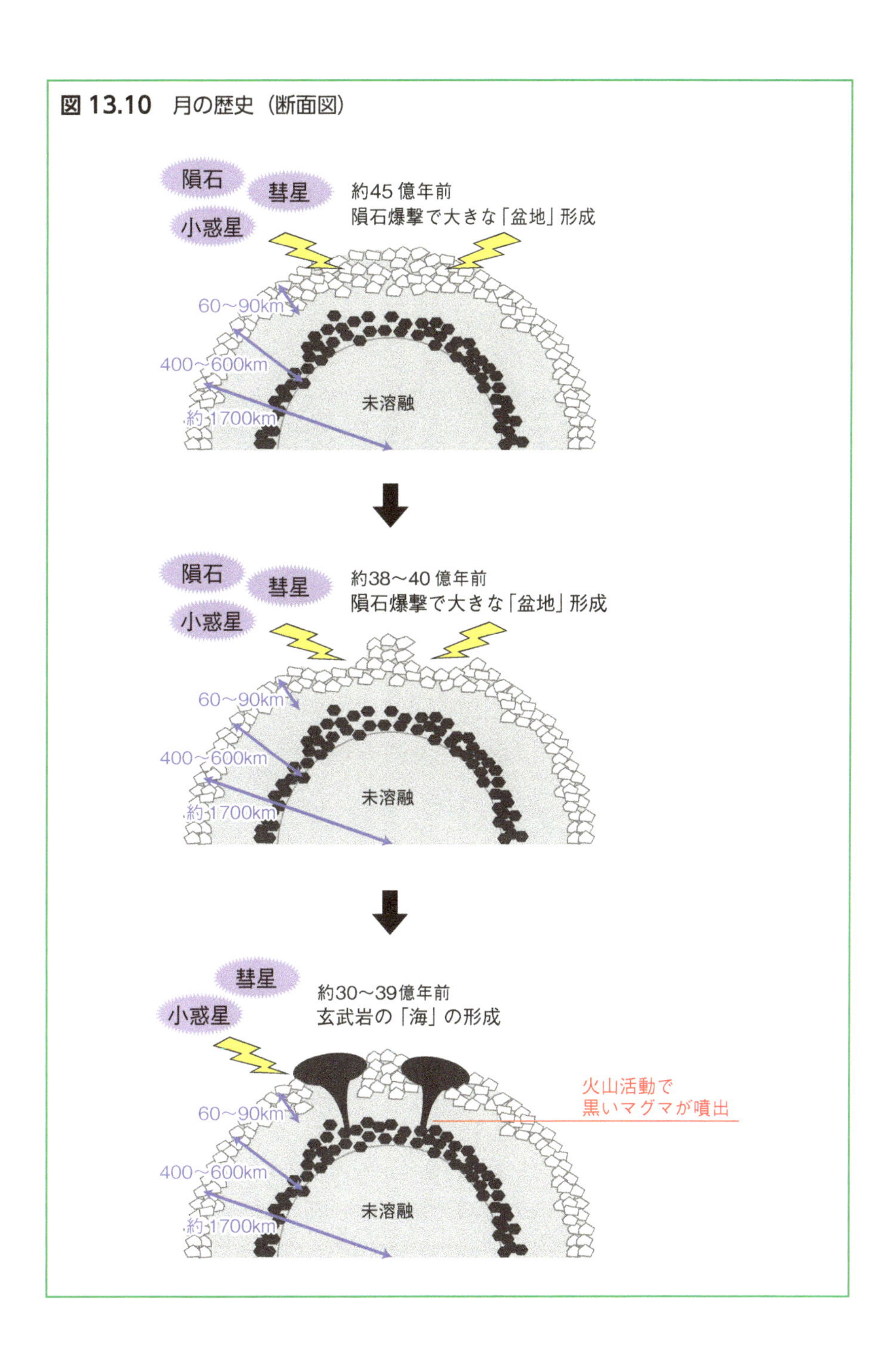
図 13.10　月の歴史（断面図）
隕石
彗星
小惑星
約45 億年前
隕石爆撃で大きな「盆地」形成
60～90km
400～600km
約 1700km
未溶融
隕石
彗星
小惑星
約38～40 億年前
隕石爆撃で大きな「盆地」形成
60～90km
400～600km
約 1700km
未溶融
彗星
小惑星
約30～39億年前
玄武岩の「海」の形成
火山活動で
黒いマグマが噴出
60～90km
400～600km
約 1700km
未溶融

徐々に鉱物が結晶化していく過程で、密度の低い**斜長石**からなる岩石（斜長岩）がマグマオーシャンに浮かび、白い地殻を形成したと考えられます。アポロ計画で採取された斜長岩の年代分析から、44～45億年前に「満月の白い部分」が形成されたようです。一方、密度が大きい成分（＝のちに噴出して、玄武岩になる成分）はマグマオーシャンの下部に沈みました。

その後、月面に大型の小惑星や彗星が衝突し、直径数百kmの巨大な盆地が形成されました。満月を見たときに「うさぎの模様」に見えるシルエットは、直径数百kmの巨大な盆地の重ね合わせです。アポロ計画で採取された岩石には、激しい衝突で形成された**衝突溶融岩**（インパクトメルトロック）がたくさん見つかっており、その年代分析から巨大盆地の形成年代が38～40億年前であることがわかりました。この時代のことを後期重爆撃期（LHB：Late Heavy Bombardment）と呼びます（何がぶつかったのかの考察は13.3節で述べます）。

その後、月の表側で大規模な火山活動が起こり、マグマオーシャンの固化時に深部に沈んでいた成分が、何らかの原因で噴火し、黒い**玄武岩**として月表面に現われました。アポロ・ルナ試料や月隕石の玄武岩の年代分析から、月の火山活動は主として30～39億年前頃に起こっていたことがわかります。

ところで、実際に月面に着陸して岩石が回収された地点は、アポロ計画6箇所、ルナ計画3箇所の合計9箇所しかありません。それ以外の火山活動の時期はどのように推定できるでしょうか？　ここでも、月の特徴であるクレーターが教えてくれます。

クレーターは月面どこでも、いつの時代でも同じ割合でできたと仮定します。そうすると、クレーターの数（密度）が多い地域は、クレーターの数の少ない地域よりも、古い時代にできた地域ということがわかります（**図13.11**）。アポロ計画で着陸した地点は、回収した岩石の形成年代とクレーターの数が求まっていますから、着陸していない地点のクレーターの数と比較することにより、未着陸地点の形成年代を知ることができます。このような手法を**クレーター年代学**といいます。

このようにして、アポロ/ルナ計画の採取した岩石の年代分析の結果と、月面のクレーターの数を使って、月面全体でいつ火山活動が行われて

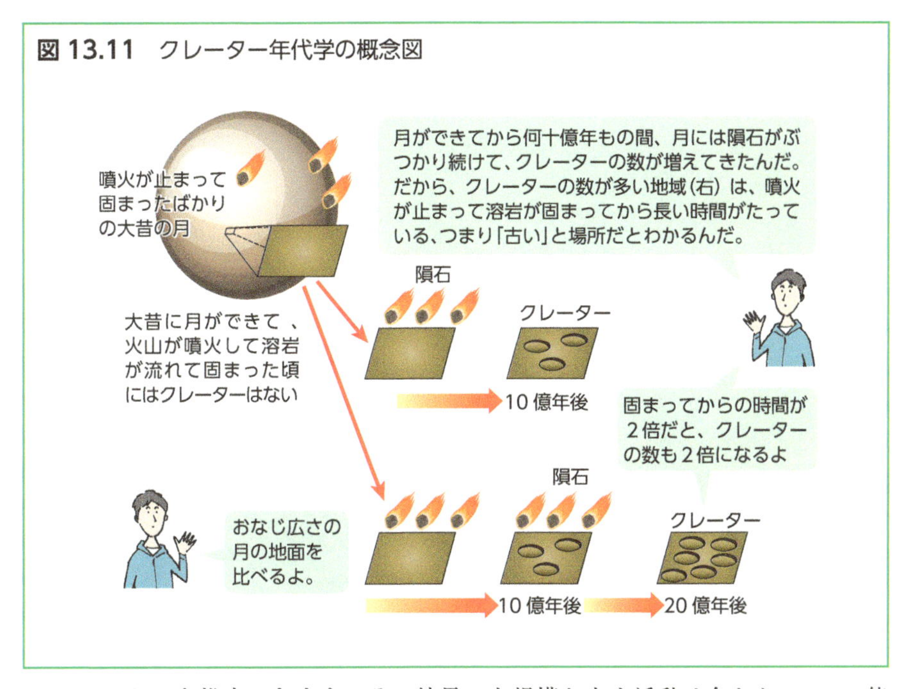

図 13.11　クレーター年代学の概念図

いたかを推定できます。その結果、大規模な火山活動は今から30 〜 40億年前におこり、その後15億年頃まで細々と継続していたと考えられています（Hiesinger et al.（2008））。つまり、「うさぎの模様」に見える満月の黒いシルエットは、今から30〜40億年前にできたというわけです。一方、我々はアフリカ・カラハリ砂漠で発見された月起源隕石Kalahari009に5〜10 μmサイズの43.5億年前の火山活動の痕跡を発見しました（Terada et al.（2007））。月の火山活動は、斜長岩質の地殻の形成とほぼ同時期に始まっており、後期重爆撃期の大規模な天体衝突により、当時の火山活動の痕跡は破砕され高地の岩石によって埋もれてしまったと考えています。

13.3 月から紐解く太陽系の歴史

月には地球のような水や空気による風化はないので、数十億年前の情報を保持しています。面白いことに月の岩石は、月自身の生い立ちだけではなく、太陽系46億年の歴史をも我々に教えてくれます。

図 13.12 月の海（玄武岩）のクレーター年代

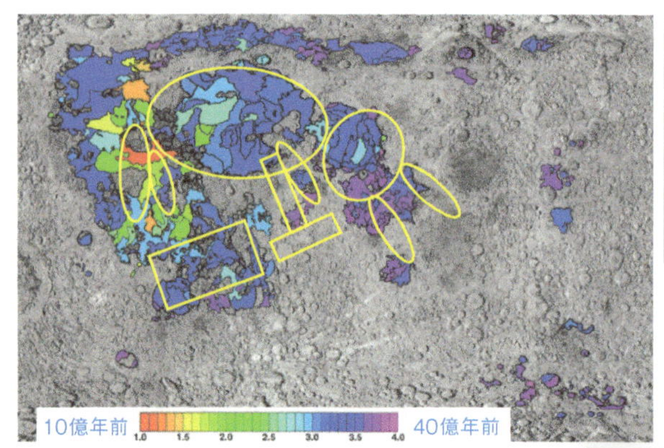

Heisinger et al.（2008）

例えば、最近では定説となっている、誕生初期の惑星が溶融した岩石で覆われる**マグマオーシャン**という考え方も、もともとは月のアルミニウムに富んだ厚い斜長岩地殻の形成メカニズムとして提唱された概念です。また、13.2節でも述べたように、月の衝突溶融岩の年代分析から、今から38〜40億年前に、月の巨大な盆地が相次いで形成されたことがわかりました。また、地球や火星でも同様の現象が起こったとするとうまく説明できる地学的証拠が見つかったことから（Roberts et al.（2009））、今から38〜40億年前に太陽系全体で物質移動が起こり、大規模な天体衝突を引き起こしたと考えられています（**後期重爆撃（Late Heavy Bombardment）**）。

では、後期重爆撃期に大量に落下して来た天体は何だったのでしょうか？ Strom et al.（2005）は、月や地球型惑星の表面にあるクレーターのサイズと個数を精査し、Rプロットと呼ばれる図において約 40 億年前の

図 13.13 クレーターのサイズ分布（緑）と小惑星のサイズ分布（赤）の比較

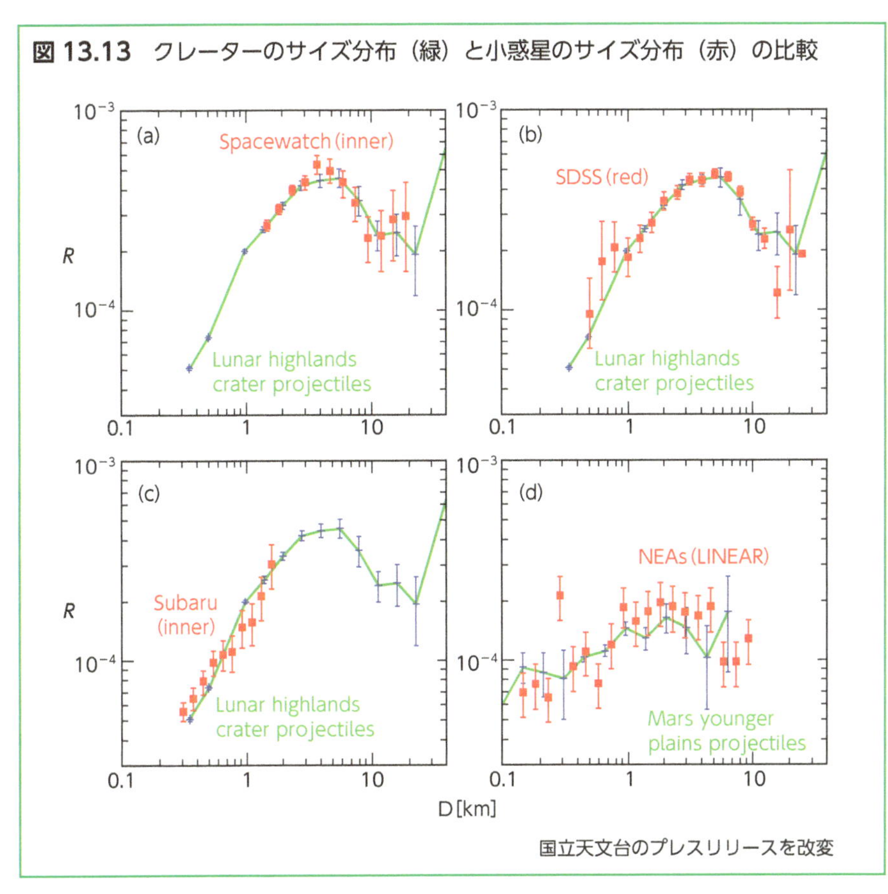

国立天文台のプレスリリースを改変

古いクレーターは山型の分布をするのに対し（**図 13.13a、b、c**）、30億年よりも最近できたクレーターは“平坦な線”になることを明らかにしました（図 13.13d）。次に小惑星のサイズ分布を調べ、(1) 後期重爆撃期に形成されたであろう 40 億年前の古いクレーターを作った衝突天体は、現在のメインベルト小惑星とほぼ等しいサイズ分布を持っているのに対し、(2) 火星の北半球平原に多く見られるような、後期重爆撃期よりもずっと若くて様々な年齢を持つクレーターを作った衝突天体のサイズ分布は、メインベルト小惑星ではなく、現在の地球近傍小惑星のサイズ分布と良い一致を示すことを明らかにしました。

このような大規模な衝突現象を引き起こした原因としては、9.6節で述べた惑星移動説（ニースモデル）が有力です。Gomes et al. (2005) によれば、太陽系誕生後7～9億年頃に、木星と土星の公転周期が共鳴状態となることが示唆されています。一旦、これらの惑星が共鳴状態になると、木星型惑星・天王星型惑星の移動が再び始まり、太陽系小天体の擾乱を引き起こし、後期重爆撃を誘発したというわけです（図9.7参照）。非常に魅力的なモデルですが、天王星と海王星の軌道が逆転したことを示唆するなど、かなりエキセントリックなモデルでもあります。今後の物質科学的な検証が待たれます。

13.4 月と地球の共進化～月に吹く地球からの風～

最近、我々は太陽風によって地球の大気が剥がされ、月に到達していることを発見しました。この章の最後に紹介したいと思います。

地球は、地球磁場によって太陽風や宇宙線から守られています。太陽と反対方向（夜側）では、地球磁場は彗星の尾のように引き伸ばされ、吹き流しのような形をした空間（磁気圏）が作られ、その中央部には熱いプラズマがシート状に存在している領域があります（**図13.14**）。我々は、月周回衛星「かぐや」搭載のプラズマ観測装置が取得した、月面上空100kmの荷電粒子のデータを解析し、月と「かぐや」がプラズマシート（図のシャドー部分）を横切る場合にのみ、高エネルギーの酸素イオン（O^+）が現れることを発見しました（図13.14下図のスペクトルの赤線。約10^4count/cm^2/secに相当）。これまで、地球の極域より酸素イオンが宇宙空間に漏れ出ていることは知られていましたが、その後「地球風」として、38万km離れた月面まで運ばれていることを、世界で初めて観測的に明らかにしました（Terada et al.（2017））。

この発見の面白いところは、月と地球が数十億年にわたって力学的だけでなく、化学的にも影響を及ぼしあって共進化してきたことが、明らかになったことです。大きい「月」が地球の周りを公転することにより、地球環境が安定し、生命が繁栄してきました。そうした生物の活動（光合成）で作られた地球大気中の酸素が、「地球風」として38万km離れた月に到達し、月の表層環境に影響を与えてきたというわけです。なんともロマンチックですね。

図 13.14　太陽風によって剥ぎ取られた地球大気（酸素）が月面に到達する様子

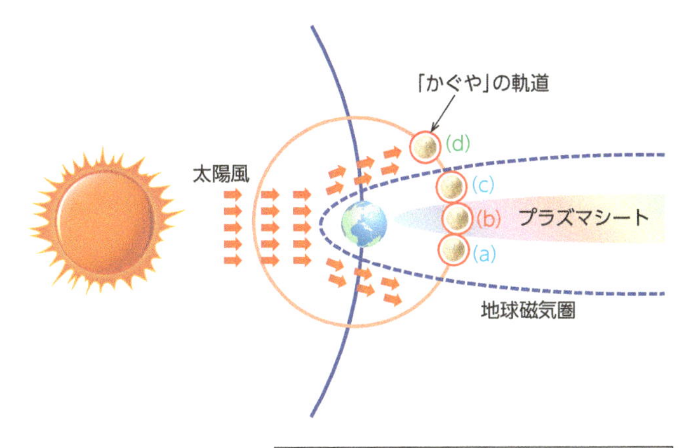

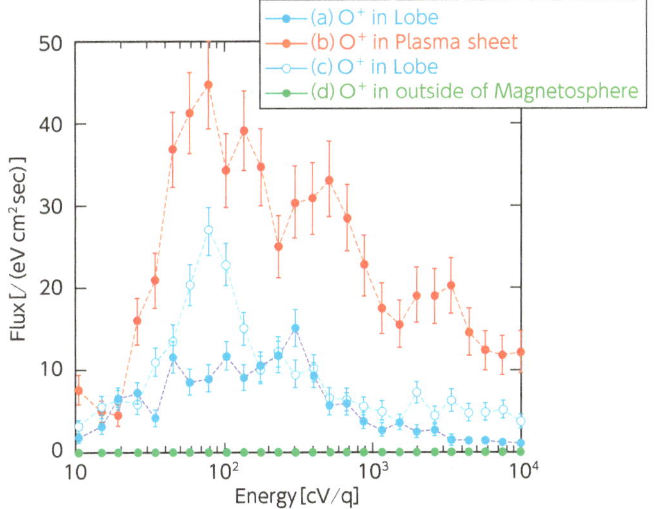

大阪大学プレスリリースを改変

つまり、満月のときに地球の酸素が太陽からの風に吹かれて月に届くのね。ロマンチック！

第14章 太陽系外惑星の観測

ここまで、我々の住む太陽系の起源と進化、形成過程についてみてきました。銀河系全体を見た時、我々の住む太陽系はユニークな存在なのでしょうか？　それともありきたりの存在なのでしょうか？　太陽系外の惑星たちを見てみましょう。

14.1 太陽系外惑星の発見

1995年10月、ジュネーブ天文台のMayor et al.（1995）らは、ペガスス座51番星（51 Pegasi）に木星クラスの質量を持った惑星を発見したと発表しました（Mayor and Quetoz（1995））。太陽系以外に惑星が存在することを、初めて明らかにするエポックメイキングな出来事でした。この発見以来、太陽系外惑星（略して「系外惑星」と呼びます）は続々と見つかっており、2018年現在、3,800個以上の系外惑星が確認されています（**図14.1**）。

14.2 太陽系外惑星の見つけ方

私たちの太陽系を、太陽系外の知的生命体が観測したらどのように見えるでしょう。質量2×10^{33}gの太陽は核融合反応によって$L_{\odot} = 3.85 \times 10^{26}$ Wで自発的に輝いていますが、質量2×10^{30}gの木星は太陽光の反射で輝いており、太陽の明るさの10億分の1しかありません。このような暗くて軽い木星を太陽系外の遠くから見つけることは容易ではありません。それでは天文学者は、どうやって太陽系外の惑星を見つけているのでしょう。

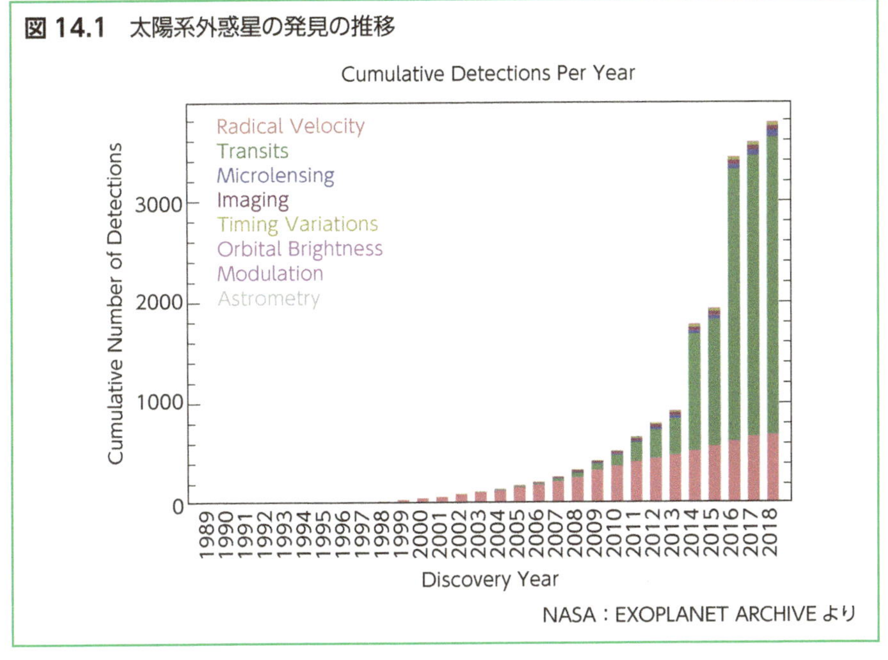

図 14.1　太陽系外惑星の発見の推移

ここでは、よく用いられているドップラー法、トランジット法、マイクロレンズ法、直接撮像法について説明しましょう（図14.1。赤がドップラー法、緑がトランジット法）。

ドップラー法

ハンマー投げの選手がハンマーを振り回している様子を思い出してみましょう。遠くからは小さいハンマー本体は見えませんが、投げている選手がフラフラと揺れているはわかります（**図14.2**）。同様に系外惑星を観測する場合、惑星は暗く小さいため直接観ることは難しいのですが、惑星の重力によって恒星がふらつく様子を観測します。といっても、遠くの恒星の動きは小さいので簡単ではありません。そこで、ドップラー法と呼ばれる特殊な観測手法を用います。

みなさん、救急車が近づく時と遠ざかる時に、サイレンの音色が変わって聞こえるという経験があるでしょう。この現象のことを音のドップラー効果と呼びます。近づく時は音波の波長が短くなるので高音に聞こえ、遠ざかる時は音波の波長が長くなり低音に聞こえるというわけです。星が発

図 14.2　共通重心まわりの回転運動

する光（電磁波）も波の性質を持つので、星が地球に近づく時は波長が短くなり本来の星の色より青っぽく、遠ざかる時は波長が長くなり本来の色より赤っぽく見えます（**図14.3**上：光のドップラー効果）。この原理を利用して、恒星のスペクトルの色の周期変化を観測します（図14.3下）。この周期変動の振幅の大きさから相手型の惑星の質量の情報を、周期から惑星の公転周期、さらにはケプラーの第3法則（万有引力の法則から導かれる、公転周期は軌道半径の3/2乗に比例するという法則；図5.4）から、恒星-惑星間の距離の情報が得られます。Mayorらが1995年に初めて惑星を見つけた手法はこの手法でした。このドップラー法は、重い惑星が恒星の近傍を公転するほど恒星がフラフラしやすく観測しやすいという特徴があります。逆に、質量の小さい地球型惑星は観測しにくいのが弱点です。

トランジット法

先のドップラー法では恒星のスペクトル変化（色の変化）に着目しました。トランジット法では、惑星が地球と恒星の間を横切る時の恒星のわずかな光度の変化に着目します（**図14.4**）。この光度の減少率は、影となる惑星のサイズに比例することから、見えない惑星のサイズを推定することができます。また、その減光する周期から、惑星の公転周期、さらにはケプラーの第3法則から、惑星と中心星の距離がわかります。

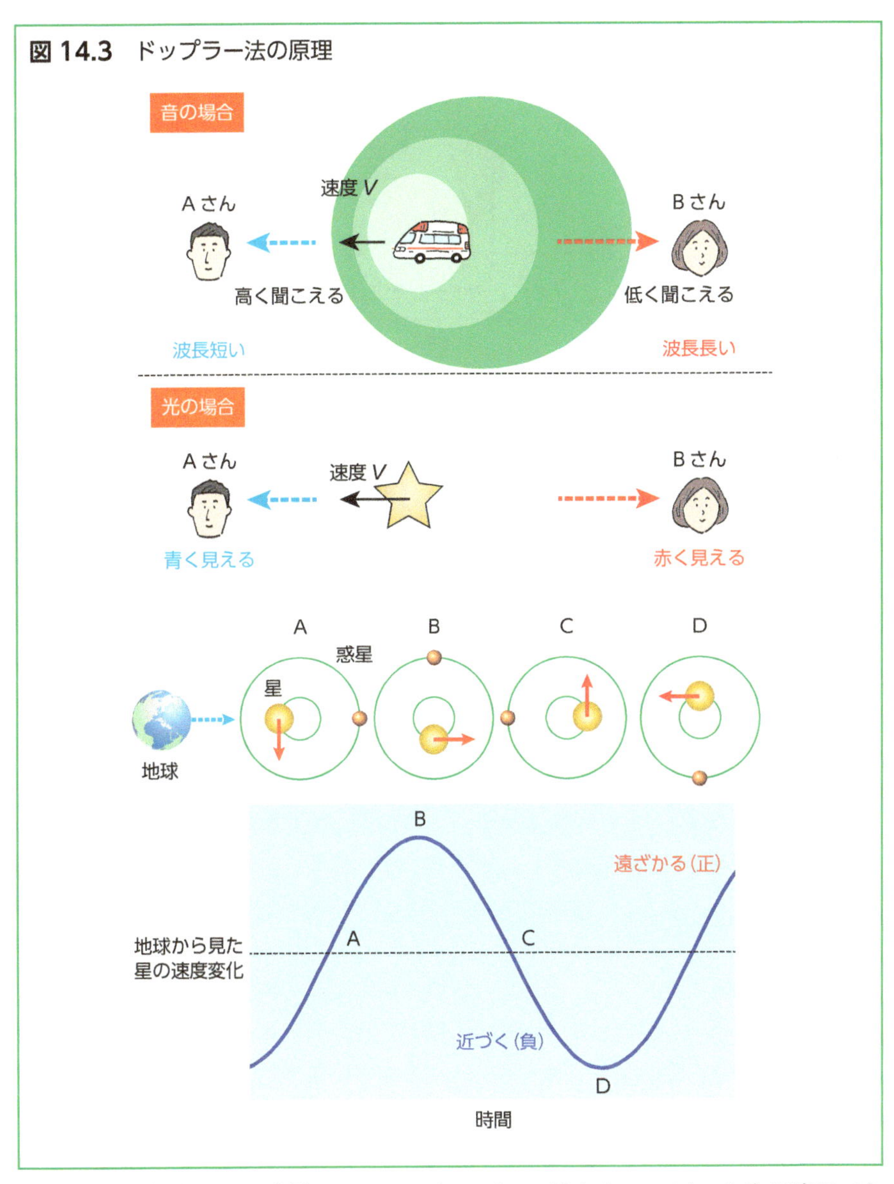

運良く、同じ惑星について、ドップラー法とトランジット法が適用できた場合、惑星の質量と大きさが求まるので、惑星の密度を推定することができます。実際には見えない惑星のタイプが、地球のような岩石型惑星なのか、木星のような巨大ガス惑星なのかもわかります。

図 14.4 トランジット法の原理

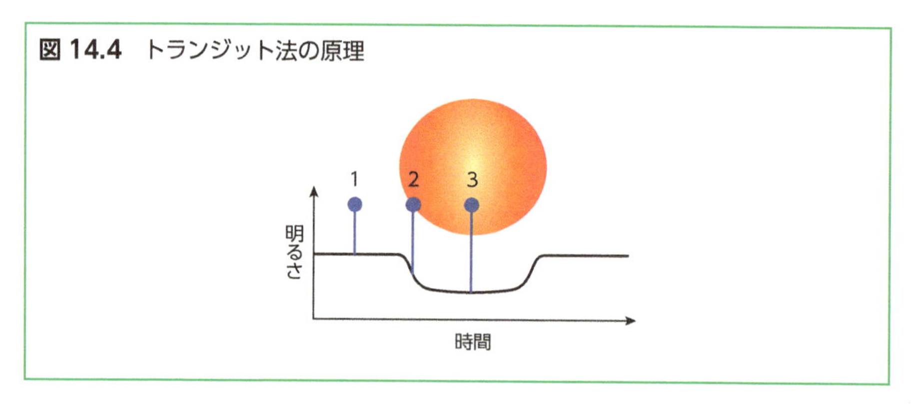

マイクロレンズ法

近年、盛んになってきた系外惑星の探査方法がマイクロレンズ法です。遠くの天体の前を「惑星系」が横切る時、中心星と惑星の重力によるレンズ効果で、遠くの天体から発せられた光が手前にある中心星と惑星の重力（レンズ効果）により集められます。この短期間だけ増光する現象から、惑星の存在を知る手法です（**図14.5**）。

Sumi et al.（2011）らのグループは、ニュージーランドにある1.8m広視野望遠鏡と、チリの1.3mワルシャワ望遠鏡で重力マイクロレンズ現象による系外惑星探査を行い、主星を持たない特殊な**浮遊惑星**を発見しました。この浮遊惑星の発見頻度から、銀河系には恒星の数に匹敵する数千億個の浮遊惑星が存在していると予想しています。

直接撮像法

先に述べたように、中心星の周りを回る惑星の直接撮像は光度の差が大きく難しいものでしたが、近年の観測技術の向上により、数例が観測されています。**図14.6**に、太陽系から129光年の距離にあるかじき座γ型変光星HR8799の撮像写真を示します（Marois et al.（2008））。これまでにHR8799星から15、24、38、68天文単位にある、木星の5～10倍程度の質量の4つの惑星が直接撮影されています。

重要なことは、系外惑星が点源として空間分解できるようになると、系外惑星の個々のスペクトル観測が可能になることです。たとえば、火星・地球・金星を宇宙から観測すると、地球にだけ水蒸気やオゾン（O_3）の

図 14.5　マイクロレンズ法の原理

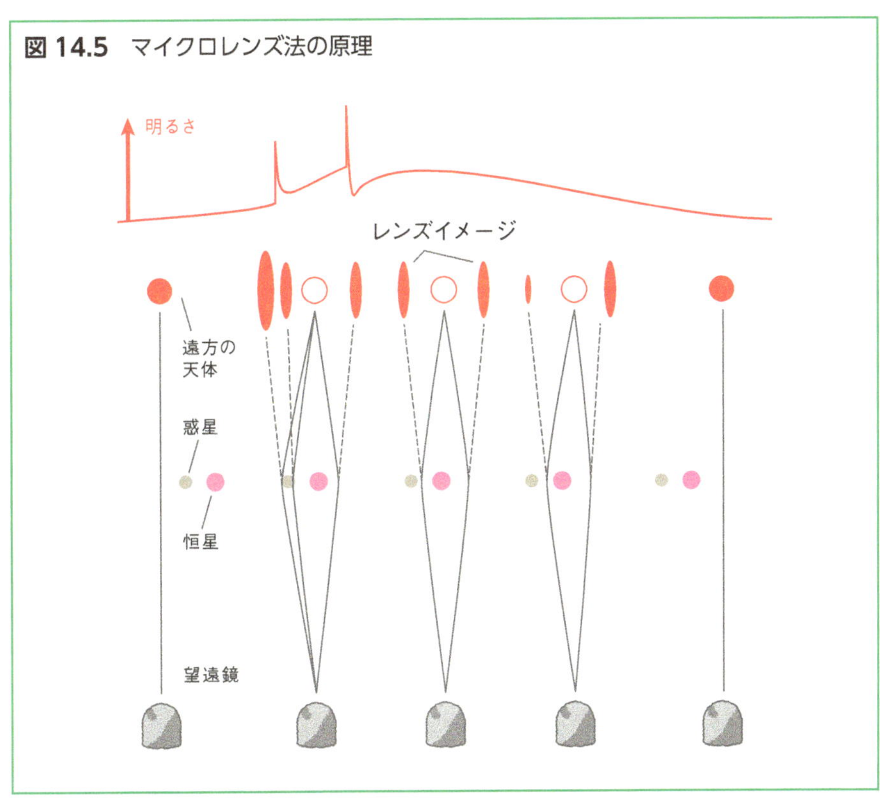

図 14.6　太陽系外惑星（HR8799 系）の直接撮像

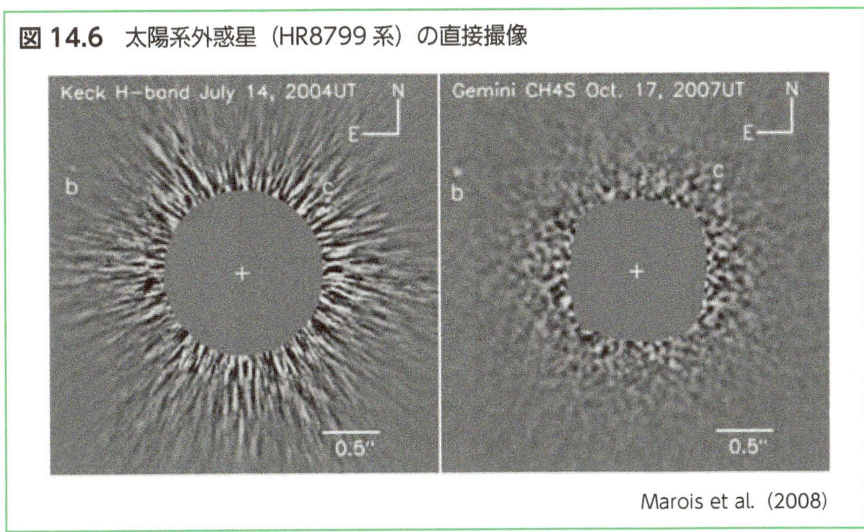

Marois et al.（2008）

図 14.7　太陽系外惑星と地球型惑星のスペクトル観測

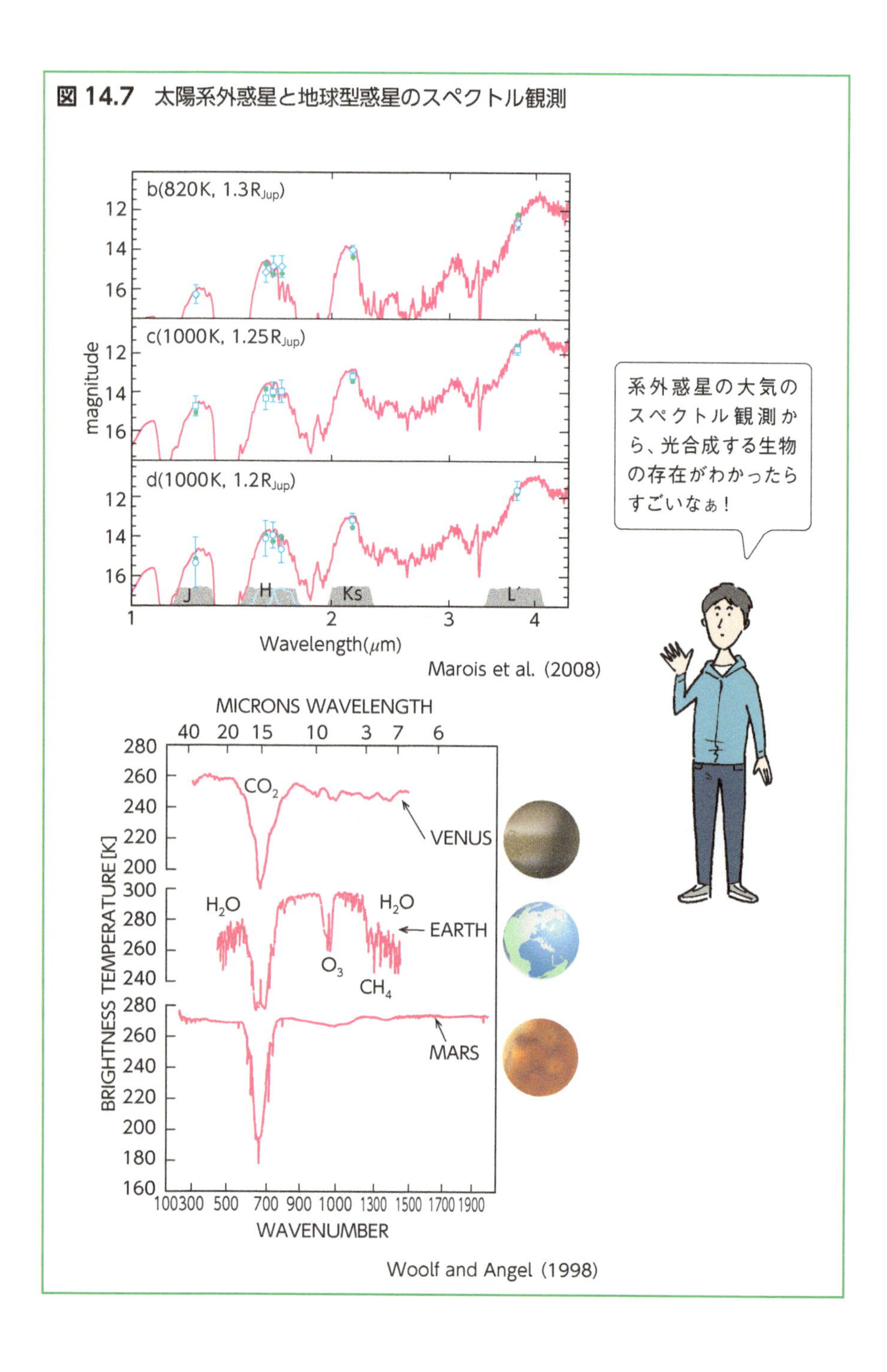

吸収線が見えます（Woolf and Angel（1998））。オゾン（O_3）とは、シアノバクテリアが光合成で作った酸素（O_2）が地上40～50kmで光分解反応を起こしたのものなので（12.3節）、オゾンの存在が宇宙から見えるということは、生命活動が宇宙から間接的に観測できることを意味します。「宇宙人を探す」というとSFっぽいですが、系外惑星の大気スペクトルに生物活動由来の吸収線（バイオマーカーと呼びます）を探すことが可能になってきたいうわけです。近い将来、地球外生命の間接的な証拠が観測できるかもしれません。ワクワクしますね。

14.3 見えてきた系外惑星の特徴

このようにして観測された太陽系外の惑星は、質量が地球の0.1倍から1,000倍以上、公転周期も1日から10万日まで、驚くほどに多種多様です（太陽系の場合、水星で88日、海王星で6万日）。**図14.8**にこれまでに観測された系外惑星をまとめます。

惑星科学者にとって特に驚きだったのは、中心星の非常に近いところを、短い周期で周回している木星タイプの惑星の存在です。Mayorらが1995年に発見した惑星は、中心星の周りを約4日で1周しており、0.4天文単位の位置で表面温度は1,000度と推定されたことから、「ホットジュピター」と呼ばれています。太陽系の常識からすると、木星のような巨大ガス惑星を作るには、H_2Oが氷となって惑星材料物質になるような寒いところでないと誕生しません。当時の我々の「惑星形成論」が根底から覆る発見となりました。

またこれ以外にも、太陽系には存在しないタイプの質量やサイズの惑星も大量に発見されました。質量が地球の数倍の地球型惑星**スーパーアース**、地球質量の10倍から20倍（海王星質量）以下の氷惑星**ミニネプチューン**、木星よりも大きなガス惑星「**スーパージュピター**」などです。**「我々の太陽系は、一般的でも特殊でもなく、多様な惑星系の1形態」**と認識される時代になったというわけです。

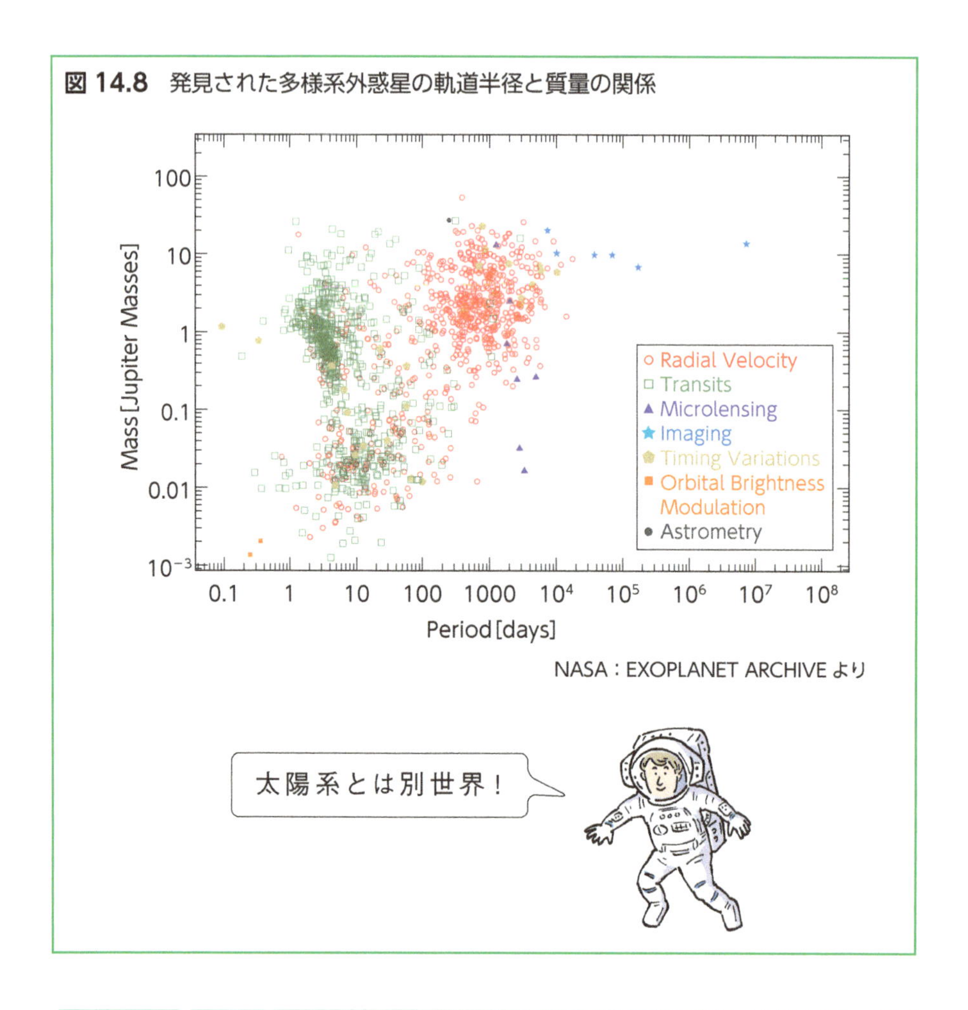

図 14.8 発見された多様系外惑星の軌道半径と質量の関係

14.4 惑星形成論の一般化

このような多種多様な惑星たちの発見を契機に、従来の太陽系形成論から、より**一般化された凡惑星系形成論**の構築が必要となりました。その一例としてKokubo et al.（2002）の研究を紹介しましょう。

9章で紹介した太陽系形成論では、「太陽の質量の1%の円盤（原始太陽系円盤）から惑星たちができた」としました。しかし これまでの**原始惑星系円盤**の観測から、我々の銀河系には、原始太陽系円盤の100分の1の

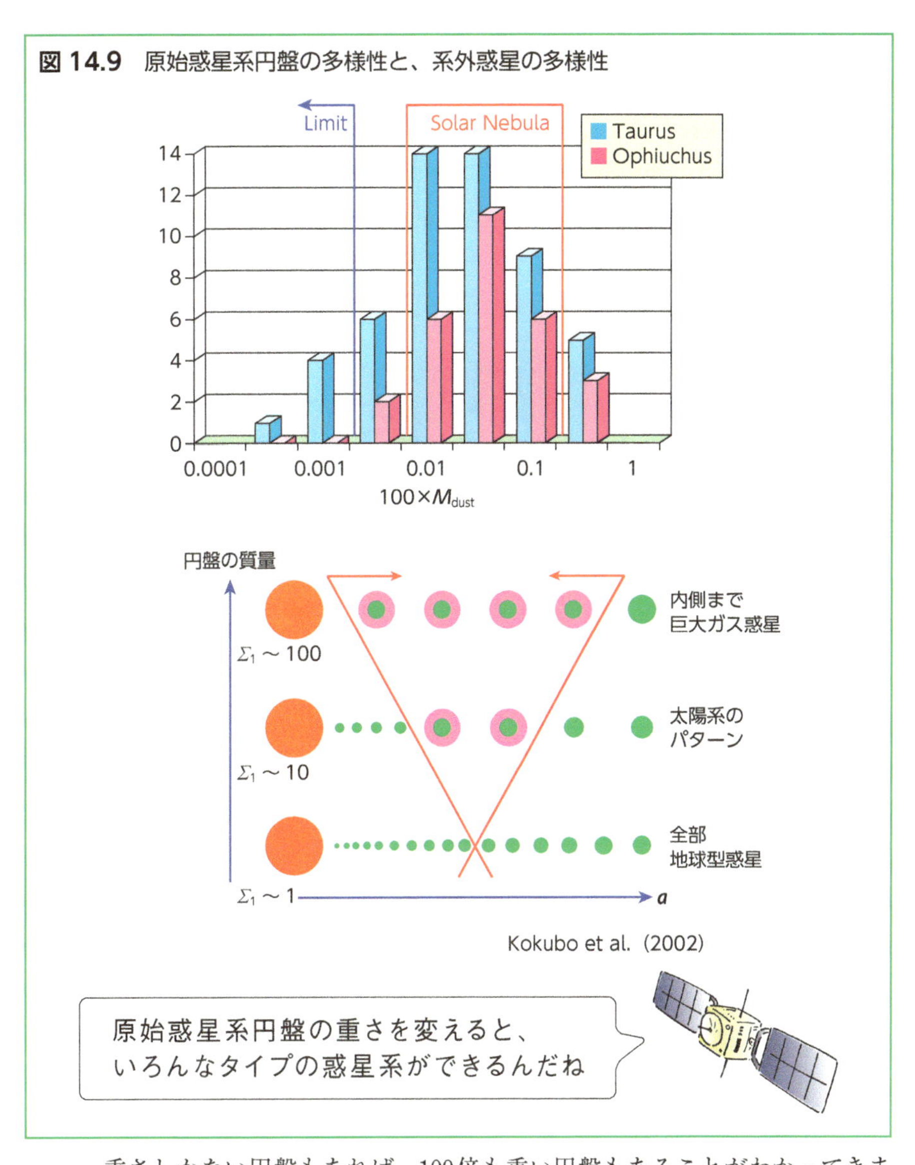

重さしかない円盤もあれば、100倍も重い円盤もあることがわかってきました（**図14.9**上）。そもそも最初から惑星の材料物質の量が4桁も違うわけです。そこでKokubo et al.（2002）は、惑星誕生現場である原始惑星系円盤の質量を変えた時にどのような惑星が誕生するかN体計算を行いました（図14.9下）。その結果、「原始惑星系円盤が重い場合（惑星材料物質

の多い場合)」には、内側の軌道でも十分に大きな原始惑星の形成が可能で、ガス惑星だらけの惑星系が誕生することが示されました。逆に、「原始惑星系円盤が軽い場合（惑星材料物質の少ない場合)」には、固体の原始惑星はできるものの円盤ガスからの暴走的な集積が起こらないため、岩石惑星や氷惑星ばかりが形成されるようです。この一般化した惑星形成モデルから、私たちの太陽系は、ガス惑星と地球型惑星、氷惑星が共存する絶妙な円盤質量だったことがわかります。

14.5 ハビタブルゾーンについて

宇宙の中で生命が居住するのに適した領域をハビタブルゾーン（HZ：habitable zone生命居住可能地域）と呼びます。一般的に考えられるハビタブルな環境とは、地球のように中心天体から放射されるエネルギー量で、水が液体で存在でき、二酸化炭素が凍ってドライアイスになってしまわない領域を指します。現在の太陽系のハビタブルゾーンは、だいたい0.97 天文単位から 1.4 天文単位の範囲で、この領域に入っている惑星は地球だけです。これまで、見つかってきた系外惑星の中に液体の水を保有できるような地球型惑星は存在するのでしょうか? H_2Oは、宇宙を構成する元素の1番目に多い水素（H）と3番目に多い（O）の組み合わせなので、材料的には宇宙には普遍的に存在しそうな化合物です。問題は、H_2Oが液体の状態でいられるかということです。

恒星は、質量が重い星ほど明るく（$L \propto M^{3.5}$)、単位時間当たりのエネルギー放射量が多いという特徴があります（図6.6)。よって、重く明るい星のハビタブルゾーンは中心星から遠い領域、軽く暗い星のハビタブルゾーンは中心星に近い領域になります（**図14.10**)。例えば、太陽質量の2倍の星は明るさ（＝輻射エネルギー）は太陽の11倍（$=2^{3.5}$）になるため、太陽半径の地球軌道の3倍（$\fallingdotseq\sqrt{11}$）あたり（太陽系でいう小惑星帯あたり）がハビタブルゾーンになります。逆に太陽質量の2分の1の星は、明るさが太陽の0.09倍（$=0.5^{3.5}$）になるため、中心星から0.3天文単位（$\fallingdotseq\sqrt{0.09}$）あたりがハビタブルゾーンになります。最近、Gillon et al.(2017）は、みずがめ座の赤色矮星「TRAPPIST－1」の周囲に、地球サイ

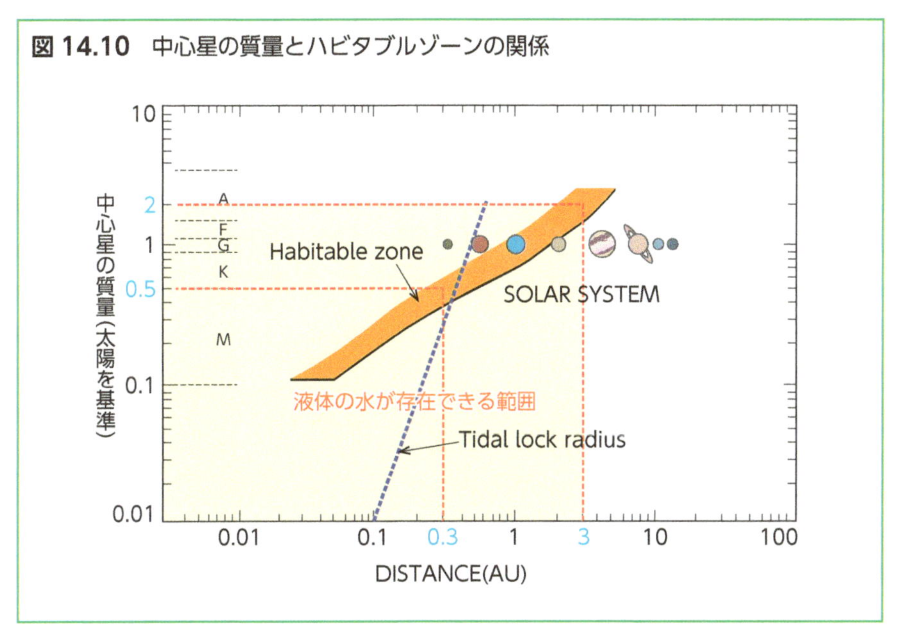

図 14.10　中心星の質量とハビタブルゾーンの関係

ズの惑星を7つ発見しました。1つの星の周りに地球サイズの惑星がこれほど多く見つかったのは初めてのことで、しかも7つのうち3つはハビタブルゾーン内に位置していることから、大変注目されています。

中心天体の放射エネルギーが届かなくても「液体の水を保有する」ことがハビタブルゾーンだとすれば、内部海が存在するエンケラドスやエウロパのような氷天体もその候補となりうります。H_2Oの氷を溶かす熱源には、惑星による潮汐力以外に、放射性元素の崩壊熱があります。そうだとすると、従来のハビタブルゾーン（中心星からの距離）よりももっと遠くにある氷天体や、恒星から重力を逃れた浮遊惑星にも生命がいる可能性はあります。ただし、人間にはとっては「ハビタブル＝居住可能」とは言い難い過酷な環境であることに違いありません。

第15章 ドレイクの方程式と地球の将来

15.1 ドレイクの方程式

銀河系内の宇宙文明の数を推定する思考実験として、米国のフランク・ドレイク（Frank Drake）が1961年に提案した**ドレイクの方程式**があります。この方程式にはいろいろ変型版がありますが、ここでは以下の式について考えて見ましょう。

銀河系内の宇宙文明の数の推定（ドレイクの方程式の改訂版）

$$N = N_{star} \times R \times f_p \times n_e \times f_l \times f_i \times f_c \times L_{文明} \div L_{star}$$

ここで、各パラメーターは

N_{star} ＝銀河系の恒星の数
R ＝文明を持つ生命を生み出す条件を持つ恒星の割合
f_p ＝そのような恒星が惑星系を持つ割合
n_e ＝その惑星系の中で生命を生む環境を持つ惑星の数
f_l ＝その惑星上で実際に生命が誕生する確率
f_i ＝生命を持つ惑星の中で知的生命が誕生する割合
f_c ＝知的生命が、宇宙に強い電波を出すまでになる確率
$L_{文明}$ ＝そのような文明が存続する時間
L_{star} ＝中心星（～惑星）の寿命

を意味します。この式を使って、銀河系内の宇宙文明の数を、少し古い20世紀的な視点でざっと推定してみましょう（21世紀的な視点については後で述べます）。

まず「N_{star} ＝銀河系の恒星の数」ですが、これはざっと1,000億個とし

ましょう。次に「R＝文明を持つ生命を生み出す条件を持つ恒星の割合」ですが、銀河中心に近すぎると宇宙線照射量が高すぎるとか、いろいろな条件がありますが、ざっと0.1としましょう。つぎに「f_p＝そのような恒星が惑星系を持つ割合」ですが、中心星の化学組成（金属量）によって惑星を所有しやすい・しにくいということがわかっています（8.5節）。そこでエイやっと10％の恒星で惑星をもつことにしましょう。つぎは、「n_e＝その惑星系の中で生命を生む環境を持つ惑星の数」ですが、太陽系の中で生命を生む環境を持つのは地球だけですから1としましょう。我々は「地球における生命」しか知らないので、「f_l＝その惑星上で実際に生命が誕生する確率」、「f_i＝生命を持つ惑星の中で知的生命が誕生する割合」、「f_c＝知的生命が、宇宙に強い電波を出すまでになる確率」は、大変難しい問題です。地球外の天体に単細胞が発生したとして、それらが知的生命体にまで進化するのか、それらが「宇宙に向け電波を出したくなるのか」なんて推定のしようがありません。ただ、地球における生命進化は「特別の事ではないだろう」とすれば、$f_l=1$、$f_i=1$、$f_c=1$と仮定することはできます。次に「$L_{文明}$＝そのような文明が存続する時間」です。これは、我々の人類の文明の継続時間です。人類自体は、数百万年前に誕生していますが、実際に電磁波を操り通信ができるようになったのは、たかだか約100年前のことです。今後、人類が何年、栄えることができるかも誰にもわかりません。恐竜を絶滅させた彗星衝突のような天変地異の頻度は1億年1回程度と見積もられています。一方、核戦争が起こると、一瞬で人類は滅びてしまいます。ここでは希望も込めて、文明の継続時間を1,000年としましょう。最後に「L_{star}＝中心星（〜惑星）の寿命」ですが、太陽が赤色巨星になって地球を飲み込むまでの時間（主系列星としての寿命）として100億年としましょう。そうすると、「$L_{文明} \div L_{star}$」は、100億年の地球の寿命のうちの文明が存在する期間の割合となり、宇宙人が地球を見たとき、たまたま文明が存在する期間を観測する確率とみなすこともできます。

さて、これらの値をドレイクの方程式に代入してみましょう。すると、銀河系内に存在する知的生命体がいる惑星の個数として、

$$
\begin{aligned}
N &= N_{star} \times R \times f_p \times n_e \times f_l \times f_i \times f_c \times L_{文明} \div L_{star} \\
&= 1{,}000\text{億個} \times 0.1 \times 0.1 \times 1 \times 1 \times 1 \times 1 \times 1{,}000\text{年} \div 100\text{億年} \\
&= 100\text{個}
\end{aligned}
$$

が得られます。みなさんはこの数を多いと思いますか？　少ないと思いますか？

通信が可能か？

1章で述べたように、宇宙には、銀河系のような「銀河」が約1,000億個あります。我々の銀河系内の文明数が100個ということは、宇宙全体では、100文明×1,000億個＝10兆個もの文明が存在しそうです。これは、とてつもなく大きい数字のような気がします（宇宙は、宇宙人だらけ!）。

では、我々は宇宙人と通信することができるのでしょうか？　ちょっと概算してみましょう。私たちの銀河系は、差し渡し10万光年の円盤で、そこに100個の文明が存在することがわかりました。そこで簡単のために、10万光年×10万光年の平面に、100個の「地球」をばらまいてみます。すると隣の地球（文明）までの距離は約1万光年ということになります。宇宙人との通信の可能性を考えると、これは都合がよくありません。隣の文明に「ヤッホー」と声をかけて、「ヤッホー」と返事が戻ってくるまでに、往復2万年もかかってしまうからです。先ほどのドレイクの方程式の計算では、文明の継続時間を1,000年としました。隣の文明から返事が戻ってくる前に、我々人類は滅びてしまって、宇宙人の声を聞くことができません。

図 15.1　銀河系に地球のような天体が100個あった場合

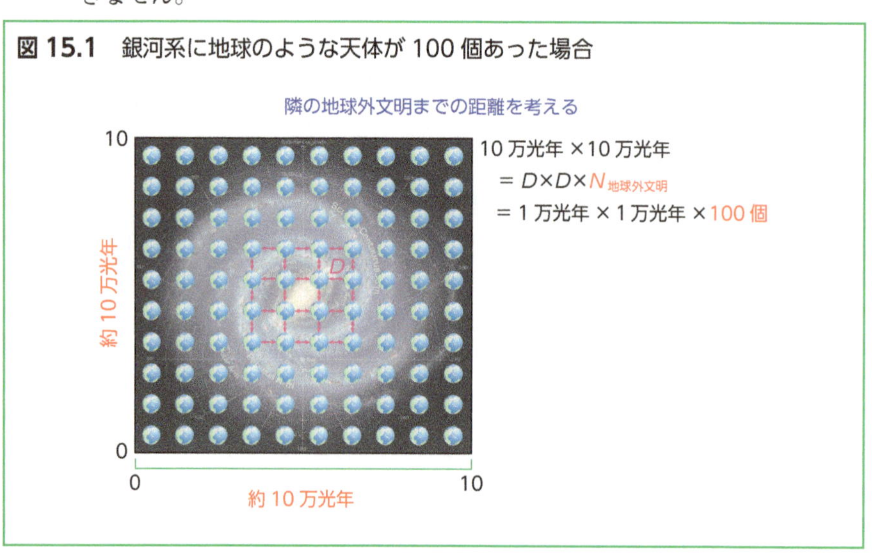

表 15.1　文明の継続時間と文明間距離の関係

文明の継続時間 Lの分子	地球外文明の数 $N_{知的生命体}$	文明間の距離	
100年	10個	約3万2,000光年	通信不可能
1,000年	100個	約1万光年	通信不可能
10,000年	1,000個	約3,200光年	1.5往復

では、隣の地球の宇宙人の声を聞くにはどうすれば良いのでしょうか? ドレイクの方程式のパラメーターを見直して見ましょう。各パラメータを推定するのは難しかったのですが、逆にそう簡単には文明の数を増やすことができないことがわかります。一番、簡単なのは、人類の文明の継続時間を増やすことです。例えば、文明の継続時間を「$L_{文明} = 10,000$年」とすると、地球外文明の数は1000個となり、最も近い文明までの距離は約3,200光年となります。これだと、隣の文明から返事が戻ってくるのは約6,400万年ですから、かろうじて1.5往復は交信が可能になります。ただし、「あまたの星の中から、どの星が文明をもっているかをお互いがピンポイントで突き止めておいて通信を行わないと、交信は難しそうです。このような荒っぽい概算ですが、「銀河系内に宇宙人はいる。ただし、交信は簡単ではない」ということはわかります。

みなさんへの宿題

実際のところ、「ドレイクの方程式」の正解は誰にもわかりません。科学が発展すればするほど、各パラメータが変わってきていますし、もっと複雑な偶然や必然で、惑星形成や地球環境の安定性が左右されることがわかってきているからです。13.1節では、地球が大きな衛星「月」を獲得したことで、地球環境が安定し生命にとってはラッキーだったという話をしました。そのような「惑星に対する質量比の大きい衛星」である月の存在は、太陽系では非常にユニークで、地球型惑星形成の最終段階のジャイアント・インパクトによる偶然の産物と考えられています。惑星形成の最終段階で地球と火星サイズの天体が斜め45度の角度で衝突するというような確率を推定することは難しいでしょう（13.2節）。また先の概算では中心星が主系列星段階でしか文明を保持できないという暗黙の仮定をしましたが、最近では、白色矮星や中性子星、褐色矮星の周りでも惑星がみつかってきました。恒星は軽い星ほど数が多いことがわかっていますし(8.4節参照)、ハビタブルゾーンに惑星が複数個ある系外惑星系も発見されていますから（14.5節)、「R＝文明を持つ生命を生み出す条件を持つ恒星の割合」、「f_p＝そのような恒星が惑星系を持つ割合」や「n_e＝その惑星系の中で生命を生む環境を持つ惑星の数」は、今後の研究の展開で大きく変わる可能性があります。みなさんもコラムの「考慮すべき最新の知見例」を考慮して、自分なりに「ドレイクの方程式」を解いてみて、宇宙で我々はありふれた存在なのか、特別な存在なのか、思いを馳せて見てはいかがでしょうか?

銀河系内の宇宙文明の数の推定（Drakeの方程式の改訂版）

$$N = N_{star} \times R \times f_p \times n_e \times f_l \times f_i \times f_c \times L_{文明} \div L_{star}$$

【考慮すべき最新の知見例】

N_{star}＝銀河系の恒星の数

- 銀河系の質量⇄恒星の数

R＝文明を持つ生命を生み出す条件を持つ恒星の割合

- 恒星の金属量
- 銀河宇宙線照射量
- 恒星の質量（≒寿命）

f_p＝そのような恒星が惑星系を持つ割合

- 連星系の誕生率（50～70%）
- 主星の金属量と惑星所有率の相関

n_e＝その惑星系の中で生命を生む環境を持つ惑星の数

- 地球型惑星の誕生率⇆原始惑星系円盤の質量
- 地球型惑星の大きさ⇆水惑星か、陸惑星か？
- 水の存在
  - ・エンケラドスのような氷天体にも内部海
  - ・浮遊惑星にも内部海？
- 巨大衛星の獲得率？

f_l＝その惑星上で実際に生命が誕生する確率

f_i＝生命を持つ惑星の中で知的生命が誕生する割合
f_c＝知的生命が、宇宙に強い電波を出すまでになる確率
- 生命の発現／進化は、必然的な化学反応？
  - ・突然変異の発生確率（宇宙線照射量の関係？）
- 天変地異の頻度？（＝生命の主役交代のタイミング？）

$L_{文明}$＝そのような文明が存続する時間
- 地球惑星科学的な天変地異の頻度
- 不可逆な人間活動

L_{star}＝中心星（～惑星）の寿命
- 白色矮星、中性子星の周りで惑星を発見

15.2 地球の将来

これまで見てきたように、広く希薄な宇宙空間で地球が誕生し、生命が進化するには、様々な偶然や必然が重なった結果だということがわかったと思います。こう考えると、まるで「人類が誕生するように、宇宙はお膳立てされていた」ようにさえ思えるほどです。

しかし、これからの地球は、人類には厳しいものになりそうです。例えば、「恐竜を絶滅させた10kmサイズの天体衝突は、1億年に1回」と考えられています。最後の衝突からすでに6,600万年たっていますから、あと3,000～4,000万年以内に、10kmサイズの天体の衝突が起こるに違いありません。この時、直径数百kmのクレーターができる程度で地球そのものはびくともしませんが、地球表層環境は激変し、6度目の生命大絶滅が起こり人類も滅びることでしょう（12.4節）。また数十億年に渡って存在した「海」ですが、今後の太陽光の増加によってあと10億年程度で蒸発し、その水蒸気による温室効果で、地球表面が1,000度以上に上昇するという試算もあります。これではタンパク質からなる生命はひとたまりもありません。

銀河系外に目をむけると、局所銀河群を構成するアンドロメダ銀河は秒速250kmで我々の銀河系に近づいており、40～50億年後に衝突すること

図 15.2　地球環境の歴史と将来予測

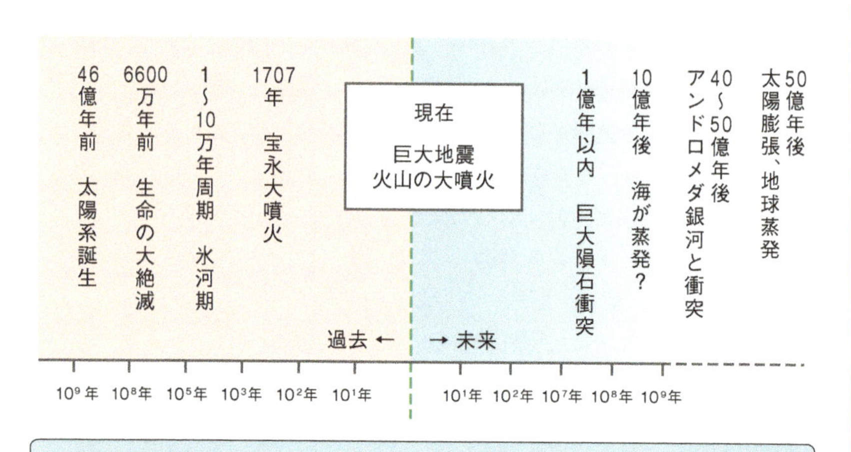

不可逆な人間活動

人類による環境破壊　ー 数百年？
（温暖化、水不足、食糧難、エネルギー問題、化学物質、遺伝子／クローン技術、生態系破壊等）
疫病／インフルエンザ ー ？年
核戦争　ー ？年、？日、？時、？分、？秒

がわかっています（1.2節）。この時、恒星と恒星の衝突や、惑星と惑星の衝突は、それぞれの体積が小さいのでまず起こらないだろうと考えられていますが、もっと体積の大きい分子雲同士の衝突は確実に起こります。その結果、恒星の誕生条件が満たされ（6.1節）、爆発的な星生成が起こります（実際にこのような現象は観測されており、スターバースト銀河と呼ばれています）。この分子雲の衝突により、軽い星から重い星まで様々な星が大量に誕生し、重い星は100〜1,000万年程度で超新星爆発を起こします（6.7節）。この時に発生する高エネルギー宇宙線を地球は浴びることになります。このような放射線が大量に降り注ぐと、生命にとっては住みづらい環境になることは間違いありません。

さらに50億年後に、太陽が赤色巨星へと進化し、直径が100倍以上に膨張します（6.6節）。これは太陽-地球間の距離とほぼ同じなので、地球軌道が赤色巨星の表面温度の約3,000度になります。こうなると全ての固体物質は蒸発しガス化してしまいます。「直前の質量放出で、太陽の重力が弱まり、地球の軌道が外側に移動するのでかろうじて蒸発しない」という説もありますが、地球が未来永劫存在するのはかなり難しそうです。。

このように、我々人類は激動の宇宙において、たまたま平穏期の地球で文明を持った生命体というだけであって、宇宙においては極めて脆弱で必ず滅びる運命にある存在ということがわかっていただけたかと思います。だからこそ我々人類は、驕ることなく、自然現象と真摯に向きあい、叡智を結集して「青く美しい」地球とともに生き延びる努力をしなければいけないと私は思います。いわんや、エゴに満ちた不可逆な人的活動で、地球環境を破壊する行為は愚の骨頂でしかありません。

参考文献

〈第１章〉
Anglada-Escudé G. et al., Nature 536, 437-440（2016）
Conselice C. J., Astrophys. J. 830, 83-99（2016）
Cowen R., Nature News, doi:10.1038/nature.2012.12028（2012）
Hubble E., Proc. Nat. Acad. Sci., 15, 168-173（1929）
Krimigis S. M. et al., Science 341, 144-147（2013）
Oesch P. A. et al., Astrophys. J. 819, 129-139（2016）
Perlmutter S. et al., Astrophys. J. 517, 565-586（1999）
Riess A. G. et al., Astron. J. 116, 1009-1038（1998）
European Space Agency：http://sci.esa.int/planck/51557-planck-new-cosmic-recipe/
SEDS USA：http://spider.seds.org/spider/MWGC/mwgc.html
理科年表：https://www.rikanenpyo.jp/kaisetsu/tenmon/tenmon_031.html
道端斎：「元素とは何か」(NHK BOOKS)

〈第２章〉
Altwegg K. et al., Science 347, Issue 6220, 1261952（2015）
O' Donoghue J. et al., Nature 536, 190-192（2016）
Dundas C. M. et al., Science 359, 199-201（2018）
Fortney J. J., Science 305, 1414-1415（2004）
Fukuhara T. et al., Nature Geoscience 10, 85-88（2017）
Horiouchi T. et al., Nature Geoscience 10, 646-651（2017）
Nimmo F. and McKenzie D., Annual Review of Earth and Planetary Sciences 26, 23-51（1998）

Nimmo F. et al., Nature 540, 94-96（2016）
Ojha L. et al., Nature Geoscience 8, 829-832（2015）
Platz T. et al., LPI Contribution No.1903, p.2308（2016）
De Sanctis M. C. et al., Nature 528, 241-244（2015）
De Sanctis M. C. et al., Nature 536, 54-57（2016）
Sekine Y. et al., Nature Astronomy 1, Article number: 0031（2017）
Shalygin S. V. et al., Geophysical Research Letters 42, 4762-4769（2015）
Smrekar S. E. et al., Science 328, 605-608（2010）

〈第３章〉
DeMeo F. E. and Carry B., Nature 505, 629-634（2014）
Gladman B. J. et al., Science 277, 197-201（1997）
Heck P. R. et al. Nature 430, 323-325（2004）
Jedicke F. et al., Nature 429, 275-277（2004）
Lisse C. M. et al., Science 313, 635-640（2006）
Michel P. and Yoshikawa M., Icarus 179, 291-296（2005）
Nakamura T. et al., Science 321, 1664-1667（2008）
Nesvorný D. et al., Icarus 200, 698-701（2009）
Minor Planet Center（https://www.minorplanetcenter.net/mpc/summary）
NASA：https://ssd.jpl.nasa.gov/?body_count

〈第4章〉
Anderson D. J. et al., Science 272, 709-712（1996）
Anderson D. J. et al., Science 281, 2019-2022（1998）
Anderson D. J. et al., Science 280, 1573-1576（1998）
Anderson D. J. et al., Nature 384, 541-543（1996）
Hsu H.-W. et al., Nature 519, 207-210（2015）
Hyodo R. et al., Icarus 282, 195-213（2017）
Mitchell C. J. et al., Astrophys. J. 149, 156-171（2015）
Murray C. D. et al., Icarus 236, 165-168（2014）
Niemann H.B. et al., Nature 438, 779-784（2005）
Postberg F. et al., Nature 459, 1098-1101（2009）
Postberg F. et al., Nature 474, 620-622（2011）
Rivkin A. S. et al., Icarus 156, 64-75（2002）
Rosenblatt P. et al., Nature Geoscience 9, 581-583（2016）
Sparks W. B. et al., Astrophys. J. 829, 121-141（2016）
Spencer J. R. et al., Science 311, 1401-1405（2006）
Waite J. H. et al., Nature 460, 487-490（2009）
Witze A., Nature 513, 153-154（2014）
木村淳, 栗田敬, 日本惑星科学会誌15, 20-27,（2006）
国立天文台：惑星の衛星数・衛星一覧　https://www.nao.ac.jp/new-info/satellite.html
JAXA火星探査計画MMX　http://mmx.isas.jaxa.jp/index.html
神戸大学プレスリリース（2016）：http://www.kobe-u.ac.jp/NEWS/research/2016_07_05_01.htm
東京大学プレスリリース（2015）：https://www.s.u-tokyo.ac.jp/ja/press/2015/49.html

〈第5章〉
Kokubo E. et al., Astrophys. J. 642, 1131-1139（2006）
Ojha L. et al., Nature Geoscience 8, 829-832（2015）
Schenk P. M. and Nimmo F., Nature Geoscience, 9, 411-412（2016）

〈第6章〉
Heger A. and Woosely S. E., The Astrophysical Journal 567, 532-543（2002）

〈第7章〉
Bloom J. S. and Sigurdsson S., Science 358, 301-302（2017）
Cowley C. R., A&A 419, 1087-1093（2004）
Heger A. et al. Treatise on Geochemistry vol.1, p. 1-15（2003）
Howard W. M. et al. Astrophysical Journal 309, 633-652（1986）
Maercker M. et al., Nature 490, 232-234（2012）
Merrill P. W., Science 115, 484（1952）
Pian E. et al., Nature 551,67-70（2017）
Reifarth R. et al., J. Phys. G: Nucl. Part. Phys. 41, 053101（2014）
Savina M. R. et al., Science 303, 649-652（2004）
Sneden C. et al., Astrophysical Journal 591, 936-953（2003）
Tanaka M. et al., Publ. Astron. Soc. Japan 69, 102（2017）
Terada K. et al., New Astronomy Reviews 50, 582-586（2006）

Wanajo S. et al., The Astrophysical Journal Letters 770, L22-L27 (2013)
Wanajo S., et al., The Astrophysical Journal Letters 789, L39-L44 (2014)

〈第8章〉
Edvardsson B. et al., Astron. Astrophys. 275, 101-152 (1993)
Fischer D. A. and Valenti J., Astrophys. J. 622, 1102-1117, (2005)
Friel E. D. et al., Astrophys. J. 139, 1942-1967, (2010)
Heger A. et al,. Treatise on Geochemistry (Second Edition) vol. 2, p.1-14 (2014)
Kobayashi C. et al., Astrophys. J. 653, 1145-1171. (2006)
Savina M. R. et al., Science 303, 649-652 (2004)
Thielemann F. K. et al., Aston. Astrophys. 158, 17-33 (1986)
Woosley S. E. and Weaver T. A., ApJ Suppl. Series 101, 181-235 (1995)
Wielen R. et al., Aston. Astrophys. 314, 438-447 (1996)
道端齋「生元素とは何か 宇宙誕生から生物進化への137億年(NHKブックス)」(2012)

〈第9章〉
Brain D. A. et al., Geophysical Research Letter 42, 142-9148 (2015)
Donahue T.M. et al., Science 216, 630-633 (1982)
Karlsson N. B. et al., Geophysical Research Letter 42, 2627-2633 (2015)
Jakosky B. M., et al., Science 350, 6261 (2015)
Kruijer T. S. et al., PNAS 114, 6712-6716 (2017)
Kurokawa H. et al., Icarus 299, 443-459 (2017)
Schaefer L. and Fegley Jr. B., Icarus 208, 438-448 (2010)
Morrison D. and Owen T., The Planetary System, Addison-Wesley (1988)
Önehag A. et al., Aston. Astrophys. 528, A85 (2011)
東京工業大学プレスリリース(2017):https://www.titech.ac.jp/news/2017/039129.html

〈第10章〉
Binzel R. P., Science 262, 1541-1543 (1993)
Bland, P. A. et al., Mon. Not. R. Astron. Soc., 283, 551-565 (1996)
Love S. G. and Brownlee D. E., Science 262, 550-553 (1993)
Nakamura T. et al., Science 333, 1113-1116 (2011)
Pepin R. O., Nature 317, 473-473 (1985)
Tachibana S. et al., Geochemical Journal 48, 571-587 (2014)
Yada T. et al., Earth Planets Space 56, 67-79 (2004)
The Meteoritical Society隕石データベース:https://www.lpi.usra.edu/meteor/

〈第11章〉
Baker J. et al., Nature 436, 1127-1131 (2005)
Connell J. N. et al., Astrophys. J. Lett. 675, L121-L124 (2008)
Fujiya W. et al., Nature Communications 3, Article number: 627 (2012)
Kleine T. et al., Nature 418, 952-955 (2002)
Kruijer T. S. et al., PNAS 114, 6712-6716 (2017)
Pascucci I. and Tachibana S., Protoplanetary Dust: Astrophysical and Cosmochemical Perspectives, eds.: D. Apai, D. S. Lauretta, Cambridge University Press, p. 263-298 (2010)

Schersten A. et al., Earth and Planetary Science Letters 241,530-542 (2006)
Srinivasan G. et al., Science 317, 345-437 (2007)
Terada K. and Bischoff A. Astrophys. J. Lett. 699, L68-L71 (2009)
Trieloff M. et al., Nature 422, 502-506 (2003)

〈第12章〉

Alvarez L. W. et al., Science 208, 1095-1108 (1980)
Avice G. and Marty B., Phil. Trans. R. Soc. A, 372 20130260; DOI: 10.1098/rsta.2013.0260. (2014)
Bowring S. A. and Williams I. S., Contributions to Mineralogy and Petrology 134, 3-16 (1999)
Dodd M. S. et al., Nature volume 543, 60-64 (2017)
Hoffman P. F. et al., Science 281, 1342-1346 (1998)
Komiya T. et al., Nature 549, 516-518 (2017)
Mojzsis S. J. et al., Nature 384, 55-59 (1996)
Onoue T. et al., Scientific Reports 6, Article number: 29609 (2016)
Kleine T. et al., Nature 418, 952-955 (2002)
Sato H. et al., Nature Communications 4, Article number: 2455 (2013)
Schulte P. et al., Science 327, 1214-1218 (2010)
Tarduno J. A. et al., Nature 446,657-660 (2007)
Wilde S. A. et al., Nature 409, 175-178 (2001)
Yin Q. et al., Nature 418, 949-952 (2002)

〈第13章〉

Mastrobuono-Battisti A. et al., Nature 520, 212-215 (2015)
Gomes R. et al.. Nature 435, 466-469 (2005)
Hartmann W. K. and Davis D. R., Icarus 24, 504-514 (1975)
Hiesinger H. et al., LPSC 1391, p1269 (2008)
Ida S. et al., Nature 389, 353-357 (1997)
Kahn P. G. K. and Pompea S. M., Nature 275, 606-611 (1978)
Kokubo E. et al., Icarus, 148, 419-436 (2000)
Roberts J. H. et al., Journal of Geophysical Research 114, E04009 (2009)
Rufu R. et al., Nature Geoscience 10, 89-94 (2017)
Yin Q. et al., Nature 418, 949-952 (2002)
Strom R. G. et al., Science 309, 1847-1850 (2005)
Terada K. et al., Nature 450, 849-852 (2017)
Terada K. et al., Nature Astronomy 1, Article number: 0026 (2017)

〈第14章〉

Gillon M. et al., Nature 542, 456-460 (2017)
Kalas P. et al., Nature 435, 1067-1070 (2005)
Kokubo E. and Ida S., Astrophys. J. 581, 666-680 (2002)
Mayor M. and Quetoz D., Nature 378, 355-359 (1995)
Sumi T. et al., Nature 473, 349-352 (2011)
Woolf N. and Angel R., Annual Review of Astronomy and Astrophysics 36, 507-537 (1998)
系外惑星のデータベース：http://exoplanet.eu/catalog/
京都大学・系外惑星のデータベース：http://www.exoplanetkyoto.org

索引

数字・英字

あ行

か行

さ行

た行

な・は行

ま・や・ら・わ行

著者紹介

寺田健太郎

1966年生まれ。1989年大阪大学理学部卒業。1994年同大学大学院理学研究科（物理学専攻）修了。理学博士。広島大学助手、准教授、教授を経て、2012年より大阪大学大学院理学研究科教授。この間、パリ大学、オーストラリア国立大学、英国オープン大学、ミュンスター惑星学研究所にて遊学。平成23年度文部科学大臣表彰「科学技術賞研究部門」受賞。専門は宇宙地球化学、とくにアポロ月試料・はやぶさ試料などの同位体分析。宇宙地球科学の普及にも関心が深い。

NDC451　　207p　　21cm

絵でわかるシリーズ
絵でわかる宇宙地球科学

2018年 11月28日　第1刷発行

著　者　寺田健太郎

発行者　渡瀬昌彦

発行所　株式会社 講談社
〒112-8001　東京都文京区音羽 2-12-21
販　売　(03) 5395-4415
業　務　(03) 5395-3615

編　集　株式会社 講談社サイエンティフィク
代表　矢吹俊吉
〒162-0825　東京都新宿区神楽坂 2-14　ノービィビル
編　集　(03) 3235-3701

本文データ制作　株式会社 フレア
カバー表紙印刷　豊国印刷 株式会社
本文印刷・製本　株式会社 講談社

落丁本・乱丁本は、購入書店名を明記のうえ、講談社業務宛にお送りください。送料小社負担にてお取替えいたします。なお、この本の内容についてのお問い合わせは講談社サイエンティフィク宛にお願いいたします。
定価はカバーに表示してあります。

Printed in Japan

ISBN 978-4-06-513360-6